中国环境统计年鉴

CHINA STATISTICAL YEARBOOK ON ENVIRONMENT

2010

国家统计局
环境保护部 编

Compiled by
National Bureau of Statistics
Ministry of Environmental Protection

(京)新登字041号

图书在版编目（CIP）数据

中国环境统计年鉴. 2010 : 汉英对照 / 国家统计局，环境保护部编. -- 北京 : 中国统计出版社，2010.11
ISBN 978-7-5037-6122-5

Ⅰ.①中… Ⅱ.①国… ②环… Ⅲ.①环境统计-统计资料-中国-2010-年鉴-汉、英 Ⅳ.①X508.2-54

中国版本图书馆CIP数据核字（2010）第201818号

中国环境统计年鉴—2010

作　　者/国家统计局　环境保护部编
责任编辑/徐　涛　任宝莹
封面设计/艺编广告
出版发行/中国统计出版社
通信地址/北京市西城区月坛南街57号
邮政编码/100826
办公地址/北京市丰台区西三环南路甲6号
网　　址/www.stats.gov.cn/tjshujia
电　　话/邮购（010）63376907　书店（010）68783172
印　　刷/河北天普润印刷厂
经　　销/新华书店
开　　本/787×1092毫米　1/16
字　　数/490千字
印　　张/20.5
版　　别/2010年11月第1版
版　　次/2010年11月第1次印刷
书　　号/ISBN 978-7-5037-6122-5/X・14
定　　价/120.00元

版权所有。未经许可，本书的任何部分不准以任何方式在世界任何地区以任何文字翻印、拷贝、仿制或转载。
中国统计版图书，如有印装错误，本社发行部负责调换。

《中国环境统计年鉴—2010》
编委会和编辑工作人员

编 委 会

顾　　问：李　强　张力军

主　　任：马京奎　赵华林

副 主 任：察志敏　刘长根　于　飞　刘　巍　傅德黔

编　　委：（以姓氏笔画为序）

王　瑜　王国新　毛玉如　甘　红　刘建杰　杜国志

李锁强　吴万克　吴良有　何珊珊　沈　君　陆覃星

陈立水　赵惠珍　蒋　卓　景立新

编辑工作人员

总 编 辑：马京奎　赵华林

副总编辑：李锁强　叶礼奇

编辑人员：（以姓氏笔画为序）

于百川　王　鑫　卢　琼　乔根平　任宝莹　齐　平

江启沛　李树枝　李筱翠　杨新征　张　岚　张　剑

周　冏　庞　冲　郝先荣　姚　伟　郭巧洪　彭　菲

董广霞　董文福　樊元杰　潘　文

英文校译：李锁强　任宝莹　张　剑

英文翻译：李锁强　任宝莹　张　剑

责任编辑：徐　涛　任宝莹

CHINA STATISTICAL YEARBOOK ON ENVIRONMENT -2010 EDITORIAL BOARD AND STAFF

Editorial Board

Advisor： Li Qiang　Zhang Lijun

Chairmen： Ma Jingkui　Zhao Hualin

Vice Chairmen： Cha Zhimin　Liu Changgen　Yu Fei　Liu Wei
Fu Deqian

Editorial Board：（in order of strokes of Chinese surname）
Wang yu　Wang Guoxin　Mao Yuru　Gan Hong
Liu Jianjie　Du Guozhi　Li Suoqiang　Wu Wanke
Wu Liangyou　He Shanshan　Shen Jun　Lu Tanxing
Chen Lishui　Zhao Huizhen　Jiang Zhuo　Jing Lixin

Editorial Staff

Editor -in -chief： Ma Jingkui　Zhao Hualin

Associate Editors -in -chief： Li Suoqiang　Ye Liqi

Editorial Staff： (in order of strokes of Chinese surname)
Yu Baichuan　Wang Xin　Lu Qiong　Qiao Genping
Ren Baoying　Qi Ping　Jiang Qipei　Li Shuzhi
Li Xiaocui　Yang Xinzheng　Zhang Lan　Zhang Jian
Zhou Jiong　Pang Chong　Hao Xianrong　Yao Wei
Guo Qiaohong　Peng Fei　Dong Guangxia
Dong Wenfu　Fan Yuanjie　Pan Wen

English Proofreaders： Li Suoqiang　Ren Baoying　Zhang Jian

English Translator： Li Suoqiang　Ren Baoying　Zhang Jian

Coordinator： Xu Tao　Ren Baoying

编 者 说 明

一、《中国环境统计年鉴-2010》是国家统计局和环境保护部及其他有关部委共同编辑完成的一本反映我国环境各领域基本情况的综合性环境统计资料性年刊。本书收录了2009年全国各省、自治区、直辖市环境各领域的基本数据和主要年份的全国主要环境统计数据。

二、本书内容共分为十二个部分，即1.自然状况；2.水环境；3.海洋环境；4.大气环境；5.固体废物；6.自然生态；7.土地利用；8.林业；9.自然灾害及突发事件；10.环境投资；11.城市环境；12.农村环境。同时附录六个部分：人口资源环境主要统计指标、“十一五”主要环境保护指标、东中西部地区主要环境指标、世界主要国家和地区环境统计指标、2010年上半年各省、自治区、直辖市主要污染物排放量指标公报、主要统计指标解释。

三、本书中所涉及的全国性统计指标，除国土面积和森林资源数据外，均未包括香港特别行政区、澳门特别行政区和台湾省数据。

四、有关符号说明：

“...”表示数据不足本表最小单位数；

“空格”表示该项统计指标数据不详或无该项数据；

“#”表示是其中的主要项。

五、参与本书编辑的单位还有水利部、住房和城乡建设部、国土资源部、农业部、卫生部、民政部、国家林业局、国家海洋局、中国气象局、中国地震局。对上述单位有关人员在本书编辑过程中给予的大力支持与合作，表示衷心的感谢。

PREFACE

I. *China Statistical Yearbook on Environment -2010* is prepared jointly by the National Bureau of Statistics, Ministry of Environmental Protection and other ministries. It is an annual statistics publication, with comprehensive data in 2009 and selected data series in major years at national level and at provincial level (province, autonomous region, and municipality directly under the central government) and therefore reflecting various aspects of China's environmental development.

II. *China Statistical Yearbook on Environment -2010* contains 12 chapters: 1. Natural Conditions; 2. Freshwater Environment; 3. Marine Environment; 4. Atmospheric Environment; 5. Solid Wastes; 6. Natural Ecology; 7. Land Use; 8. Forestry; 9. Natural Disasters & Environmental Accidents; 10. Environmental Investment; 11. Urban Environment; 12. Rural Environment. Six chapters listed as Main Indicators of Population, Resource and Environmental Statistics; Main Environmental Indicators in the 11th Five-year Plan Period; Main Environmental Indicators by Eastern, Central & Western; Main Environmental Indicators of the World's Major Countries and Regions; The Main Pollutants Emission Indicators Communiqué of the Provinces, Autonomous Regions, Municipality Directly under the Central Government in the First Half of 2010; Explanatory Notes on Main Statistical Indicators.

III. The national data in this book do not include that of Hong Kong Special Administrative Region, Macao Special Administrative Region and Taiwan Province except for territory and forest resources.

IV. Notations used in this book:

"…" indicates that the figure is not large enough to be measured with the smallest unit in the table;

"(blank)" indicates that the data are not available;

"#" indicates the major items of the total.

V. The institutions participating in the compilation of this publication include: Ministry of Water Resource, Ministry of Housing and Urban-Rural Development, Ministry of Land and Resource, Ministry of Agriculture, Ministry of Health, Ministry of Civil Affairs, State Forestry Administration, State Oceanic Administration, China Meteorological Administration, China Seismological Administration. We would like to express our gratitude to these institutions for their cooperation and support in preparing this publication.

目　　录
CONTENTS

一、自然状况
Natural Conditions

二、水环境
Freshwater Environment

三、海洋环境
Marine Environment

四、大气环境
Atmospheric Environment

五、固体废物
Solid Wastes

六、自然生态
Natrual Ecology

七、土地利用
Land Use

八、林业
Forestry

九、自然灾害及突发事件
Natural Disasters & Environmental Accidents

十、环境投资
Environmental Investment

十一、城市环境
Urban Environment

十二、农村环境
Rural Environment

附录四、世界主要国家和地区环境统计指标
APPENDIX Ⅳ. Main Environmental Indicators of the World's Major Countries and Regions

一、自然状况

Natural Conditions

1-1 自然状况
Natural Conditions

项 目		Item		2009
国土		**Territory**		
国土面积	(万平方公里)	Area of Territory	(10000 sq.km)	960
海域面积	(万平方公里)	Area of Sea	(10000 sq.km)	473
海洋平均深度	(米)	Average Depth of Sea	(m)	961
海洋最大深度	(米)	Maximum Depth of Sea	(m)	5377
岸线总长度	(公里)	Length of Coastline	(km)	32000
大陆岸线长度		Mainland Shore		18000
岛屿岸线长度		Island Shore		14000
岛屿个数	(个)	Number of Islands		5400
岛屿面积	(万平方公里)	Area of Islands	(10000 sq.km)	3.87
气候		**Climate**		
热量分布	(积温≥0℃)	Distribution of Heat (Accumulated Temperature≥0℃)		
黑龙江北部及青藏高原		Northern Heilongjiang and Tibet Plateau		2000-2500
东北平原		Northeast Plain		3000-4000
华北平原		North China Plain		4000-5000
长江流域及以南地区		Changjiang (Yangtze) River Drainage Area and the Area to the south of it		5800-6000
南岭以南地区		Area to the South of Nanling Mountain		7000-8000
降水量	(毫米)	Precipitation	(mm)	
台湾中部山区		Mid-Taiwan Mountain Area		≥4000
华南沿海		Southern China Coastal Area		1600-2000
长江流域		Changjiang River Valley		1000-1500
华北、东北		Northern and Northeastern Area		400-800
西北内陆		Northwestern Inland		100-200
塔里木盆地、吐鲁番盆地和柴达木盆地		Tarim Basin, Turpan Basin and Qaidam Basin		≤25
气候带面积比例	(国土面积=100)	Percentage of Climatic Zones to Total Area of Territory		
湿润地区	(干燥度<1.0)	Humid Zone	(aridity<1.0)	32
半湿润地区	(干燥度=1.0-1.5)	Semi-Humid Zone	(aridity 1.0-1.5)	15
半干旱地区	(干燥度=1.5-2.0)	Semi-Arid Zone	(aridity 1.5-2.0)	22
干旱地区	(干燥度>2.0)	Arid Zone	(aridity>2.0)	31

注：1.气候资料为多年平均值。
2.岛屿面积未包括香港、澳门特别行政区和台湾省。

Notes: a) The climate data refer to the average figures in many years.
b) Island area does not include that of Hong Kong Special Administrative Region, Macao Special Administrative Region and Taiwan Province.

1-2 土地状况
Land Characteristics

项　　目		Item		面　　积 Area	占总面积(%) Percentage to Total Area
总面积	**（万平方公里）**	**Total Land Area**	**(10000 sq.km)**	**960**	**100.00**
按地形分	（万平方公里）	By Topographic Feature	(10000 sq.km)		
山地		Mountains		320	33.33
高原		Plateaus		250	26.04
盆地		Basins		180	18.75
平原		Plains		115	11.98
丘陵		Hills		95	9.90
按地高分	（万平方公里）	By Altitude	(10000 sq.km)		
500米以下		Under 500 m		241.7	25.18
500-1000米		500-1000 m		162.5	16.93
1000-2000米		1000-2000 m		239.9	24.99
2000-3000米		2000-3000 m		67.6	7.04
3000米以上		Above 3000 m		248.3	25.86
按特征分	（万公顷）	By Land Use	(10000 hectares)		
耕地		Cultivated Land		12172	12.68
森林		Forests		19545	20.36
内陆水域面积		Water Area in Land		1747	1.82
草地		Area of Grassland		40000	41.67
#可利用草地		Usable Area		31333	32.64
其他		Others		22536	23.47

注：1.本表数字多为过去清查数。

2.耕地面积数据来源于国土资源部2008年底数据。

Note: a) Most figures in this table were obtained from surveys in previous years.

b) Data of cultivated land come from Ministry of Land and Resources at year-end of 2008.

1-3 主要山脉基本情况
Main Mountain Ranges

名　称	Mountain Range	山峰高程(米) Height of Mountain Peak (m)	雪线高程(米) Height of Snow Line (m)	冰川面积(平方公里) Glacier Area (sq.km)
阿尔泰山	Altay Mountains	4374	3000--3200	287
天山	Tianshan Mountains	7435	3600--4400	9548
祁连山	Qilian Mountains	5826	4300--5240	2063
帕米尔	Pamirs	7579		2258
昆仑山	Kunlun Mountains			11639
喀喇昆仑山	Karakorum Mountain	8611	5100--5400	3265
唐古拉山	Tanggula Mountains	6137		2082
羌塘高原	Qiangtang Plateau	6596		3566
念青塘古拉山	Nyainqentanglha Mountains	7111	4500--5700	7536
横断山	Hengduan Mountains	7556	4600--5500	1456
喜玛拉雅山	The Himalayas	8844.43	4300--6200	11055
冈底斯山	Gangdisi Mountains	7095	5800--6000	2188

1-4 主要河流基本情况
Major Rivers

名　称	River	流域面积(平方公里) Drainage Area (sq.km)	河　长(公里) Length (km)	年径流量(亿立方米) Annual Flow (100 million cu.m)
长　江	Changjiang River (Yangtze River)	1808500	6300	9513
黄　河	Huanghe River (Yellow River)	752443	5464	661
松花江	Songhuajiang River	557180	2308	762
辽　河	Liaohe River	228960	1390	148
珠　江	Zhujiang River (Pearl River)	453690	2214	3338
海　河	Haihe River	263631	1090	228
淮　河	Huaihe River	269283	1000	622

1-5 主要矿产基础储量
Ensured Reserves of Major Mineral

项　　目		Item		2009
石油	(万吨)	Petroleum	(10000 tons)	294919.8
天然气	(亿立方米)	Natural Gas	(100 million cu.m)	37074.2
煤炭	(亿吨)	Coal	(100 million tons)	3189.6
铁矿	(矿石，亿吨)	Iron	(Ore, 100 million tons)	213.0
锰矿	(矿石，万吨)	Manganese	(Ore, 10000 tons)	18576.6
铬矿	(矿石，万吨)	Chromium Ore	(Ore, 10000 tons)	522.5
钒矿	(万吨)	Vanadium	(10000 tons)	1258.9
原生钛铁矿	(万吨)	Titanium Ore	(10000 tons)	23291.4
铜矿	(铜，万吨)	Copper	(Metal, 10000 tons)	2951.0
铅矿	(铅，万吨)	Lead	(Metal, 10000 tons)	1340.1
锌矿	(锌，万吨)	Zinc	(Metal, 10000 tons)	3838.5
铝土矿	(矿石，万吨)	Bauxite	(Ore, 10000 tons)	83923.9
镍矿	(镍，万吨)	Nickel	(Metal, 10000 tons)	281.8
钨矿	(WO_3，万吨)	Tungsten	(WO_3, 10000 tons)	228.7
锡矿	(锡，万吨)	Tin	(Metal, 10000 tons)	143.5
钼矿	(钼，万吨)	Molybdenum	(Metal, 10000 tons)	444.8
锑矿	(锑，万吨)	Antimony	(Metal, 10000 tons)	76.5
金矿	(金，吨)	Gold	(Metal, tons)	1909.7
银矿	(银，吨)	Silver	(Metal, tons)	38448.5
稀土矿	(氧化物，万吨)	Rare Earths	(REO, 10000 tons)	1859.1
菱镁矿	(矿石，万吨)	Magnesite Ore	(Ore, 10000 tons)	207981.8
普通萤石	(矿物，万吨)	Fluorspar Mineral	(Mineral, 10000 tons)	4401.3
硫铁矿	(矿石，万吨)	Pyrite Ore	(Ore, 10000 tons)	162133.4
磷矿	(矿石，亿吨)	Phosphorus Ore	(Ore,100 million tons)	31.7
钾盐	(KCl，万吨)	Potassium KCl	(KCl, 10000 tons)	35840.9
盐矿	(NaCl，亿吨)	Sodium Salt NaCl	(NaCl, 100 million tons)	1730.6
芒硝	(Na_2SO_4，亿吨)	Mirabilite	(Na_2SO_4, 100 million tons)	90.8
重晶石	(矿石，万吨)	Barite Ore	(Ore, 10000 tons)	9537.2
玻璃硅质原料	(矿石，万吨)	Silicon Materials For Glass Ore	(Ore, 10000 tons)	147172.9
石墨	(矿物，万吨)	Graphite Mineral (Crystal)	(Mineral, 10000 tons)	5432.0
滑石	(矿石，万吨)	Talc Ore	(Ore, 10000 tons)	12755.6
高岭土	(矿石，万吨)	Kaolin Ore	(Ore, 10000 tons)	63593.1

注：本表资料由国土资源部提供。其中，石油和天然气的数据为剩余技术可采储量(下表同)。

Note:The data in the table are provided by the Ministry of Land and Resources. The data for petroleum and natural gas are the remaining technical recoverable reserves. The same applies to the table following.

1-6 各地区主要能源、黑色金属矿产基础储量（2009年）

Ensured Reserves of Major Energy and Ferrous Metals by Region (2009)

地　区	Region	石油 (万吨) Petroleum (10000 tons)	天然气 (亿立方米) Natural Gas (100 million cu.m)	煤炭 (亿吨) Coal (100 million tons)	铁矿 (矿石，亿吨) Iron (Ore, 100 million tons)	锰矿 (矿石，万吨) Manganese (Ore, 10000 tons)	铬矿 (矿石，万吨) Chromite (Ore, 10000 tons)	钒矿 (万吨) Vanadium (10000 tons)	原生钛铁矿 (万吨) Titanium (10000 tons)
全　国	**National Total**	**294919.8**	**37074.2**	**3189.6**	**213.0**	**18576.6**	**522.5**	**1258.9**	**23291.4**
北　京	Beijing			7.0	3.0			0.2	7.1
天　津	Tianjin	3436.8	311.1	3.0					
河　北	Hebei	26380.7	294.0	56.3	35.7	4.8	6.9	13.7	373.4
山　西	Shanxi			1055.5	5.8	12.9			
内蒙古	Inner Mongolia	7618.3	6721.3	772.7	15.8	568.7	126.7	0.8	
辽　宁	Liaoning	14937.7	187.1	43.8	70.2	1364.6			
吉　林	Jilin	18223.6	677.0	12.8	2.4	0.4			
黑龙江	Heilongjiang	54519.9	1338.0	69.0	0.4				
上　海	Shanghai								
江　苏	Jiangsu	2568.1	22.6	14.5	1.8			5.4	
浙　江	Zhejiang			0.5	0.2				
安　徽	Anhui	180.9		83.7	7.3	9.5		8.3	
福　建	Fujian			4.2	3.6	69.8			
江　西	Jiangxi			7.2	1.7			2.2	
山　东	Shandong	32636.3	353.8	82.1	9.7				99.5
河　南	Henan	5051.9	84.1	114.7	1.7				0.5
湖　北	Hubei	1224.1	4.4	3.3	3.9	857.1		49.8	
湖　南	Hunan			18.9	1.6	5881.6		226.1	
广　东	Guangdong	8.3	0.3	1.9	1.2	215.8			
广　西	Guangxi	181.7	3.4	7.7	1.1	3848.1		171.5	
海　南	Hainan	2.7	2.5	0.9	0.3				
重　庆	Chongqing	161.7	1969.8	21.3		1806.9			
四　川	Sichuan	105.1	6487.0	52.3	28.9	32.1		689.8	22763.3
贵　州	Guizhou		4.5	128.1	0.5	2479.6			
云　南	Yunnan	12.2	2.5	77.5	4.2	582.4	0.1	0.1	
西　藏	Tibet			0.1	0.3		209.1		
陕　西	Shaanxi	22490.2	5658.7	268.7	4.1	287.5	1.1	0.9	
甘　肃	Gansu	13798.8	163.6	58.4	3.9	132.4	125.1	89.9	
青　海	Qinghai	4361.7	1377.3	20.0	0.1		0.8		
宁　夏	Ningxia	190.9	2.2	55.5					
新　疆	Xinjiang	46664.0	8354.1	148.0	3.6	422.4	52.7	0.2	47.6
海　域	Ocean	40164.5	3054.8						

1-7 各地区主要有色金属、非金属矿产基础储量（2009年）

Ensured Reserves of Major Non-ferrous Metal and Non-metal Mineral by Region (2009)

地 区	Region	铜矿（铜，万吨）Copper (Metal, 10000 tons)	铅矿（铅，万吨）Lead (Metal, 10000 tons)	锌矿（锌，万吨）Zinc (Metal, 10000 tons)	铝土矿（矿石，万吨）Bauxite (Ore, 10000 tons)	菱镁矿（矿石，万吨）Magnesite Ore (Ore, 10000 tons)	硫铁矿（矿石，万吨）Pyrite Ore (Ore, 10000 tons)	磷矿（矿石，万吨）Phosphorus Ore (Ore, 100 million tons)	高岭土（矿石，万吨）Kaolin Ore (Ore, 10000 tons)
全 国	**National Total**	**2951.0**	**1340.1**	**3838.5**	**83923.9**	**207981.8**	**162133.4**	**31.7**	**63593.1**
北 京	Beijing			2.6	2.3				
天 津	Tianjin								
河 北	Hebei	15.3	16.2	145.8	393.8	876.4	1787.4	2.1	58.3
山 西	Shanxi	272.5	1.5	1.3	11472.4		1996.8	0.9	160.2
内蒙古	Inner Mongolia	290.0	385.8	1005.8			17485.5	0.1	433.2
辽 宁	Liaoning	13.3	13.6	41.7		179669.4	2864.1	0.8	525.0
吉 林	Jilin	22.2	10.6	12.8		1.1	803.1		50.9
黑龙江	Heilongjiang	119.6	5.4	21.6			48.2		
上 海	Shanghai								
江 苏	Jiangsu	6.5	15.8	27.3			456.7	0.3	771.3
浙 江	Zhejiang	12.6	41.1	70.4			743.0		723.9
安 徽	Anhui	203.5	5.6	25.6			13771.3	0.4	234.0
福 建	Fujian	83.7	24.6	49.9	65.0		1022.7		5628.1
江 西	Jiangxi	711.7	33.5	44.3			14127.8	0.8	3309.5
山 东	Shandong	29.4	6.9	2.3	403.6	27196.4	311.7	0.7	564.1
河 南	Henan	13.9	30.1	35.6	21811.8	2.1	8741.4	0.1	31.3
湖 北	Hubei	158.3	1.1	3.3	244.2		3800.6	6.2	419.9
湖 南	Hunan	39.1	114.6	187.2	176.1		6303.3	2.8	2105.1
广 东	Guangdong	58.5	111.7	204.5			28199.9		27981.4
广 西	Guangxi	13.9	18.3	153.6	22573.4		4636.5		18185.0
海 南	Hainan	2.5	1.2	0.6					1872.6
重 庆	Chongqing		3.9	14.8	3639.1		1907.1		
四 川	Sichuan	83.7	78.1	220.0	14.4	186.5	40605.6	3.5	56.1
贵 州	Guizhou	0.3	6.0	14.7	20430.6		5716.2	4.1	10.4
云 南	Yunnan	289.4	179.5	820.0	1971.3		6111.7	8.1	391.7
西 藏	Tibet	199.4							
陕 西	Shaanxi	16.0	13.5	64.2	725.9		577.6	0.2	81.1
甘 肃	Gansu	178.2	103.0	436.1			1.0		
青 海	Qinghai	45.9	86.4	145.7		49.9	96.8	0.6	
宁 夏	Ningxia								
新 疆	Xinjiang	71.6	32.1	86.8			17.4		
海 域	Ocean								

1-8 主要城市气候情况(2009年)

Climate of Major Cities (2009)

城 市	City	年平均气温(摄氏度) Annual Average Temperature (℃)	年极端最高气温(摄氏度) Annual Maximum Temperature (℃)	年极端最低气温(摄氏度) Annual Minimum Temperature (℃)	年平均相对湿度(%) Annual Average Humidity (%)	全年日照时数(小时) Annual Average Sunshine Hours (hour)	全年降水量(毫米) Annual Average Precipitation (millimeter)
北 京	Beijing	13.3	39.6	-12.2	51	2511.8	480.6
天 津	Tianjin	12.9	38.3	-13.7	58	2356.5	566.2
石家庄	Shijiazhuang	14.4	42.1	-10.3	57	2275.3	698.9
太 原	Taiyuan	11.1	37.5	-17.7	54	2448.6	625.1
呼和浩特	Hohhot	8.0	35.1	-23.6	44	2574.1	265.0
沈 阳	Shenyang	7.7	34.7	-30.0	67	2660.1	657.7
长 春	Changchun	6.1	33.7	-31.2	60	2417.3	481.0
哈尔滨	Harbin	5.0	33.8	-32.3	65	2208.9	534.1
上 海	Shanghai	17.4	39.0	-6.8	70	1680.9	1289.4
南 京	Nanjing	16.4	37.0	-7.8	72	1863.2	1363.5
杭 州	Hangzhou	17.8	39.7	-5.2	71	1709.9	1453.9
合 肥	Hefei	16.7	38.1	-7.9	73	1799.3	951.9
福 州	Fuzhou	20.7	38.4	1.5	70	1605.6	1374.7
南 昌	Nanchang	18.8	38.0	-2.7	70	1970.5	1277.8
济 南	Jinan	14.8	41.2	-11.9	54	2153.2	701.8
郑 州	Zhengzhou	15.5	41.9	-8.6	61	1866.8	762.5
武 汉	Wuhan	17.9	39.1	-4.6	71	1790.9	1158.0
望 城	Wangcheng	18.5	39.6	-2.2	72	1807.6	1216.6
广 州	Guangzhou	23.0	37.8	3.3	70	1671.8	1472.6
南 宁	Nanning	22.2	37.1	0.6	75	1753.8	963.1
海 口	Haikou	24.3	35.5	9.0	81	1861.1	2628.2
沙坪坝	Shapingba	19.0	40.4	2.0	80	943.9	1198.9
温 江	Wenjiang	16.8	35.2	-2.0	74	840.2	724.2
贵 阳	Guiyang	14.9	32.6	-3.2	74	934.6	849.5
昆 明	Kunming	16.6	31.3	0.3	66	2211.1	565.8
拉 萨	Lhasa	10.3	30.4	-9.7	31	3245.2	344.0
泾 河	Jinghe	14.3	39.6	-11.0	64	1601.3	542.4
皋 兰	Gaolan	8.0	34.8	-20.6	53	2376.9	185.9
西 宁	Xining	6.2	31.1	-20.2	59	2460.7	459.1
银 川	Yinchuan	10.5	36.6	-20.5	48	2830.6	180.0
乌鲁木齐	Urumqi	8.0	35.9	-23.4	56	2835.0	353.1

资料来源：中国气象局。

Source: China Meteorological Administration.

1-8 主要城市气候情况(2009年)

Climate of Major Cities (2009)

城市 City	年平均气温 Annual Average Temperature (℃)	年极端最高气温 Annual Maximum Temperature (℃)	年极端最低气温 Annual Minimum Temperature (℃)	年平均相对湿度 Annual Average Humidity (%)	全年日照时数 Annual Sunshine Hours (hour)	全年降水量 Annual Precipitation (millimeter)
北京 Beijing	[illegible]	[illegible]	[illegible]	[illegible]	[illegible]	[illegible]
天津 Tianjin	[illegible]	[illegible]	[illegible]	[illegible]	[illegible]	[illegible]
石家庄 Shijiazhuang	14.4	[illegible]	[illegible]	55	[illegible]	[illegible]
太原 Taiyuan	[illegible]	[illegible]	[illegible]	[illegible]	[illegible]	[illegible]
呼和浩特 Hohhot	[illegible]	[illegible]	[illegible]	[illegible]	[illegible]	[illegible]
沈阳 Shenyang	[illegible]	[illegible]	[illegible]	[illegible]	[illegible]	[illegible]
长春 Changchun	[illegible]	[illegible]	[illegible]	[illegible]	[illegible]	[illegible]
哈尔滨 Harbin	[illegible]	[illegible]	[illegible]	[illegible]	[illegible]	[illegible]
上海 Shanghai	[illegible]	[illegible]	[illegible]	[illegible]	[illegible]	[illegible]
南京 Nanjing	[illegible]	[illegible]	[illegible]	[illegible]	[illegible]	[illegible]
杭州 Hangzhou	[illegible]	[illegible]	[illegible]	71	[illegible]	[illegible]
合肥 Hefei	[illegible]	[illegible]	[illegible]	[illegible]	[illegible]	[illegible]
福州 Fuzhou	[illegible]	[illegible]	1.5	70	[illegible]	[illegible]
南昌 Nanchang	[illegible]	[illegible]	[illegible]	[illegible]	[illegible]	[illegible]
济南 Jinan	[illegible]	[illegible]	[illegible]	[illegible]	[illegible]	[illegible]
郑州 Zhengzhou	[illegible]	[illegible]	[illegible]	[illegible]	[illegible]	[illegible]
武汉 Wuhan	[illegible]	[illegible]	[illegible]	[illegible]	[illegible]	[illegible]
长沙 Changsha	[illegible]	[illegible]	[illegible]	[illegible]	[illegible]	[illegible]
广州 Guangzhou	[illegible]	[illegible]	[illegible]	[illegible]	[illegible]	[illegible]
南宁 Nanning	[illegible]	[illegible]	[illegible]	[illegible]	[illegible]	[illegible]
海口 Haikou	[illegible]	[illegible]	[illegible]	81	[illegible]	[illegible]
重庆 Chongqing	[illegible]	[illegible]	[illegible]	[illegible]	[illegible]	[illegible]
成都 Chengdu	[illegible]	35.2	[illegible]	[illegible]	[illegible]	[illegible]
贵阳 Guiyang	[illegible]	[illegible]	[illegible]	[illegible]	[illegible]	[illegible]
昆明 Kunming	[illegible]	[illegible]	[illegible]	66	[illegible]	[illegible]
拉萨 Lhasa	[illegible]	[illegible]	[illegible]	[illegible]	[illegible]	[illegible]
西安 Xi'an	[illegible]	[illegible]	[illegible]	[illegible]	[illegible]	[illegible]
兰州 Lanzhou	[illegible]	[illegible]	[illegible]	[illegible]	[illegible]	[illegible]
西宁 Xining	[illegible]	[illegible]	[illegible]	[illegible]	[illegible]	[illegible]
银川 Yinchuan	[illegible]	[illegible]	[illegible]	[illegible]	[illegible]	[illegible]
乌鲁木齐 Urumqi	[illegible]	[illegible]	[illegible]	[illegible]	[illegible]	[illegible]

资料来源：中国气象局。

Source: China Meteorological Administration.

二、水环境

Freshwater Environment

2-1 全国历年水环境情况(2000-2009年)
Freshwater Environment in Past Years (2000-2009)

年份 Year	水资源总量 (亿立方米) Total Amount of Water Resources (100 million cu.m)	地表水资源量 Surface Water Resources	地下水资源量 Ground Water Resources	地表水与地下水资源重复量 Duplicated Measurement of Surface Water and Groundwater	降水量 (亿立方米) Precipitation (100 million cu.m)	人均水资源量 (立方米/人) Per Capita Water Resources (cu.m/person)
2000	27701	26562	8502	7363	60092	2193.9
2001	26868	25933	8390	7456	58122	2112.5
2002	28261	27243	8697	7679	62610	2207.2
2003	27460	26251	8299	7090	60416	2131.3
2004	24130	23126	7436	6433	56876	1856.3
2005	28053	26982	8091	7020	61010	2151.8
2006	25330	24358	7643	6671	57840	1932.1
2007	25255	24242	7617	6604	57763	1916.3
2008	27434	26377	8122	7065	62000	2071.1
2009	24180	23125	7267	6212	55959	1816.2

2-1 续表1 continued

年份 Year	供水总量 (亿立方米) Total Amount of Water Supply (100 million cu.m)	地表水 Surface Water	地下水 Ground-water	其他 Other	用水总量 (亿立方米) Total Amount of Water Use (100 million cu.m)	农业用水 Agriculture	工业用水 Industry
2000	5530.7	4440.4	1069.2	21.1	5497.6	3783.5	1139.1
2001	5567.4	4450.7	1094.9	21.9	5567.4	3825.7	1141.8
2002	5497.3	4404.4	1072.4	20.5	5497.3	3736.2	1142.4
2003	5320.4	4286.0	1018.1	16.3	5320.4	3432.8	1177.2
2004	5547.8	4504.2	1026.4	17.2	5547.8	3585.7	1228.9
2005	5633.0	4572.2	1038.8	22.0	5633.0	3580.0	1285.2
2006	5795.0	4706.7	1065.5	22.7	5795.0	3664.4	1343.8
2007	5818.7	4723.9	1069.1	25.7	5818.7	3599.5	1403.0
2008	5910.0	4796.4	1084.8	28.7	5910.0	3663.5	1397.1
2009	5965.2	4839.5	1094.5	31.2	5965.2	3723.1	1390.9

2-1 续表2 continued

年 份 Year	生活用水 Household and Service	生态补水 Eco-environment	人均用水量 (立方米) Water Use per Capita (cu.m)	万元GDP用水量 (立方米/万元) Water Use/GDP (cu.m/10000 yuan)	万元工业增加值用水量 (立方米/万元) Water Use/Value Added of Industry (cu.m/10000 yuan)	废水排放总量 (亿吨) Waste Water Discharge (100 million tons)	工业 Industrial Discharge	生活 Household and Service Discharge
2000	574.9		435.4	554	285	415.2	194.2	220.9
2001	599.9		437.7	518	262	432.9	202.6	230.2
2002	618.7		429.3	469	239	439.5	207.2	232.3
2003	630.9	79.5	412.9	413	218	459.3	212.3	247.0
2004	651.2	82.0	428.0	391	204	482.4	221.1	261.3
2005	675.1	92.7	432.1	305	166	524.5	243.1	281.4
2006	693.8	93.0	442.0	278	154	536.8	240.2	296.6
2007	710.4	105.7	441.5	245	140	556.8	246.6	310.2
2008	729.3	120.2	446.2	227	127	571.7	241.7	330.0
2009	748.2	103.0	448.0	210	116	589.1	234.4	354.7

2-1 续表3 continued

年 份 Year	化学需氧量排放总量 (万吨) COD Discharge (10000 tons)	工业 Industrial Discharge	生活 Household and Service Discharge	氨 氮排放量 (万吨) Ammonia Nitrogen Discharge (10000 tons)	工业 Industrial Discharge	生活 Household and Service Discharge	工业废水排放达标率 (%) Proportion of Industrial Waste Water Meeting Discharge Standards (%)
2000	1445.0	704.5	740.5				76.9
2001	1404.8	607.5	797.3	125.2	41.3	83.9	85.2
2002	1366.9	584.0	782.9	128.8	42.1	86.7	88.3
2003	1333.9	511.8	821.1	129.6	40.4	89.2	89.2
2004	1339.2	509.7	829.5	133.0	42.2	90.8	90.7
2005	1414.2	554.7	859.4	149.8	52.5	97.3	91.2
2006	1428.2	541.5	886.7	141.4	42.5	98.9	90.7
2007	1381.8	511.1	870.8	132.3	34.1	98.3	91.7
2008	1320.7	457.6	863.1	127.0	29.7	97.3	92.4
2009	1277.5	439.7	837.9	122.6	27.4	95.3	94.2

2-2 各流域水资源情况(2009年)

Water Resources by River Valley (2009)

单位：亿立方米 (100 million cu.m)

流域片	River Valley	水资源总量 Total Amount of Water Resources	地表水资源量 Surface Water Resources	地下水资源量 Ground Water Resources	地表水与地下水资源重复量 Duplicated Measurement of Surface Water and Groundwater	降水量 Precipitation
全　国	**National Total**	**24180.2**	**23125.2**	**7267.0**	**6212.1**	**55965.5**
松花江区	Songhuajiang River	1488.1	1277.6	489.0	278.4	5031.7
#松花江	Songhuajiang River	962.0	793.4	340.9	172.2	3181.0
辽河区	Liaohe River	276.3	205.2	145.7	74.6	1313.7
#辽河	Liaohe River	137.2	70.9	109.7	43.4	763.6
海河区	Haihe River	285.2	115.6	232.2	62.6	1565.5
#海河	Haihe River	254.4	97.4	207.3	50.3	1348.4
黄河区	Huanghe River	656.9	551.7	385.0	279.9	3501.2
淮河区	Huaihe River	799.8	543.5	390.4	134.0	2646.0
#淮河	Huaihe River	710.9	483.3	335.2	107.6	2250.9
长江区	Changjiang River	8732.4	8608.2	2308.2	2184.0	17806.2
#太湖	Taihu Lake	249.4	223.3	49.5	23.3	499.7
东南诸河	Southeastern Rivers	1619.6	1610.0	418.6	409.0	3174.0
珠江区	Zhujiang River	4075.1	4059.4	909.3	893.6	7821.5
#珠江	Zhujiang River	2710.8	2706.6	598.1	593.9	5357.8
西南诸河	Southwestern Rivers	5042.0	5042.0	1223.9	1223.9	8047.8
西北诸河	Northwestern Rivers	1204.9	1112.0	764.8	672.0	5057.8

资料来源:水利部(以下各表同)。
Source:Ministry of Water Resource (the same as in the following tables).

2-3 各流域节水灌溉面积(2009年)

Water-saving Irrigated Area by River Valley (2009)

单位：千公顷 (1000 hectares)

流域片	River Valley	节水灌溉面积合计 Water-saving Irrigated Area	喷滴灌 Jetting and Dropping Irrigation	微　灌 Tiny Irrigation	低压管灌 Low Pressure Pipe Irrigation	渠道防渗 Leakage-free Channel	其他工程节水 Other Forms of Water-saving
全　国	**National Total**	**25755.1**	**2926.7**	**1669.3**	**6249.4**	**11166.1**	**3743.7**
松花江区	Songhuajiang River	2900.2	1227.0	67.3	225.4	151.2	1229.3
辽河区	Liaohe River	1144.6	309.8	46.5	516.8	241.9	29.6
海河区	Haihe River	4265.1	465.1	58.0	2566.0	762.8	413.2
黄河区	Huanghe River	3462.8	263.0	64.9	1129.9	1769.0	236.0
淮河区	huaihe River	3721.6	285.4	54.4	1085.8	1483.9	812.1
长江区	Changjiang River	4194.1	123.6	29.7	397.6	3178.9	464.3
东南诸河区	Southeastern Rivers	1239.8	54.3	23.2	91.8	972.0	98.4
珠江区	zhujiang River	1217.3	18.1	4.4	41.3	817.8	335.8
西南诸河区	Southwestern Rivers	239.0	1.0	1.1	7.7	200.3	28.9
西北诸河区	Northwestern Rivers	3370.8	179.4	1319.9	187.1	1588.3	96.1

2-4 各流域供水和用水情况(2009年)

Water Supply and Use by River Valley (2009)

单位：亿立方米 (100 million cu.m)

流域片	River Valley	供水总量 Total Amount of Water Supply	地表水 Surface Water	地下水 Groundwater	其 他 Other
全 国	**National Total**	**5965.2**	**4839.5**	**1094.5**	**31.2**
松花江区	Songhuajiang River	439.1	253.2	185.9	
#松花江	Songhuajiang River	317.1	198.8	118.4	
辽河区	Liaohe River	204.7	88.9	112.0	3.8
#辽河	Liaohe River	151.6	58.1	91.1	2.4
海河区	Haihe River	370.0	125.5	236.0	8.5
#海河	Haihe River	333.0	112.2	212.5	8.3
黄河区	Huanghe River	385.7	256.7	127.1	1.9
淮河区	Huaihe River	639.7	458.7	178.0	3.0
#淮河	Huaihe River	572.1	423.0	147.6	1.4
长江区	Changjiang River	1970.4	1878.7	85.1	6.6
#太湖	Taihu Lake	353.3	352.1	1.1	0.1
东南诸河	Southeastern Rivers	338.2	328.6	8.9	0.7
珠江区	Zhujiang River	876.8	832.5	39.3	5.0
#珠江	Zhujiang River	627.0	604.0	19.1	3.9
西南诸河	Southwestern Rivers	104.3	100.8	3.3	0.2
西北诸河	Northwestern Rivers	636.2	515.9	118.8	1.5

2-4 续表 continued

单位：亿立方米 (100 million cu.m)

流域片	River Valley	用水总量 Total Amount of Water Use	农 业 Agriculture	工 业 Industry	生 活 Household and Service	生 态 Eco-environment
全 国	**National Total**	**5965.2**	**3723.1**	**1390.9**	**748.2**	**103.0**
松花江区	Songhuajiang River	439.1	317.3	81.8	33.1	6.9
#松花江	Songhuajiang River	317.1	215.6	68.3	27.3	5.9
辽河区	Liaohe River	204.7	138.4	30.7	31.5	4.1
#辽河	Liaohe River	151.6	109.1	20.4	19.4	2.7
海河区	Haihe River	370.0	253.3	49.2	57.8	9.7
#海河	Haihe River	333.0	229.0	42.0	52.7	9.4
黄河区	Huanghe River	385.7	278.7	56.9	43.3	6.8
淮河区	Huaihe River	639.7	449.2	97.9	84.2	8.4
#淮河	Huaihe River	572.1	410.2	86.4	69.5	6.1
长江区	Changjiang River	1970.4	970.4	720.3	260.1	19.6
#太湖	Taihu Lake	353.3	90.2	212.5	47.5	3.0
东南诸河	Southeastern Rivers	338.2	162.7	116.7	50.7	8.0
珠江区	Zhujiang River	876.8	495.5	212.0	155.1	14.3
#珠江	Zhujiang River	627.0	322.9	180.6	111.8	11.7
西南诸河	Southwestern Rivers	104.3	83.2	8.6	12.1	0.4
西北诸河	Northwestern Rivers	636.2	574.5	16.8	20.2	24.7

2-5 各地区水资源情况(2009年)
Water Resources by Region(2009)

单位：亿立方米，立方米/人 (100 million cu.m ,cu.m/person)

地 区	Region	水资源总量 Total Amount of Water Resources	地表水资源量 Surface Water Resources	地下水资源量 Ground Water Resources	地表水与地下水资源重复量 Duplicated Measurement of Surface Water and Groundwater	降水量 Precipi-tation	人均水资源量 per Capita local Water Resources
全 国	**National Total**	**24180.2**	**23125.2**	**7267.0**	**6212.1**	**55965.5**	**1816.2**
北 京	Beijing	21.8	6.8	17.8	2.7	73.6	126.6
天 津	Tianjin	15.2	10.6	5.6	0.9	72.0	126.8
河 北	Hebei	141.2	47.5	122.7	29.1	868.4	201.3
山 西	Shanxi	85.8	47.7	76.1	38.1	779.4	250.8
内蒙古	Inner Mongolia	378.1	263.4	214.4	99.6	2679.0	1563.9
辽 宁	Liaoning	171.0	138.0	87.6	54.6	800.7	396.0
吉 林	Jilin	298.0	252.8	97.3	52.0	1038.9	1088.9
黑龙江	Heilongjiang	989.6	845.6	313.4	169.4	2843.2	2586.9
上 海	Shanghai	41.6	34.6	9.9	3.0	83.9	218.3
江 苏	Jiangsu	400.3	306.0	110.8	16.5	1051.7	519.8
浙 江	Zhejiang	931.3	917.4	208.0	194.1	1655.0	1808.4
安 徽	Anhui	733.1	685.9	185.4	138.3	1665.4	1195.3
福 建	Fujian	800.8	799.6	244.7	243.4	1777.7	2214.9
江 西	Jiangxi	1166.9	1144.7	312.9	290.7	2323.9	2642.5
山 东	Shandong	285.0	173.8	180.7	69.5	1079.9	301.7
河 南	Henan	328.8	208.3	188.1	67.6	1247.9	347.6
湖 北	Hubei	825.3	794.4	263.4	232.6	1982.2	1443.9
湖 南	Hunan	1400.5	1393.8	351.7	345.0	2654.5	2190.6
广 东	Guangdong	1613.7	1604.1	407.6	398.0	2803.3	1682.5
广 西	Guangxi	1484.3	1484.3	256.8	256.8	3061.7	3069.3
海 南	Hainan	480.7	474.6	106.3	100.3	777.0	5596.2
重 庆	Chongqing	455.9	455.9	81.9	81.9	848.4	1600.3
四 川	Sichuan	2332.2	2330.6	580.0	578.4	4363.3	2857.5
贵 州	Guizhou	910.0	910.0	249.0	249.0	1673.4	2397.7
云 南	Yunnan	1576.6	1576.6	582.6	582.6	3691.2	3459.7
西 藏	Tibet	4029.2	4029.2	871.5	871.5	6426.1	139658.9
陕 西	Shaanxi	416.5	393.7	132.4	109.6	1443.6	1105.6
甘 肃	Gansu	209.0	201.8	123.6	116.4	1040.3	794.3
青 海	Qinghai	895.1	873.9	392.3	371.1	2669.3	16113.6
宁 夏	Ningxia	8.4	6.0	22.1	19.7	121.8	135.5
新 疆	Xinjiang	754.3	713.7	470.5	429.8	2369.0	3516.6

2-6 各地区节水灌溉面积(2009年)
Water-saving Irrigated Area by Region (2009)

单位：千公顷 (1000 hectares)

地区	Region	合计 Total	喷滴灌 Jetting and Dropping Irrigation	微灌 Tiny Irrigation	低压管灌 Low Pressure Pipe Irrigation	渠道防渗 Leakage-free Channel	其他节水 Other Forms of Water-saving
全国	**National Total**	**25755.1**	**2926.7**	**1669.3**	**6249.4**	**11166.1**	**3743.7**
北京	Beijing	276.6	90.4	16.1	136.5	32.8	0.9
天津	Tianjin	248.6	5.3	2.2	148.7	92.3	0.1
河北	Hebei	2595.0	256.2	30.7	1815.4	279.1	213.6
山西	Shanxi	812.1	143.7	29.0	466.0	172.6	0.9
内蒙古	Inner Mongolia	2165.8	485.3	16.7	938.1	723.6	2.1
辽宁	Liaoning	466.2	163.6	37.8	106.6	128.8	29.5
吉林	Jilin	250.9	220.8	0.4		20.3	9.5
黑龙江	Heilongjiang	2258.4	843.0	66.8	10.0	118.8	1219.8
上海	Shanghai	150.3	2.0	0.1	88.3	59.9	
江苏	Jiangsu	1590.0	17.3	3.8	84.3	1049.7	434.9
浙江	Zhejiang	1004.7	26.4	18.0	71.6	775.9	112.9
安徽	Anhui	788.6	79.9	7.6	68.0	461.5	171.7
福建	Fujian	521.0	29.8	6.2	63.6	408.4	13.0
江西	Jiangxi	267.5	7.4	0.4	2.1	131.4	126.2
山东	Shandong	2143.7	148.9	46.3	1073.8	529.9	344.8
河南	Henan	1467.2	114.2	10.2	604.3	494.6	243.7
湖北	Hubei	377.2	13.3	6.6	24.4	309.6	23.2
湖南	Hunan	301.3	20.1	1.6	4.7	251.8	23.1
广东	Guangdong	194.8	8.7	1.5	8.2	172.8	3.7
广西	Guangxi	685.9	5.2	0.1	3.7	408.8	268.0
海南	Hainan	111.1	0.8	0.5	0.6	70.9	38.4
重庆	Chongqing	138.5	5.2	0.1	17.6	108.4	7.2
四川	Sichuan	1174.2	37.6	9.8	50.4	1022.8	53.6
贵州	Guizhou	386.3	3.9	7.5	19.9	287.5	67.5
云南	Yunnan	526.7	6.0	1.7	45.0	420.1	54.0
西藏	Tibet	40.4		…	1.1	38.6	0.7
陕西	Shaanxi	847.2	39.5	15.4	215.5	480.2	96.7
甘肃	Gansu	820.6	45.6	35.0	96.7	558.7	84.6
青海	Qinghai	77.9	2.0			72.1	3.8
宁夏	Ningxia	250.1	5.3	5.6	18.4	185.9	34.9
新疆	Xinjiang	2816.5	99.4	1291.7	66.0	1298.4	60.9

2-7 各地区供水和用水情况(2009年)

Water Supply and Use by Region (2009)

单位: 亿立方米 (100 million cu.m)

地 区	Region	供水总量 Total Amount of Water Supply	地表水 Surface Water	地下水 Ground-water	其 他 Other	用水总量 Total Amount of Water Use	农 业 Agriculture
全 国	**National Total**	**5965.15**	**4839.47**	**1094.52**	**31.16**	**5965.15**	**3723.11**
北 京	Beijing	35.50	7.20	21.80	6.50	35.50	11.38
天 津	Tianjin	23.37	17.21	6.01	0.15	23.37	12.84
河 北	Hebei	193.72	37.46	154.64	1.62	193.72	143.91
山 西	Shanxi	56.27	23.33	32.95		56.27	34.41
内蒙古	Inner Mongolia	181.25	93.46	87.49	0.30	181.25	138.67
辽 宁	Liaoning	142.79	71.60	67.35	3.84	142.79	91.12
吉 林	Jilin	111.09	68.58	42.51		111.09	71.15
黑龙江	Heilongjiang	316.25	180.22	136.04		316.25	237.40
上 海	Shanghai	125.20	124.95	0.26		125.20	16.78
江 苏	Jiangsu	549.23	540.40	8.83		549.23	300.12
浙 江	Zhejiang	197.76	192.28	4.96	0.52	197.76	97.28
安 徽	Anhui	291.86	265.27	26.10	0.49	291.86	167.22
福 建	Fujian	201.44	196.38	4.80	0.26	201.44	100.83
江 西	Jiangxi	241.25	230.88	10.37		241.25	157.21
山 东	Shandong	219.99	119.62	97.04	3.33	219.99	156.40
河 南	Henan	233.71	94.32	138.99	0.40	233.71	138.10
湖 北	Hubei	281.41	271.51	8.83	1.06	281.41	149.43
湖 南	Hunan	322.33	301.78	20.56		322.33	189.25
广 东	Guangdong	463.41	440.84	20.95	1.62	463.41	228.71
广 西	Guangxi	303.36	289.04	11.61	2.70	303.36	195.26
海 南	Hainan	44.46	41.01	3.45		44.46	34.03
重 庆	Chongqing	85.30	83.49	1.76	0.05	85.30	19.02
四 川	Sichuan	223.46	204.62	16.40	2.44	223.46	123.64
贵 州	Guizhou	100.38	93.18	6.98	0.22	100.38	50.80
云 南	Yunnan	152.64	145.74	4.32	2.57	152.64	103.46
西 藏	Tibet	30.85	28.27	2.58		30.85	27.45
陕 西	Shaanxi	84.34	50.89	33.09	0.36	84.34	57.21
甘 肃	Gansu	120.63	94.71	23.98	1.94	120.63	93.77
青 海	Qinghai	28.76	23.94	4.71	0.11	28.76	21.61
宁 夏	Ningxia	72.23	67.03	5.21		72.23	65.26
新 疆	Xinjiang	530.90	440.25	89.96	0.70	530.90	489.39

注:生态用水仅包括城市环境用水和部分河湖、湿地的人工补水。

Note:Water used in ecology only includes supply of water to some rivers, lakes, wetland and water used for urban environment.

2-7 续表 continued

单位：亿立方米 (100 million cu.m)

地 区	Region	工 业 Industry	生 活 Household and Service	生 态 Eco-environment	用水消耗量 Consumption of Water Use	人均用水量（立方米） Water Use per Capita (cu.m)
全 国	**National Total**	**1390.90**	**748.17**	**102.96**	**3155.02**	**448.0**
北 京	Beijing	5.20	15.33	3.60	20.69	205.8
天 津	Tianjin	4.35	5.09	1.09	15.65	194.4
河 北	Hebei	23.71	23.39	2.70	141.72	276.3
山 西	Shanxi	10.53	10.00	1.33	42.63	164.6
内蒙古	Inner Mongolia	20.92	14.08	7.58	118.14	749.6
辽 宁	Liaoning	23.92	24.41	3.34	93.55	330.8
吉 林	Jilin	23.62	14.05	2.27	56.38	405.9
黑龙江	Heilongjiang	55.71	18.78	4.36	164.92	826.7
上 海	Shanghai	84.16	23.09	1.17	21.24	657.4
江 苏	Jiangsu	194.55	51.39	3.18	293.67	713.2
浙 江	Zhejiang	55.34	37.60	7.55	112.38	384.0
安 徽	Anhui	93.66	29.03	1.95	153.98	475.9
福 建	Fujian	77.19	22.13	1.29	69.95	557.2
江 西	Jiangxi	53.18	26.09	4.77	109.38	546.3
山 东	Shandong	24.70	34.95	3.93	146.23	233.0
河 南	Henan	53.51	35.79	6.32	136.60	247.1
湖 北	Hubei	100.82	30.93	0.22	130.20	492.4
湖 南	Hunan	83.52	46.10	3.46	143.38	504.2
广 东	Guangdong	136.15	90.44	8.10	179.53	483.2
广 西	Guangxi	53.97	48.44	5.67	135.38	627.3
海 南	Hainan	3.91	6.42	0.09	20.39	517.6
重 庆	Chongqing	47.55	18.23	0.50	42.08	299.4
四 川	Sichuan	61.60	36.26	1.96	108.34	273.8
贵 州	Guizhou	34.14	14.88	0.55	43.84	264.5
云 南	Yunnan	22.44	23.58	3.16	88.94	335.0
西 藏	Tibet	1.38	2.03		26.05	1069.4
陕 西	Shaanxi	11.40	14.80	0.92	49.42	223.9
甘 肃	Gansu	13.06	10.80	2.99	79.61	458.4
青 海	Qinghai	2.99	3.36	0.81	17.78	517.8
宁 夏	Ningxia	3.68	1.74	1.56	29.43	1162.3
新 疆	Xinjiang	10.06	14.94	16.52	363.53	2475.1

2-8 流域分区河流水质状况评价结果(按评价河长统计)(2009年)
Evaluation of River Water Quality by River Valley (by River Length) (2009)

流域分区	River	评价河长(千米) Evaluate Length (km)	分类河长占评价河长百分比(%) Classify River length of Evaluate Length (%)					
			Ⅰ类 Grade Ⅰ	Ⅱ类 Grade Ⅱ	Ⅲ类 Grade Ⅲ	Ⅳ类 Grade Ⅳ	Ⅴ类 Grade Ⅴ	劣Ⅴ类 Worse than Grade Ⅴ
全　国	**National Total**	**160696**	**4.6**	**31.1**	**23.2**	**14.4**	**7.4**	**19.3**
松花江区	Songhuajiang River	15260	0.4	8.5	27.4	28.0	17.7	18.0
#松花江	Songhuajiang River	10685	0.7	9.0	37.6	25.9	8.8	18.0
辽河区	Liaohe River	5228	5.2	28.7	8.7	10.6	9.8	37.0
#辽河	Liaohe River	2343		15.9	5.8	15.1	6.8	56.4
海河区	Haihe River	12790	4.2	20.9	10.2	10.4	2.8	51.5
#海河	Haihe River	10071	2.3	17.4	8.3	7.9	3.0	61.1
黄河区	Huanghe River	14039	5.4	21.6	17.0	13.9	10.3	31.8
淮河区	Huaihe River	18684	1.0	13.2	24.7	24.1	12.2	24.8
#淮河	Huaihe River	16661	0.5	13.3	25.1	25.0	13.6	22.5
长江区	Changjiang River	46580	6.3	32.1	25.3	14.8	6.6	14.9
#太湖	Taihu Lake	5582		3.4	8.4	19.1	18.5	50.6
东南诸河区	Southeastern Rivers	5171	3.3	37.6	27.6	12.0	2.7	16.8
珠江区	Zhujiang River	18501		35.3	32.5	14.1	6.8	11.3
#珠江	Zhujiang River	13960		33.3	34.0	16.4	5.3	11.0
西南诸河区	Southwestern Rivers	14643	2.5	65.6	27.2	1.9	0.2	2.6
西北诸河区	Northwestern Rivers	9800	22.3	61.1	11.3	1.5	0.3	3.5

2-9 主要水系干流水质状况评价结果(按监测断面统计)(2009年)

Evaluation of River Water Quality by Water System (by Monitoring Sections) (2009)

主要水系	Main Water System	监测断面个数(个) Number of Monitoring Sections (unit)	分类水质断面占全部断面百分比(%) Proportion of Monitored Section Water Quality (%)					
			Ⅰ类 Grade Ⅰ	Ⅱ类 Grade Ⅱ	Ⅲ类 Grade Ⅲ	Ⅳ类 Grade Ⅳ	Ⅴ类 Grade Ⅴ	劣Ⅴ类 Worse than Grade Ⅴ
长　江	Changjiang River	103	11.7	59.2	16.5	5.8	2.9	3.9
黄　河	Huanghe River	44	4.5	27.3	36.4	4.5	2.3	25
珠　江	Zhujiang River	33	18.2	48.5	18.2	12.1		3.0
松花江	Songhuajiang River	42		11.9	28.6	47.6	2.4	9.5
淮　河	Huanhe River	86		14.0	23.3	33.7	11.6	17.4
海　河	Haihe River	64	3.1	18.8	12.5	10.9	12.5	42.2
辽　河	Liaohe River	36	2.8	27.8	11.1	13.9	8.3	36.1

资料来源：环境保护部。

Source: Ministry of Environmental Protection.

2-10 大型淡水湖泊水质状况(2009年)
Water Quality of Big Freshwater Lakes (2009)

主要水系	Main Water System	所属行政区 Region	评价面积(平方公里) Evaluation Area (sq.km)	总体水质类别 Categories of Overall Water Quality			营养状况 Nutritional Status	
				全年 Annual	汛期 Flood Season	非汛期 Non-flood Season		
白洋淀	Baiyangdian Lake	河北	113.5	V	V	V	中度富营养	Middle Eutropher
太湖(含五里湖)	Taihu Lake(Wuli Lake Contained)	江苏、浙江上海	2338.0	劣V	劣V	劣V	中度富营养	Middle Eutropher
洪泽湖	Hongzehu Lake	江苏	2152.0	III	III	IV	中度富营养	Middle Eutropher
骆马湖	Luomahu Lake	江苏	625.0	III	III	III	轻度富营养	Light Eutropher
西湖	West Lake	浙江	5.2	IV	IV	IV	轻度富营养	Light Eutropher
巢湖	Chaohu Lake	安徽	110.0	劣V	劣V	劣V	中度富营养	Middle Eutropher
鄱阳湖	Poyanghu Lake	江西	2184.0	IV	IV	IV	中营养	Mesotropher
南四湖	Nansihu Lake	山东	1266.0	V	V	V	轻度富营养	Light Eutropher
洪湖	Honghu Lake	湖北	395.4	IV	IV	IV	中营养	Mesotropher
星湖	Xinghu Lake	广东	5.4	IV	IV	IV	中营养	Mesotropher
邛海	Qionghai Lake	四川	26.9	III	II	III	中营养	Mesotropher
程海	ChengHai Lake	云南	78.8	劣V	劣V	劣V	中营养	Mesotropher
泸沽湖	Luguhu Lake	云南	51.0	I	I	I	贫营养	Oligotropher
滇池	Dianchi Lake	云南	300.0	劣V	劣V	劣V	中度富营养	Middle Eutropher
阳宗海	Yangzonghai Lake	云南	31.0	劣V	劣V	IV	中营养	Mesotropher
抚仙湖	Fuxianhu Lake	云南	212.0	II	II	II	中营养	Mesotropher
星云湖	Xingyunhu Lake	云南	39.0	劣V	劣V	劣V	轻度富营养	Light Eutropher
杞麓湖	Qiluhu Lake	云南	42.3	劣V	劣V	劣V	中度富营养	Middle Eutropher
异龙湖	Yilonghu Lake	云南	42.0	劣V	劣V	劣V	中度富营养	Middle Eutropher
洱海	Erhai Lake	云南	250.0	III	IV	III	中营养	Mesotropher
纳木错	Namucuo Lake	西藏	1920.0	V	III	IV	中营养	Mesotropher
普莫雍错	Pumoyongcuo Lake	西藏	284.0	III	III	III	中营养	Mesotropher
青海湖	Qinghai Lake	青海	4247.0	II	II	IV	轻度富营养	Light Eutropher
沙湖	Shahu Lake	宁夏	8.2	劣V	劣V	劣V	轻度富营养	Light Eutropher
博斯腾湖	Bositeng Lake	新疆	251.0	III	IV	III	轻度富营养	Light Eutropher

资料来源：水利部。
Source: Ministry of Water Resource.

2-11 各地区废水排放及处理情况(2009年)

Discharge and Treatment of Waste Water by Region (2009)

单位: 万吨 (10000 tons)

地 区	Region	工业废水排放总量 Total Volume of Industrial Waste Water Discharged	#直接排入海的 Direct Discharge into Sea	工业废水排放达标量 Industrial Waste Water Meeting Discharge Standards
全 国	**National Total**	**2343857**	**134695**	**2208743**
北 京	Beijing	8713		8574
天 津	Tianjin	19441	584	19440
河 北	Hebei	110058	1162	108166
山 西	Shanxi	39720		32694
内蒙古	Inner Mongolia	28616		24366
辽 宁	Liaoning	75159	24435	64593
吉 林	Jilin	37563		30621
黑龙江	Heilongjiang	34188		31379
上 海	Shanghai	41192	2536	40687
江 苏	Jiangsu	256160	1623	251290
浙 江	Zhejiang	203442	11641	193847
安 徽	Anhui	73441	…	70657
福 建	Fujian	142747	73811	141032
江 西	Jiangxi	67192		63047
山 东	Shandong	182673	7495	180030
河 南	Henan	140325		134850
湖 北	Hubei	91324		87594
湖 南	Hunan	96396		88059
广 东	Guangdong	188844	7549	174377
广 西	Guangxi	161596	1597	153458
海 南	Hainan	7031	2263	6789
重 庆	Chongqing	65684		61925
四 川	Sichuan	105910		101029
贵 州	Guizhou	13478		9570
云 南	Yunnan	32375		29991
西 藏	Tibet	942		210
陕 西	Shaanxi	49137		47523
甘 肃	Gansu	16364		13266
青 海	Qinghai	8404		4692
宁 夏	Ningxia	21542		18835
新 疆	Xinjiang	24201		16152

资料来源：环境保护部(以下各表同)。
Source:Ministry of Environmental Protection (the same as in the following tables).

2-11 续表 1 continued

单位：吨 (ton)

地 区	Region	工业废水中污染物排放量 Amount of Pollutants Discharged in the Industrial Waste Water				
		汞 Mercury	镉 Cadmium	六价铬 Hexavalent Chrome	铅 Lead	砷 Arsenic
全 国	**National Total**	**1.387**	**32.317**	**55.424**	**182.214**	**197.299**
北 京	Beijing			0.025	0.014	0.002
天 津	Tianjin	…		0.092	0.010	0.008
河 北	Hebei	0.001	0.480	1.295	1.581	
山 西	Shanxi	0.013	0.014	0.331	0.187	0.060
内蒙古	Inner Mongolia	…	0.017	0.265	1.277	0.101
辽 宁	Liaoning	0.048	0.005	0.302	0.520	0.552
吉 林	Jilin	…	0.004	0.508	0.060	0.103
黑龙江	Heilongjiang		0.017	0.225	0.040	0.002
上 海	Shanghai	…	0.016	0.535	0.091	0.003
江 苏	Jiangsu	0.020	0.053	7.142	2.684	0.886
浙 江	Zhejiang	0.010	0.117	8.235	1.162	0.282
安 徽	Anhui	0.002	0.176	0.251	1.340	2.441
福 建	Fujian	0.001	0.149	1.810	3.883	0.107
江 西	Jiangxi	0.087	3.746	2.343	9.510	10.786
山 东	Shandong		0.049	0.590	1.597	0.274
河 南	Henan	0.006	0.620	3.558	3.758	0.300
湖 北	Hubei		0.187	1.469	4.295	2.414
湖 南	Hunan	0.599	14.691	8.212	37.315	65.367
广 东	Guangdong	0.046	0.874	12.249	9.217	1.841
广 西	Guangxi	0.061	3.625	1.392	21.380	21.851
海 南	Hainan		0.002	0.002	0.037	
重 庆	Chongqing		0.003	1.042	0.113	
四 川	Sichuan	0.002	0.046	1.407	2.148	0.458
贵 州	Guizhou	0.003	0.031	0.203	0.280	2.651
云 南	Yunnan	0.017	0.620	0.078	10.271	3.233
西 藏	Tibet				0.021	
陕 西	Shaanxi	0.028	1.527	0.737	2.478	2.158
甘 肃	Gansu	0.336	4.209	0.573	37.997	80.562
青 海	Qinghai	0.015	0.855	0.042	27.333	0.441
宁 夏	Ningxia	…	0.029	0.010	0.029	0.061
新 疆	Xinjiang	0.091	0.155	0.501	1.585	0.357

2-11 续表 2 continued

单位：吨 (ton)

地 区	Region	工业废水中污染物排放量 Amount of Pollutants Discharged in the Industrial Waste Water 挥发酚 Volatile Hydroxy-benzene	氰化物 Cyanide	化学需氧量 COD	石油类 Petroleum	氨 氮 Ammonia Nitrogen
全 国	**National Total**	**1044.6**	**250.3**	**4396780.5**	**9513.5**	**273544.4**
北 京	Beijing	0.2	0.1	4898.1	57.4	452.8
天 津	Tianjin	0.7	0.2	23469.4	77.6	2915.5
河 北	Hebei	3.4	6.0	230355.0	275.9	17242.8
山 西	Shanxi	24.8	14.6	141940.6	345.0	11486.3
内蒙古	Inner Mongolia	2.7	1.2	120060.6	81.2	4651.9
辽 宁	Liaoning	13.5	4.9	216260.1	861.3	9610.9
吉 林	Jilin	227.0	7.7	147167.5	753.1	2620.4
黑龙江	Heilongjiang	484.0	2.1	111891.4	487.9	6756.3
上 海	Shanghai	4.0	5.6	29030.6	191.6	1982.8
江 苏	Jiangsu	35.2	10.3	251252.7	879.0	13765.3
浙 江	Zhejiang	2.1	37.4	240451.9	170.0	15171.4
安 徽	Anhui	12.1	8.9	128805.8	202.2	14430.0
福 建	Fujian	3.7	5.0	75425.1	212.0	6228.2
江 西	Jiangxi	22.6	5.5	103536.5	399.0	7294.5
山 东	Shandong	15.3	5.1	260521.4	494.9	13898.2
河 南	Henan	18.7	16.5	297656.9	477.9	25716.0
湖 北	Hubei	23.4	20.9	143746.2	755.2	15078.3
湖 南	Hunan	66.9	40.4	215582.8	647.2	23964.4
广 东	Guangdong	12.1	14.2	216808.2	418.2	10029.4
广 西	Guangxi	34.5	17.2	518817.4	251.6	13977.1
海 南	Hainan			11552.8	1.4	556.9
重 庆	Chongqing	1.2	0.5	100290.3	209.5	7251.4
四 川	Sichuan	2.2	5.3	245145.8	309.1	13482.5
贵 州	Guizhou	0.3	2.5	12988.2	36.6	932.7
云 南	Yunnan	2.9	7.1	85312.2	108.1	3212.5
西 藏	Tibet			736.9	…	5.4
陕 西	Shaanxi	2.6	3.4	126372.5	187.8	7202.3
甘 肃	Gansu	5.2	1.3	48670.7	165.4	11860.1
青 海	Qinghai	0.3		39252.7	59.1	1705.7
宁 夏	Ningxia	7.9	0.2	97333.8	70.3	4227.8
新 疆	Xinjiang	15.6	6.4	151446.6	328.0	5834.4

2-11 续表 3 continued

单位：万吨 (10000 tons)

地区	Region	生活污水排放量 Household Waste Water Dischaeged		
		污水排放量 Waste Water	化学需氧量 COD	氨氮 Ammonia Nitrogen
全 国	**National Total**	**3547021**	**837.86**	**95.26**
北 京	Beijing	132100	9.39	1.26
天 津	Tianjin	40206	10.95	0.91
河 北	Hebei	134931	33.97	3.79
山 西	Shanxi	66155	20.25	2.92
内蒙古	Inner Mongolia	44539	15.85	2.92
辽 宁	Liaoning	141996	34.64	5.29
吉 林	Jilin	72151	21.36	2.60
黑龙江	Heilongjiang	76320	35.01	4.08
上 海	Shanghai	189326	21.44	2.78
江 苏	Jiangsu	266169	57.04	5.16
浙 江	Zhejiang	161575	27.33	2.58
安 徽	Anhui	106260	29.53	3.24
福 建	Fujian	103266	30.03	2.39
江 西	Jiangxi	79888	33.17	2.68
山 东	Shandong	204058	38.65	5.34
河 南	Henan	193656	32.86	4.95
湖 北	Hubei	174433	43.20	4.95
湖 南	Hunan	163883	63.28	6.00
广 东	Guangdong	498585	69.44	10.51
广 西	Guangxi	143911	45.75	3.41
海 南	Hainan	30486	8.87	0.76
重 庆	Chongqing	81385	13.95	1.95
四 川	Sichuan	156799	50.25	4.60
贵 州	Guizhou	45682	20.30	1.62
云 南	Yunnan	55215	18.78	1.58
西 藏	Tibet	2514	1.47	0.15
陕 西	Shaanxi	62082	19.17	2.47
甘 肃	Gansu	32907	11.94	1.48
青 海	Qinghai	13767	3.69	0.54
宁 夏	Ningxia	19794	2.78	0.39
新 疆	Xinjiang	52983	13.53	1.97

2-11 续表 4 continued

地 区	Region	废水治理设施数（套）Number of Facilities for Treatment of Waste Water (set)	废水治理设施处理能力（万吨/日）Facilities for Treatment of Capacity of Waste Water (10000 tons/day)	本年运行费用（万元）Annual Expenditure for Operation (10000 yuan)
全 国	**National Total**	**77018**	**22703**	**4784925**
北 京	Beijing	524	168	65703
天 津	Tianjin	848	256	73073
河 北	Hebei	3869	2658	301707
山 西	Shanxi	2548	703	185602
内蒙古	Inner Mongolia	889	419	58606
辽 宁	Liaoning	1798	1132	206002
吉 林	Jilin	638	282	46768
黑龙江	Heilongjiang	1465	620	165226
上 海	Shanghai	1730	479	264296
江 苏	Jiangsu	6877	1691	460498
浙 江	Zhejiang	8202	1182	403322
安 徽	Anhui	1987	1014	174903
福 建	Fujian	3949	990	86769
江 西	Jiangxi	1826	620	98501
山 东	Shandong	4824	1641	440429
河 南	Henan	3210	960	167705
湖 北	Hubei	2068	951	134207
湖 南	Hunan	3195	1154	117552
广 东	Guangdong	9826	1332	497288
广 西	Guangxi	2539	1496	115739
海 南	Hainan	267	50	32538
重 庆	Chongqing	1638	172	54793
四 川	Sichuan	4377	852	283179
贵 州	Guizhou	2050	461	44692
云 南	Yunnan	2088	596	87884
西 藏	Tibet	16	1	234
陕 西	Shaanxi	1728	329	92386
甘 肃	Gansu	657	122	39746
青 海	Qinghai	155	36	6065
宁 夏	Ningxia	353	97	25508
新 疆	Xinjiang	877	240	54004

2-11 续表 5 continued

单位：吨 (ton)

地 区	Region	工业废水中污染物去除量 Amount of Pollutants Removed from Industrial Waste Water				
		挥发酚 Volatile Hydroxy-benzene	氰化物 Cyanide	化学需氧量 COD	石油类 Petroleum	氨 氮 Ammonia Nitrogen
全 国	**National Total**	**84754**	**13803**	**13212648**	**371075**	**640999**
北 京	Beijing	599	48	39986	2509	5870
天 津	Tianjin	77	1	49230	1470	1237
河 北	Hebei	4738	441	756698	5597	26414
山 西	Shanxi	5428	1166	148524	2405	16196
内蒙古	Inner Mongolia	3127	208	361626	775	7317
辽 宁	Liaoning	4280	76	267254	8498	31232
吉 林	Jilin	1481	22	189916	1891	4412
黑龙江	Heilongjiang	5557	175	333702	162777	27142
上 海	Shanghai	899	110	222965	7135	6738
江 苏	Jiangsu	3914	202	1222236	26654	51743
浙 江	Zhejiang	414	1307	1421375	20079	67694
安 徽	Anhui	28807	6782	392010	29844	74549
福 建	Fujian	1012	89	652107	464	16561
江 西	Jiangxi	2127	227	175603	5839	9961
山 东	Shandong	4274	376	2216932	22201	125018
河 南	Henan	10405	211	1013250	11857	27945
湖 北	Hubei	1532	118	356823	3931	13455
湖 南	Hunan	810	186	252934	2918	15894
广 东	Guangdong	461	1144	749083	3385	49336
广 西	Guangxi	595	234	834108	1264	8977
海 南	Hainan			51850	154	732
重 庆	Chongqing	1165	16	110764	471	6661
四 川	Sichuan	16	53	431226	1288	10048
贵 州	Guizhou	145	456	54400	172	1239
云 南	Yunnan	1021	28	307774	30632	19146
西 藏	Tibet			41	…	2
陕 西	Shaanxi	132	80	243728	3961	6443
甘 肃	Gansu	103	2	39365	1507	2602
青 海	Qinghai			7839	154	352
宁 夏	Ningxia	72	1	178111	1476	3261
新 疆	Xinjiang	1564	44	131188	9765	2822

2-12 各行业工业废水排放及处理情况(2009年)
Discharge and Treatment of Industrial Waste Water by Sector (2009)

单位：万吨 (10000 tons)

行业	Sector	汇总工业企业数(个) Number of Industrial Enterprises (unit)	工业废水排放总量 Total Volume of Industrial Waste Water Discharge	#直接排入海的 Direct Discharge into Sea	工业废水排放达标量 Industrial Waste Water Metting Discharge Standards
行业总计	**Total**	**110903**	**2090300**	**134695**	**1980075**
煤炭开采和洗选业	Mining and Washing of Coal	4261	80236	136	73665
石油和天然气开采业	Extraction of Petroleum and Natural Gas	233	10197	1126	10005
黑色金属矿采选业	Mining and Processing of Ferrous Metal Ores	1146	15546	36	14650
有色金属矿采选业	Mining and Processing of Non-ferrous Metal Ores	1628	37307	479	32730
非金属矿采选业	Mining and Processing of Nonmetal Ores	958	7719	56	7292
其他采矿业	Mining of Other Ores	74	574		460
农副食品加工业	Processing of Food from Agricultural Products	7481	143838	2699	132050
食品制造业	Manufacture of Foods	3707	52699	917	48365
饮料制造业	Manufacture of Beverages	2748	69674	900	65459
烟草制品业	Manufacture of Tobacco	158	3253	4	3176
纺织业	Manufacture of Textile	8070	239116	7658	230806
纺织服装、鞋、帽制造业	Manufacture of Textile Wearing Apparel, Footware, and Caps	1451	14728	186	14324
皮革、毛皮、羽毛(绒)及其制品业	Manufacture of Leather, Fur, Feather and Related Products	1695	24964	280	23087
木材加工及木、竹、藤、棕、草制品业	Processing of Timber, Manufacture of Wood, Bamboo,Rattan, Palm, and Straw Products	1526	6137	30	5703
家具制造业	Manufacture of Furniture	340	1856	13	1836
造纸及纸制品业	Manufacture of Paper and Paper Products	5771	392604	9509	367176
印刷业和记录媒介的复制	Printing,Reproduction of Recording Media	558	1783	205	1743
文教体育用品制造业	Manufacture of Articles for Culture, Education and Sport Activity	270	1239	13	1109
石油加工、炼焦及核燃料加工业	Processing of Petroleum, Coking, Processing of Nuclear Fuel	1139	66406	20908	63474
化学原料及化学制品制造业	Manufacture of Raw Chemical Materials and Chemical Products	9985	297062	7186	282138

2-12 续表 1 continued

单位：万吨 (10000 tons)

行业	Sector	汇总工业企业数（个） Number of Industrial Enterprises (unit)	工业废水排放总量 Total Volume of Industrial Waste Water Discharge	#直接排入海的 Direct Discharge into Sea	工业废水排放达标量 Industrial Waste Water Metting Discharge Standards
医药制造业	Manufacture of Medicines	2939	52718	173	51003
化学纤维制造业	Manufacture of Chemical Fibers	350	43855	2556	41858
橡胶制品业	Manufacture of Rubber	918	6783	116	6704
塑料制品业	Manufacture of Plastics	1409	4387	37	4005
非金属矿物制品业	Manufacture of Non-metallic Mineral Products	21435	32777	159	30434
黑色金属冶炼及压延加工业	Smelting and Pressing of Ferrous Metals	3562	125978	1576	122036
有色金属冶炼及压延加工业	Smelting and Pressing of Non-ferrous Metals	2643	28976	71	27643
金属制品业	Manufacture of Metal Products	6118	31346	373	30166
通用设备制造业	Manufacture of General Purpose Machinery	3764	13452	87	12953
专用设备制造业	Manufacture of Special Purpose Machinery	1294	11006	50	10747
交通运输设备制造业	Manufacture of Transport Equipment	2539	27422	2041	26473
电气机械及器材制造业	Manufacture of Electrical Machinery and Equipment	1654	9324	15	9002
通信设备、计算机及其他电子设备制造业	Manufacture of Communication Equipment, Computers and Other Electronic Equipment	1872	33513	651	32776
仪器仪表及文化、办公用机械制造业	Manufacture of Measuring Instruments and Machinery for Cultural Activity and Office Work	511	5798	128	5675
工艺品及其他制造业	Manufacture of Artwork and Other Manufacturing	948	3587	21	3362
废弃资源和废旧材料回收加工业	Recycling and Disposal of Waste	189	959	1	917
电力、热力的生产和供应业	Production and Distribution of Electric Power and Heat Power	4132	149010	74096	144573
燃气生产和供应业	Production and Distribution of Gas	88	2013	10	1927
水的生产和供应业	Production and Distribution of Water	262	22919	168	22421
其它行业	Other Sectors	1077	17537	28	16152

2-12 续表 2 continued

单位：吨 (ton)

行业	Sector	工业废水中污染物排放量 Amount of Pollutants Discharged in Industrial Waste Water				
		汞 Mercury	镉 Cadmium	六价铬 Hexavalent Chrome	铅 Lead	砷 Arsenic
行业总计	**Total**	**1.387**	**32.317**	**55.424**	**182.214**	**197.299**
煤炭开采和洗选业	Mining and Washing of Coal		0.295	0.083	0.040	0.259
石油和天然气开采业	Extraction of Petroleum and Natural Gas	0.003		0.022		
黑色金属矿采选业	Mining and Processing of Ferrous Metal Ores	0.015	0.207	0.246	5.208	0.407
有色金属矿采选业	Mining and Processing of Non-ferrous Metal Ores	0.487	12.523	1.172	115.437	114.475
非金属矿采选业	Mining and Processing of Nonmetal Ores	0.005	0.032	0.542	0.397	0.357
其他采矿业	Mining of Other Ores					
农副食品加工业	Processing of Food from Agricultural Products	0.016	0.015	0.170	0.071	0.028
食品制造业	Manufacture of Foods			0.009	…	0.158
饮料制造业	Manufacture of Beverages		0.001	0.002		…
烟草制品业	Manufacture of Tobacco		…	…	…	0.001
纺织业	Manufacture of Textile		0.008	2.477	0.022	0.022
纺织服装、鞋、帽制造业	Manufacture of Textile Wearing Apparel, Footware, and Caps		0.002	0.034		
皮革、毛皮、羽毛(绒)及其制品业	Manufacture of Leather, Fur, Feather and Related Products		0.050	6.279	…	
木材加工及木、竹、藤、棕、草制品业	Processing of Timber, Manufacture of Wood, Bamboo, Rattan, Palm, and Straw Products			0.137	0.059	0.002
家具制造业	Manufacture of Furniture			0.016	0.002	
造纸及纸制品业	Manufacture of Paper and Paper Products	…	0.001	0.019	0.048	0.007
印刷业和记录媒介的复制	Printing,Reproduction of Recording Media			0.031	0.003	…
文教体育用品制造业	Manufacture of Articles for Culture, Education and Sport Activity			0.262		
石油加工、炼焦及核燃料加工业	Processing of Petroleum, Coking, Processing of Nuclear Fuel	0.010	0.478	0.635	0.981	0.495
化学原料及化学制品制造业	Manufacture of Raw Chemical Materials and Chemical Products	0.253	0.984	1.662	8.522	42.998
医药制造业	Manufacture of Medicines	…	0.376	0.163	0.307	0.322

2-12 续表 3 continued

单位：吨 (ton)

行业	Sector	工业废水中污染物排放量 Amount of Pollutants Discharged in Industrial Waste Water				
		汞 Mercury	镉 Cadmium	六价铬 Hexavalent Chrome	铅 Lead	砷 Arsenic
化学纤维制造业	Manufacture of Chemical Fibers			0.003		
橡胶制品业	Manufacture of Rubber	…	0.007	0.507	0.007	0.001
塑料制品业	Manufacture of Plastics		0.003	0.058	0.013	…
非金属矿物制品业	Manufacture of Non-metallic Mineral Products	0.004	0.046	0.150	0.109	0.001
黑色金属冶炼及压延加工业	Smelting and Pressing of Ferrous Metals	0.401	0.587	7.351	15.290	1.219
有色金属冶炼及压延加工业	Smelting and Pressing of Non-ferrous Metals	0.106	15.639	3.143	26.308	35.859
金属制品业	Manufacture of Metal Products	0.026	0.370	20.475	2.835	0.179
通用设备制造业	Manufacture of General Purpose Machinery	0.001	0.350	2.705	0.261	0.094
专用设备制造业	Manufacture of Special Purpose Machinery	0.008	0.081	2.756	0.354	0.002
交通运输设备制造业	Manufacture of Transport Equipment	…	0.052	1.240	0.325	0.016
电气机械及器材制造业	Manufacture of Electrical Machinery and Equipment	0.049	0.036	0.197	3.074	0.348
通信设备、计算机及其他电子设备制造业	Manufacture of Communication Equipment, Computers and Other Electronic Equipment	0.003	0.142	2.299	2.274	0.031
仪器仪表及文化、办公用机械制造业	Manufacture of Measuring Instruments and Machinery for Cultural Activity and Office Work	…	0.024	0.287	0.062	…
工艺品及其他制造业	Manufacture of Artwork and Other Manufacturing		0.007	0.074	0.094	0.001
废弃资源和废旧材料回收加工业	Recycling and Disposal of Waste			0.002	…	
电力、热力的生产和供应业	Production and Distribution of Electric Power and Heat Power		0.002	0.004	0.013	0.018
燃气生产和供应业	Production and Distribution of Gas					
水的生产和供应业	Production and Distribution of Water		0.001	0.213	0.098	0.002
其它行业	Other Sectors			…		0.001

2-12 续表 4 continued

单位：吨 (ton)

行 业	Sector	工业废水中污染物排放量 Amount of Pollutants Discharged in Industrial Waste Water				
		挥发酚 Volatile Hydroxy-benzene	氰化物 Cyanide	化学需氧量 COD	石油类 Petroleum	氨氮 Ammonia Nitrogen
行业总计	**Total**	**1044.640**	**250.328**	**3791653**	**9513.5**	**245039.4**
煤炭开采和洗选业	Mining and Washing of Coal	264.693	1.677	91673	590.2	4709.6
石油和天然气开采业	Extraction of Petroleum and Natural Gas	7.914	0.104	16600	397.1	756.2
黑色金属矿采选业	Mining and Processing of Ferrous Metal Ores	0.499	0.084	11045	81.6	473.6
有色金属矿采选业	Mining and Processing of Non-ferrous Metal Ores	1.232	5.506	46212	25.0	1855.5
非金属矿采选业	Mining and Processing of Nonmetal Ores	0.171		6731	19.0	289.0
其他采矿业	Mining of Other Ores			617	0.2	15.8
农副食品加工业	Processing of Food from Agricultural Products	1.886	8.166	526186	134.3	19355.5
食品制造业	Manufacture of Foods	1.629	0.015	118332	189.9	6559.7
饮料制造业	Manufacture of Beverages	0.347	0.007	227345	49.0	7346.6
烟草制品业	Manufacture of Tobacco	0.010		4082	8.9	295.7
纺织业	Manufacture of Textile	5.400	1.248	313087	114.5	16050.9
纺织服装、鞋、帽制造业	Manufacture of Textile Wearing Apparel, Footware, and Caps	0.919	0.048	17078	7.0	972.8
皮革、毛皮、羽毛(绒)及其制品业	Manufacture of Leather, Fur, Feather and Related Products	0.422	0.006	57568	36.0	4529.6
木材加工及木、竹、藤、棕、草制品业	Processing of Timber, Manufacture of Wood, Bamboo, Rattan, Palm, and Straw Products	0.964	0.122	16310	10.3	467.1
家具制造业	Manufacture of Furniture	0.001	0.005	4776	4.4	78.8
造纸及纸制品业	Manufacture of Paper and Paper Products	70.678	0.060	1097204	95.0	27385.2
印刷业和记录媒介的复制	Printing,Reproduction of Recording Media	0.039	0.018	2186	11.0	118.9
文教体育用品制造业	Manufacture of Articles for Culture, Education and Sport Activity	0.078	0.284	1383	5.9	107.2
石油加工、炼焦及核燃料加工业	Processing of Petroleum, Coking, Processing of Nuclear Fuel	448.878	16.467	80019	1281.4	7273.4
化学原料及化学制品制造业	Manufacture of Raw Chemical Materials and Chemical Products	130.943	113.791	427237	1769.4	87553.0

2-12 续表 5 continued

单位：吨 (ton)

行业	Sector	工业废水中污染物排放量 Amount of Pollutants Discharged in Industrial Waste Water				
		挥发酚 Volatile Hydroxy-benzene	氰化物 Cyanide	化学需氧量 COD	石油类 Petroleum	氨氮 Ammonia Nitrogen
医药制造业	Manufacture of Medicines	39.113	0.265	112589	164.0	7105.8
化学纤维制造业	Manufacture of Chemical Fibers	5.174	2.173	121783	123.7	4386.9
橡胶制品业	Manufacture of Rubber	0.012		6261	35.3	682.6
塑料制品业	Manufacture of Plastics	0.082	0.026	7348	12.1	474.1
非金属矿物制品业	Manufacture of Non-metallic Mineral Products	0.819	1.353	29832	129.5	1505.5
黑色金属冶炼及压延加工业	Smelting and Pressing of Ferrous Metals	50.448	44.837	115122	1971.9	8641.3
有色金属冶炼及压延加工业	Smelting and Pressing of Non-ferrous Metals	1.112	0.803	27270	231.7	7086.0
金属制品业	Manufacture of Metal Products	0.462	45.055	26961	255.8	1241.9
通用设备制造业	Manufacture of General Purpose Machinery	0.881	0.432	14231	307.8	1090.8
专用设备制造业	Manufacture of Special Purpose Machinery	0.347	0.185	11398	116.6	846.3
交通运输设备制造业	Manufacture of Transport Equipment	0.478	0.517	42762	607.9	2908.5
电气机械及器材制造业	Manufacture of Electrical Machinery and Equipment	0.317	1.078	10438	133.1	534.6
通信设备、计算机及其他电子设备制造业	Manufacture of Communication Equipment, Computers and Other Electronic Equipment	1.058	2.330	29767	72.1	2351.0
仪器仪表及文化、办公用机械制造业	Manufacture of Measuring Instruments and Machinery for Cultural Activity and Office Work	0.052	0.446	4997	25.6	396.5
工艺品及其他制造业	Manufacture of Artwork and Other Manufacturing	0.024	0.167	3586	5.6	258.4
废弃资源和废旧材料回收加工业	Recycling and Disposal of Waste		0.056	1192	1.4	106.7
电力、热力的生产和供应业	Production and Distribution of Electric Power and Heat Power	0.788	0.188	44842	367.8	1402.5
燃气生产和供应业	Production and Distribution of Gas	1.439	2.033	4013	11.2	946.6
水的生产和供应业	Production and Distribution of Water	5.326	0.644	15268	98.0	755.6
其它行业	Other Sectors	0.007	0.134	96325	12.2	16123.9

2-12 续表 6 continued

单位: 吨 (ton)

行业	Sector	工业废水中污染物去除量 Amount of Pollutants Removed from Industrial Waste Water				
		挥发酚 Volatile Hydroxy-benzene	氰化物 Cyanide	化学需氧量 COD	石油类 Petroleum	氨氮 Ammonia Nitrogen
行业总计	**Total**	**84754.48**	**13802.69**	**13212638**	**371074.6**	**640998.3**
煤炭开采和洗选业	Mining and Washing of Coal	36.97	2.00	127134	546.8	1677.0
石油和天然气开采业	Extraction of Petroleum and Natural Gas	166.67	0.02	97647	171512.2	4860.5
黑色金属矿采选业	Mining and Processing of Ferrous Metal Ores	3.48	1.04	25447	90.0	101.3
有色金属矿采选业	Mining and Processing of Non-Ferrous Metal Ores	2.76	344.66	86176	12.4	2020.7
非金属矿采选业	Mining and Processing of Nonmetal Ores	0.05		20778	45.6	268.7
其他采矿业	Mining of Other Ores			324	1.9	0.5
农副食品加工业	Processing of Food from Agricultural Products	1.76	2.92	1345582	205.7	27548.2
食品制造业	Manufacture of Foods	0.34	0.30	565514	52.5	42782.8
饮料制造业	Manufacture of Beverages	0.64	50.23	1425981	70.6	38881.3
烟草制品业	Manufacture of Tobacco	0.01		14151	1.0	190.8
纺织业	Manufacture of Textile	13.08	11.44	1360998	126.8	23850.6
纺织服装、鞋、帽制造业	Manufacture of Textile Wearing Apparel, Footware, and Caps	0.50	0.57	47544	4.0	1250.1
皮革、毛皮、羽毛(绒)及其制品业	Manufacture of Leather, Fur, Feather and Related Products	1.68	0.12	204106	135.7	13059.0
木材加工及木、竹、藤、棕、草制品业	Processing of Timber, Manufacture of Wood, Bamboo, Rattan, Palm, and Straw Products	3.74		20205	6.8	464.7
家具制造业	Manufacture of Furniture	…	1.13	4918	4.3	68.4
造纸及纸制品业	Manufacture of Paper and Paper Products	66.61	0.35	4216032	509.2	31796.5
印刷业和记录媒介的复制	Printing,Reproduction of Recording Media	0.06	6.58	9053	237.1	420.5
文教体育用品制造业	Manufacture of Articles for Culture, Education and Sport Activity		40.19	1637	15.2	64.2
石油加工、炼焦及核燃料加工业	Processing of Petroleum, Coking, Processing of Nuclear Fuel	18465.92	1591.39	329143	95566.5	146421.1
化学原料及化学制品制造业	Manufacture of Raw Chemical Materials and Chemical Products	3475.40	1506.67	1218717	35996.2	223149.2

2-12 续表 7 continued

单位：吨 (ton)

行业	Sector	工业废水中污染物去除量 Amount of Pollutants Removed from Industrial Waste Water				
		挥发酚 Volatile Hydroxy-benzene	氰化物 Cyanide	化学需氧量 COD	石油类 Petroleum	氨氮 Ammonia Nitrogen
医药制造业	Manufacture of Medicines	1485.31	7.32	735188	399.3	17603.7
化学纤维制造业	Manufacture of Chemical Fibers	127.38	50.98	392471	1361.8	4674.4
橡胶制品业	Manufacture of Rubber			11673	54.8	240.3
塑料制品业	Manufacture of Plastics	0.08	19.13	11830	13.8	485.8
非金属矿物制品业	Manufacture of Non-metallic Mineral Products	962.91	1.15	43208	307.5	1231.7
黑色金属冶炼及压延加工业	Smelting and Pressing of Ferrous Metals	58089.19	7554.62	394358	55920.2	21119.4
有色金属冶炼及压延加工业	Smelting and Pressing of Non-ferrous Metals	4.47	178.28	29305	376.6	12532.2
金属制品业	Manufacture of Metal Products	7.30	2107.37	59051	702.5	2290.6
通用设备制造业	Manufacture of General Purpose Machinery	240.23	36.00	20900	469.7	1726.9
专用设备制造业	Manufacture of Special Purpose Machinery	0.01	5.08	14474	139.3	492.8
交通运输设备制造业	Manufacture of Transport Equipment	1.06	13.79	45244	2345.5	1311.8
电气机械及器材制造业	Manufacture of Electrical Machinery and Equipment	3.36	18.63	14453	121.2	526.4
通信设备、计算机及其他电子设备制造业	Manufacture of Communication Equipment, Computers and Other Electronic Equipment	0.17	131.63	74566	117.0	8701.5
仪器仪表及文化、办公用机械制造业	Manufacture of Measuring Instruments and Machinery for Cultural Activity and Office Work	0.31	6.99	11481	55.3	527.6
工艺品及其他制造业	Manufacture of Artwork and Other Manufacturing	0.28	7.93	6155	22.4	178.7
废弃资源和废旧材料回收加工业	Recycling and Disposal of Waste		1.83	2002	6.2	117.7
电力、热力的生产和供应业	Production and Distribution of Electric Power and Heat Power	1.02	0.26	85088	877.7	1710.4
燃气生产和供应业	Production and Distribution of Gas	1277.78	36.68	11058	162.1	1096.5
水的生产和供应业	Production and Distribution of Water	313.92	65.39	83558	2385.9	3628.2
其它行业	Other Sectors			45486	95.4	1925.5

2-12 续表 8 continued

行 业	Sector	废水治理设施数(套) Facilities for Treatment of Waste Water (set)	废水治理设施处理能力(万吨/日) Capacity of Facilities for Treatment of Waste Water (10000 tons/day)	本年运行费用(万元) Annual Expenditure for Operation (10000 yuan)
行业总计	**Total**	**77017**	**22703.0**	**4784927.0**
煤炭开采和洗选业	Mining and Washing of Coal	3435	735.6	107414.3
石油和天然气开采业	Extraction of Petroleum and Natural Gas	521	366.0	162794.7
黑色金属矿采选业	Mining and Processing of Ferrous Metal Ores	1024	407.1	51032.7
有色金属矿采选业	Mining and Processing of Non-ferrous Metal Ores	1739	435.5	105511.9
非金属矿采选业	Mining and Processing of Nonmetal Ores	954	216.1	27684.2
其他采矿业	Mining of Other Ores	37	6.6	454.8
农副食品加工业	Processing of Food from Agricultural Products	4827	847.0	178083.2
食品制造业	Manufacture of Foods	2517	251.4	88771.1
饮料制造业	Manufacture of Beverages	1881	319.7	88252.3
烟草制品业	Manufacture of Tobacco	133	11.3	3718.9
纺织业	Manufacture of Textile	6564	1077.9	379390.0
纺织服装、鞋、帽制造业	Manufacture of Textile Wearing Apparel, Footware, and Caps	686	72.0	19134.2
皮革、毛皮、羽毛(绒)及其制品业	Manufacture of Leather, Fur, Feather and Related Products	1238	115.9	49679.7
木材加工及木、竹、藤、棕、草制品业	Processing of Timber, Manufacture of Wood, Bamboo, Rattan, Palm, and Straw Products	618	21.0	8282.8
家具制造业	Manufacture of Furniture	162	4.6	2184.2
造纸及纸制品业	Manufacture of Paper and Paper Products	5477	2395.5	510128.2
印刷业和记录媒介的复制	Printing,Reproduction of Recording Media	196	5.8	3906.1
文教体育用品制造业	Manufacture of Articles for Culture, Education and Sport Activity	142	2.8	1736.8
石油加工、炼焦及核燃料加工业	Processing of Petroleum, Coking, Processing of Nuclear Fuel	1667	314.6	329860.4
化学原料及化学制品制造业	Manufacture of Raw Chemical Materials and Chemical Products	9937	2940.6	728423.1

2-12 续表 9 continued

行 业	Sector	废水治理设施数（套）Facilities for Treatment of Waste Water (set)	废水治理设施处理能力（万吨/日）Capacity of Facilities for Treatment of Waste Water (10000 tons/day)	本年运行费用（万元）Annual Expenditure for Operation (10000 yuan)
医药制造业	Manufacture of Medicines	2553	154.3	171648.1
化学纤维制造业	Manufacture of Chemical Fibers	355	163.9	76961.9
橡胶制品业	Manufacture of Rubber	419	48.9	8219.8
塑料制品业	Manufacture of Plastics	597	15.4	9479.5
非金属矿物制品业	Manufacture of Non-metallic Mineral Products	4987	337.4	63618.7
黑色金属冶炼及压延加工业	Smelting and Pressing of Ferrous Metals	4388	8846.7	863586.9
有色金属冶炼及压延加工业	Smelting and Pressing of Non-ferrous Metals	2172	336.9	96988.8
金属制品业	Manufacture of Metal Products	5088	151.3	129585.7
通用设备制造业	Manufacture of General Purpose Machinery	1365	52.2	19860.7
专用设备制造业	Manufacture of Special Purpose Machinery	794	76.6	18381.4
交通运输设备制造业	Manufacture of Transport Equipment	2113	80.1	67221.9
电气机械及器材制造业	Manufacture of Electrical Machinery and Equipment	1149	39.1	21361.6
通信设备、计算机及其他电子设备制造业	Manufacture of Communication Equipment, Computers and Other Electronic Equipment	2047	177.1	137927.9
仪器仪表及文化、办公用机械制造业	Manufacture of Measuring Instruments and Machinery for Cultural Activity and Office Work	470	24.3	20898.0
工艺品及其他制造业	Manufacture of Artwork and Other Manufacturing	597	13.3	6387.8
废弃资源和废旧材料回收加工业	Recycling and Disposal of Waste	103	8.1	3430.4
电力、热力的生产和供应业	Production and Distribution of Electric Power and Heat Power	3379	1498.7	162045.3
燃气生产和供应业	Production and Distribution of Gas	56	4.6	5202.4
水的生产和供应业	Production and Distribution of Water	135	111.2	49097.6
其它行业	Other Sectors	495	16.1	6579.0

2-13 主要城市工业废水排放及处理情况(2009年)
Discharge and Treatment of Industrial Waste Water in Major Cities (2009)

单位：万吨 (10000 tons)

城市	City	工业废水排放总量 Total Volume of Industrial Waste Water Discharged	#直接排入海的 Direct Discharge into Sea	工业废水排放达标量 Industrial Waste Water Meeting Discharge Standards
北京	Beijing	8713		8574
天津	Tianjin	19441	584	19440
石家庄	Shijiazhuang	19045		18992
太原	Taiyuan	2483		2417
呼和浩特	Hohhot	2374		2373
沈阳	Shenyang	6259		5722
长春	Changchun	5489		5133
哈尔滨	Harbin	3539		3446
上海	Shanghai	41192	2536	40687
南京	Nanjing	36339		33698
杭州	Hangzhou	79959	1451	76925
合肥	Hefei	2036		1961
福州	Fuzhou	4288	378	3860
南昌	Nanchang	10238		9554
济南	Jinan	5014		4954
郑州	Zhengzhou	11240		11155
武汉	Wuhan	22532		22334
长沙	Changsha	3726		3354
广州	Guangzhou	26023	2316	25116
南宁	Nanning	12347		11291
海口	Haikou	475		475
重庆	Chongqing	65684		61925
成都	Chengdu	24554		24487
贵阳	Guiyang	2356		2292
昆明	Kunming	4256		4249
拉萨	Lhasa	986		210
西安	Xi'an	14203		13281
兰州	Lanzhou	2945		2905
西宁	Xining	4387		3828
银川	Yinchuan	4987		4946
乌鲁木齐	Urumqi	5968		5251

2-13 续表 continued

单位：吨 (ton)

城 市	City	工业废水中化学需氧量排放量 Amount of COD in Industrial Waste Water	工业废水中氨氮排放量 Amount of Ammonia Nitrogen in Industrial Waste Water	废水治理设施数(套) Facilities for Treatment of Waste Water (set)	废水治理设施本年运行费用(万元) Annual Expenditure for Operation (10000 yuan)
北 京	Beijing	4898.1	452.8	524	65702.5
天 津	Tianjin	23469.4	2915.5	848	73073.1
石 家 庄	Shijiazhuang	49738.4	4068.5	589	46852.5
太 原	Taiyuan	4920.0	353.8	238	41219.8
呼和浩特	Hohhot	2474.1	236.3	54	9061.4
沈 阳	Shenyang	7947.0	1086.4	356	24178.2
长 春	Changchun	25947.0	468.5	104	5708.0
哈 尔 滨	Harbin	13865.1	510.9	153	20847.1
上 海	Shanghai	29030.6	1982.8	1730	264295.6
南 京	Nanjing	26702.5	1099.0	677	85539.5
杭 州	Hangzhou	86449.3	2364.4	1221	90202.8
合 肥	Hefei	1380.7	80.1	166	9570.4
福 州	Fuzhou	3980.1	550.3	382	12994.5
南 昌	Nanchang	21000.0	1085.5	207	12303.4
济 南	Jinan	7004.6	319.9	264	25822.3
郑 州	Zhengzhou	9353.7	233.1	377	19533.0
武 汉	Wuhan	21808.1	1225.9	248	27054.3
长 沙	Changsha	4920.9	228.7	260	5283.0
广 州	Guangzhou	23425.3	935.8	996	61140.0
南 宁	Nanning	71981.7	1341.5	384	17523.6
海 口	Haikou	328.6	8.7	33	1439.9
重 庆	Chongqing	100290.3	7251.4	1638	54792.7
成 都	Chengdu	41504.0	5755.5	1512	32644.1
贵 阳	Guiyang	1791.0	97.0	298	8335.3
昆 明	Kunming	3276.3	209.8	538	20781.8
拉 萨	Lhasa	489.9	2.7	13	158.2
西 安	Xi'an	40823.5	2230.2	383	13360.2
兰 州	Lanzhou	1834.6	134.9	78	15379.2
西 宁	Xining	15990.1	970.8	127	2771.7
银 川	Yinchuan	12552.6	1227.7	128	6317.6
乌鲁木齐	Urumqi	8667.5	1668.5	107	7879.8

2-14 沿海城市工业废水排放及处理情况(2009年)
Discharge and Treatment of Industrial Waste Water in Coastal Cities (2009)

单位: 万吨 (10000 tons)

城 市	City	工业废水排放总量 Total Volume of Industrial Waste Water Discharged	#直接排入海的 Direct Discharge into Sea	工业废水排放达标量 Industrial Waste Water Meeting Discharge Standards
天 津	Tianjin	19441	584	19440
秦皇岛	Qinhuangdao	5130	501	5114
大 连	Dalian	27820	23123	26503
上 海	Shanghai	41192	2536	40687
连云港	Lianyungang	3244	343	3184
宁 波	Ningbo	17736	7757	15423
温 州	Wenzhou	7900	411	6784
福 州	Fuzhou	4288	378	3860
厦 门	Xiamen	3776	155	3755
青 岛	Qingdao	10402	1799	10390
烟 台	Yantai	7600	2172	7600
深 圳	Shenzhen	8073	606	7776
珠 海	Zhuhai	5891	98	5774
汕 头	Shantou	4972	95	4491
湛 江	Zhanjiang	5272	197	4471
北 海	Beihai	1211	77	1115
海 口	Haikou	475		475

2-14 续表 continued

单位: 吨 (ton)

城 市	City	工业废水中化学需氧量排放量 Amount of COD in Industrial Waste Water	工业废水中氨氮排放量 Amount of Ammonia Nitrogen in Industrial Waste Water	废水治理设施数(套) Facilities for Treatment of Waste Water (set)	废水治理设施本年运行费用(万元) Annual Expenditure for Operation (10000 yuan)
天 津	Tianjin	23469.4	2915.5	848	73073.1
秦皇岛	Qinhuangdao	8403.4	332.9	212	9851.9
大 连	Dalian	11327.7	789.4	299	10865.9
上 海	Shanghai	29030.6	1982.8	1730	264295.6
连云港	Lianyungang	3463.0	382.6	165	10361.9
宁 波	Ningbo	19664.5	1140.9	921	69541.8
温 州	Wenzhou	22711.2	1188.2	1182	29441.6
福 州	Fuzhou	3980.1	550.3	382	12994.5
厦 门	Xiamen	2277.6	309.1	309	9551.0
青 岛	Qingdao	11307.6	613.9	532	32853.1
烟 台	Yantai	12434.4	597.8	451	20257.2
深 圳	Shenzhen	4205.3	323.8	1480	69399.5
珠 海	Zhuhai	6537.1	435.9	360	15630.3
汕 头	Shantou	5163.4	211.2	326	11036.4
湛 江	Zhanjiang	12027.2	483.2	270	22623.6
北 海	Beihai	12901.4	681.4	48	2626.5
海 口	Haikou	328.6	8.7	33	1439.9

2-15 各地区医疗废水排放及处理情况(2009年)

Discharge and Treatment of Medical Waste Water by Region (2009)

单位：万吨 (10000 tons)

地 区	Region	医疗用水量 Total Amount of Medical Water Use	医疗废水排放量 Medical Waste Water Discharged	#达标排放量 Meeting Discharge Standards	医疗废水中COD排放量(吨) Amount of COD in Medical Waste Water (ton)	医疗废水中氨氮排放量(吨) Amount of Ammonia Nitrogen in Medical Waste Water (ton)
全 国	**National Total**	**58797.8**	**44654.8**	**38860.2**	**70274.9**	**7352.8**
北 京	Beijing	2240.7	1801.8	1738.7	2175.5	287.9
天 津	Tianjin	843.2	731.7	731.4	1433.5	87.1
河 北	Hebei	1761.3	1313.4	1192.4	1970.7	598.1
山 西	Shanxi	1023.1	680.5	594.4	973.4	135.8
内蒙古	Inner Mongolia	782.4	577.6	429.4	842.1	119.3
辽 宁	Liaoning	2070.0	1513.1	1236.4	2069.1	282.4
吉 林	Jilin	729.7	567.0	450.3	943.6	100.2
黑龙江	Heilongjiang	1128.4	829.7	740.0	790.6	57.2
上 海	Shanghai	3176.1	2689.7	2602.2	1406.9	334.4
江 苏	Jiangsu	4430.7	3282.9	3167.9	3151.4	314.3
浙 江	Zhejiang	3382.0	2618.0	2512.0	1767.1	290.7
安 徽	Anhui	2368.7	1740.5	1538.0	1626.8	241.4
福 建	Fujian	1725.2	1337.5	1214.0	1250.2	184.5
江 西	Jiangxi	2040.4	1496.4	1337.9	1941.6	241.8
山 东	Shandong	3117.9	2303.8	2170.7	1788.1	210.2
河 南	Henan	2908.0	2294.0	2028.4	2484.8	272.7
湖 北	Hubei	2659.2	1928.6	1622.9	2034.0	343.8
湖 南	Hunan	3527.6	2640.0	2080.5	3073.2	391.2
广 东	Guangdong	6044.1	4559.5	3703.9	19204.6	760.6
广 西	Guangxi	1809.7	1237.8	1026.5	1502.9	224.0
海 南	Hainan	293.6	228.8	197.3	141.6	15.4
重 庆	Chongqing	1181.2	983.0	960.6	927.3	104.4
四 川	Sichuan	3057.4	2476.6	2238.9	3105.6	516.0
贵 州	Guizhou	811.4	651.4	518.3	650.8	79.5
云 南	Yunnan	1327.0	930.9	676.3	2037.2	263.0
西 藏	Tibet	75.7	59.8	38.7	0.2	0.1
陕 西	Shaanxi	1817.1	1432.4	1012.6	2338.5	462.0
甘 肃	Gansu	696.8	428.2	319.2	672.1	62.1
青 海	Qinghai	317.2	258.0	76.6	591.0	60.1
宁 夏	Ningxia	310.4	238.5	170.1	407.6	43.6
新 疆	Xinjiang	1141.8	823.8	533.6	6973.0	269.1

2-15 续表 continued

地 区	Region	医疗废水处理量（万吨）Treatment of Medical Waste Water (10000 tons)	废水处理设施数（套）Facilities for Treatment of Medical Waste Water (set)	废水处理设施处理能力（万吨/日）Treatment Capacity of Facilities (10000 tons/day)	废水处理设施运行费用（万元）Annual Expenditure for Operation (10000 yuan)
全 国	**National Total**	**42223.2**	**10578**	**259.1**	**604034**
北 京	Beijing	1771.3	336	9.1	451
天 津	Tianjin	734.4	200	3.5	103
河 北	Hebei	1271.7	365	6.4	51860
山 西	Shanxi	643.9	289	3.9	39676
内蒙古	Inner Mongolia	543.5	220	2.3	502
辽 宁	Liaoning	1511.4	403	7.6	25108
吉 林	Jilin	575.8	215	4.0	336
黑龙江	Heilongjiang	821.4	771	4.6	30935
上 海	Shanghai	2592.6	362	9.3	16621
江 苏	Jiangsu	3003.7	467	13.9	1657
浙 江	Zhejiang	2548.6	466	32.2	43327
安 徽	Anhui	1683.6	363	6.5	543
福 建	Fujian	1357.1	418	6.8	1303
江 西	Jiangxi	1388.6	321	30.8	44795
山 东	Shandong	2304.4	563	17.8	39047
河 南	Henan	2103.0	432	11.9	42062
湖 北	Hubei	1771.9	303	7.6	4814
湖 南	Hunan	2273.4	369	10.3	16585
广 东	Guangdong	4113.7	798	22.7	15304
广 西	Guangxi	1152.0	298	7.4	31013
海 南	Hainan	201.3	48	0.8	27718
重 庆	Chongqing	976.2	300	4.3	1461
四 川	Sichuan	2446.5	804	12.1	89295
贵 州	Guizhou	626.5	229	3.1	307
云 南	Yunnan	862.6	306	4.2	2560
西 藏	Tibet	45.1	18	0.3	44
陕 西	Shaanxi	1356.5	282	5.3	9580
甘 肃	Gansu	414.9	173	3.2	356
青 海	Qinghai	156.7	56	0.6	27
宁 夏	Ningxia	200.6	91	1.9	88
新 疆	Xinjiang	770.6	312	4.6	66557

三、海洋环境

Marine Environment

3-1 全国历年海洋环境情况(2000-2009年)
Marine Environment in Past Years (2000-2009)

单位：万平方公里 (10000 sq.km)

年份 Year	全海域海水水质 Evaluation of Seawater Quality				近岸海域海水水质 Evaluation of Seawater Quality in Offshore Area			
	较清洁海域面积 Reasonably Clean Area	轻度污染海域面积 Lightly Polluted Area	中度污染海域面积 Moderately Polluted Area	严重污染海域面积 Heavily Polluted Area	较清洁海域面积 Reasonably Clean Area	轻度污染海域面积 Lightly Polluted Area	中度污染海域面积 Moderately Polluted Area	严重污染海域面积 Heavily Polluted Area
2003	8.05	2.20	1.49	2.40	6.79	2.07	1.45	2.42
2004	6.56	4.05	3.08	3.21	3.34	2.25	2.80	3.17
2005	5.78	3.41	1.82	2.93	2.64	2.39	1.55	3.10
2006	5.10	5.21	1.74	2.84	2.02	3.05	1.60	2.77
2007	5.13	4.75	1.68	2.97	2.91	3.13	1.59	2.96
2008	6.55	2.88	1.74	2.53	3.21	2.51	1.69	2.53
2009	7.09	2.55	2.08	2.97	3.80	1.76	1.86	2.91

3-1 续表 continued

年份 Year	主要海洋产业增加值 (亿元) Added Value of Major Marine Industries (100 million yuan)	海洋原油产量 (万吨) Output of Offshore Crude Oil (10000 tons)	海洋天然气产量 (万立方米) Output of Offshore Natural Gas (10000 cu.m)
2000	2297	2080.4	460127
2001	3297	2143.0	457212
2002	4042	2405.6	464689
2003	4623	2545.4	436930
2004	5829	2842.2	613416
2005	7185	3174.7	626921
2006	8286	3239.9	748618
2007	10461	3178.4	823455
2008	12243	3421.1	857847

3-2 全海域海水水质评价结果(2009年)
Evaluation of Seawater Quality (2009)

单位：万平方公里 (10000 sq.km)

海 区	Sea Area	测站数量(个) Measuring Stations (unit)	较清洁海域面积 Reasonably Clean Area	轻度污染海域面积 Lightly Polluted Area	中度污染海域面积 Moderately Polluted Area	严重污染海域面积 Heavily Polluted Area
全 国	**National**	**845**	**7.09**	**2.55**	**2.08**	**2.97**
渤 海	Bohai Sea	159	0.90	0.57	0.42	0.27
黄 海	Yellow Sea	190	1.13	0.79	0.52	0.22
东 海	East China Sea	250	3.08	0.90	0.87	1.96
南 海	South China Sea	246	1.99	0.29	0.28	0.52

资料来源：国家海洋局(下表同)。
Source: State Oceanic Administration (the same as in the following table).

3-3 全国近岸海域海水水质评价结果(按海域污染程度分)(2009年)
Evaluation of Seawater Quality in Offshore Area (by Degree of Pollution)(2009)

单位：万平方公里 (10000 sq.km)

海 区	Sea Area	测站数量(个) Measuring Stations (unit)	较清洁海域面积 Reasonably Clean Area	轻度污染海域面积 Lightly Polluted Area	中度污染海域面积 Moderately Polluted Area	严重污染海域面积 Heavily Polluted Area
全 国	**National**	**645**	**3.80**	**1.76**	**1.86**	**2.91**
渤 海	Bohai Sea	121	0.71	0.44	0.38	0.27
黄 海	Yellow Sea	151	0.45	0.50	0.50	0.18
东 海	East China Sea	207	1.02	0.53	0.70	1.94
南 海	South China Sea	166	1.61	0.29	0.28	0.52

3-4 全国近岸海域海水水质评价结果(按海水类别分)(2009年)
Evaluation of Seawater Quality in Offshore Area (by Type of Seawater)(2009)

单位：万平方公里 (10000 sq.km)

海区	Sea Area	测点数量(个) Measurement Stations (unit)	一类海水 Grade Ⅰ	二类海水 Grade Ⅱ	三类海水 Grade Ⅲ	四类海水 Grade Ⅳ	超四类海水 Worse than Grade Ⅳ
全国	**National**	**299**	**80781**	**132427**	**18834**	**16011**	**31887**
渤海	Bohai Sea	49	15663	29986	3226	5966	2853
黄海	Yellow Sea	54	31528	37049	6888		200
东海	East China Sea	95	12327	27473	7679	10045	26498
南海	South China Sea	101	21263	37919	1041		2336

资料来源：环境保护部。
Source: Ministry Environmental Protection.

3-5 全国主要海洋产业增加值(2008年)
Added Value of Major Marine Industries (2008)

海洋产业	Marine Industry	增加值(亿元) Added Value (100 millionyuan)	增加值比上年增长(按可比价计算)(%) Percentage of Added Value of Increase Over Last Year (at comparable price) (%)
合计	**Total**	**12243.7**	**10.4**
海洋渔业	Marine Fishery Industry	2216.3	3.3
海洋油气业	Offshore Oil and Natural Gas	874.1	-1.1
海洋矿业	Beach Placer	9.3	21.3
海洋盐业	Sea Salt Industry	58.9	11.2
海洋化工业	Marine Chemical	542.4	6.8
海洋生物医药业	Marine Biological Pharmaceatical	58.3	28.3
海洋电力业	Marine Electric Power Industry	7.9	51.6
海水利用业	Marine Seawater Utilization	7.9	22.7
海洋船舶工业	Marine Shipbuilding Industry	761.7	36.4
海洋工程建筑业	Marine Engineering Architecture	411.2	-9.0
海洋交通运输业	Maritime Transportation	3858.1	16.1
滨海旅游业	Coastal Tourism	3437.6	0.2

资料来源：国家海洋局(下表同)。
Source: State Oceanic Administration (the same as in the following table).

3-6 海洋资源利用情况(2008年)
Utilization of Marine Resources (2008)

地区	Region	海洋原油(万吨) Marine Oil (10000 tons)	海洋天然气(万立方米) Marine Natural Gas (10000 cu.m)	海洋矿业(万吨) Beach Placers (10000 tons)	海洋渔业(万吨) Marine Fishery (10000 tons)		海洋盐业(万吨) Marine Salt Industry (10000 tons)
					捕捞产业 Fishing Products	养殖产业 Aquiculture Products	
全国	**National Total**	**3421.1**	**857847**	**4808.6**	**1340.9**	**1443.6**	**3127.2**
天津	Tianjin	1557.2	140111		2.5	1.4	236.0
河北	Hebei	189.6	18887		27.4	29.9	385.1
辽宁	Liaoning	22.8	5937		147.8	263.8	182.1
上海	Shanghai	15.3	63716		19.2		
江苏	Jiangsu				56.6	67.4	102.4
浙江	Zhejiang			4001.5	327.2	84.1	19.3
福建	Fujian			206.4	203.2	283.7	40.1
山东	Shandong	232.2	16798	330.9	248.1	361.4	2122.7
广东	Guangdong	1404.1	612398		145.5	223.0	14.5
广西	Guangxi			88.8	69.5	112.9	13.2
海南	Hainan			181.0	93.8	16.1	11.8

四、大气环境

Atmospheric Environment

4-1 全国历年废气排放及处理情况(2000-2009年)
Emission and Treatment of Waste Gas in Past Years (2000-2009)

年 份 Year	工业废气排放总量(亿标立方米) Total Volume of Industrial Waste Gas Emission (100 million cu.m)	SO_2排放总量(万吨) Volume of Sulphur Dioxide Emission (10000 tons)	工业 Industry	生活 Household	烟尘排放总量(万吨) Volume of Emission of Soot (10000 tons)	工业 Industry	生活 Household	工业粉尘排放量(万吨) Emission of Industrial Dust (10000 tons)
2000	138145	1995.1	1612.5	382.6	1165.4	953.3	212.1	1092.0
2001	160863	1947.2	1566.0	381.2	1069.9	852.1	217.9	990.6
2002	175257	1926.6	1562.0	364.6	1012.7	804.2	208.5	941.0
2003	198906	2158.5	1791.6	366.9	1048.5	846.1	202.5	1021.3
2004	237696	2254.9	1891.4	363.5	1095.0	886.5	208.5	904.8
2005	268988	2549.4	2168.4	381.0	1182.5	948.9	233.6	911.2
2006	330990	2588.8	2234.8	354.0	1088.8	864.5	224.3	808.4
2007	388169	2468.1	2140.0	328.1	986.6	771.1	215.5	698.7
2008	403866	2321.2	1991.4	329.9	901.6	670.7	230.9	584.9
2009	436064	2214.4	1865.9	348.5	847.7	604.4	243.3	523.6

4-1 续表 continued

年 份 Year	工业SO_2排放达标率(%) Proportion of Industry SO_2 Meeting Discharge Standards (%)	工业烟尘排放达标率(%) Proportion of Industry Soot Meeting Discharge Standards (%)	工业粉尘排放达标率(%) Proportion of Industry Dust Meeting Discharge Standards (%)	工业SO_2去除量(万吨) Industrial Sulphur Dioxide Removed (10000 tons)	工业烟尘去除量(万吨) Industrial Soot Removed (10000 tons)	工业粉尘去除量(万吨) Industrial Dust Removed (10000 tons)	废气治理设施(套) Facilities for Treatment of Waste Gas (set)	本年运行费用(亿元) Annual Expenditure for Operation (100 million yuan)
2000				575.1	10717.4	4479.6	145534	93.7
2001	61.3	67.3	50.2	564.7	12317.0	5321.6	134025	111.1
2002	70.2	75.0	61.7	697.7	13998.5	5569.8	137668	147.1
2003	69.1	78.5	54.5	749.2	15649.4	5994.9	137204	150.6
2004	75.6	80.2	71.1	890.2	18075.0	8528.6	144973	213.8
2005	79.4	82.9	75.1	1090.4	20587.1	6453.9	145043	267.1
2006	81.9	87.0	82.9	1439.0	23564.6	7279.9	154557	464.4
2007	86.3	88.2	88.1	1942.6	25166.4	7669.6	162325	555.0
2008	88.8	89.6	89.3	2286.4	30542.8	8471.2	174164	773.4
2009	91.0	90.3	89.9	2889.9	32848.1	8722.6	176489	873.7

4-2 各地区废气排放及处理情况(2009年)

Emission and Treatment of Waste Gas by Region (2009)

地 区	Region	工业废气排放总量(亿标立方米) Total Volume of Industrial Waste Gas Emission (100million cu.m)	燃料燃烧 from Process of Fuel Burning	生产工艺 from Process of Production	SO_2排放总量(万吨) Volume of Sulphur Dioxide Emission (10000 tons)	生活SO_2排放量 Volume of Sulphur Dioxide Emission by Nonproductive Consumption
全 国	**National Total**	**436064**	**241201**	**194862**	**2214.4**	**348.5**
北 京	Beijing	4408	1777	2631	11.9	5.9
天 津	Tianjin	5983	4040	1943	23.7	6.4
河 北	Hebei	50779	24836	25943	125.3	21.1
山 西	Shanxi	23693	13066	10627	126.8	25.9
内蒙古	Inner Mongolia	24844	14382	10462	139.9	19.5
辽 宁	Liaoning	25211	11284	13928	105.1	13.3
吉 林	Jilin	7124	5095	2029	36.3	6.3
黑龙江	Heilongjiang	9977	8260	1717	49.0	7.1
上 海	Shanghai	10059	3382	6677	37.9	14.0
江 苏	Jiangsu	27432	17752	9680	107.4	6.2
浙 江	Zhejiang	18860	11913	6947	70.1	2.4
安 徽	Anhui	15273	7038	8234	53.8	5.2
福 建	Fujian	10497	6580	3917	42.0	2.0
江 西	Jiangxi	8286	4711	3575	56.4	7.4
山 东	Shandong	35127	19539	15587	159.0	22.4
河 南	Henan	22186	12773	9412	135.5	17.9
湖 北	Hubei	12523	5958	6565	64.4	11.6
湖 南	Hunan	10973	4373	6599	81.2	16.2
广 东	Guangdong	22682	14033	8649	107.0	5.8
广 西	Guangxi	13184	7588	5596	89.0	5.5
海 南	Hainan	1353	1023	330	2.2	0.1
重 庆	Chongqing	12587	6659	5928	74.6	16.0
四 川	Sichuan	13410	7436	5974	113.5	18.9
贵 州	Guizhou	7786	4763	3023	117.5	55.2
云 南	Yunnan	9484	4758	4726	49.9	8.1
西 藏	Tibet	15	14	2	0.2	…
陕 西	Shaanxi	11032	6822	4210	80.4	6.3
甘 肃	Gansu	6314	3375	2939	50.0	9.9
青 海	Qinghai	3308	757	2551	13.6	0.8
宁 夏	Ningxia	4701	2556	2144	31.4	3.6
新 疆	Xinjiang	6975	4658	2317	59.0	7.5

4-2 续表 1 continued

单位：万吨 (10000 tons)

地 区	Region	工业 SO_2 排放总量 Volume of Sulphur Dioxide Emission by Industry	燃料燃烧 from Process of Fuel Burning	生产工艺 from Process of Produc-tion	工业 SO_2 排放达标量 Emission of Industrial SO_2 Meeting Discharge Standards	烟尘排放总量 Total Volume of Emission of Soot	工业 Industry	生活 Household
全 国	**National Total**	**1865.9**	**1548.8**	**311.9**	**1697.2**	**847.7**	**604.4**	**243.3**
北 京	Beijing	6.0	5.8	0.2	5.9	4.4	1.9	2.5
天 津	Tianjin	17.3	16.4	0.9	17.3	7.1	5.9	1.3
河 北	Hebei	104.3	83.2	21.1	102.0	51.9	33.0	18.9
山 西	Shanxi	101.0	77.6	23.3	97.9	64.7	43.8	20.9
内蒙古	Inner Mongolia	120.4	105.4	14.6	107.9	49.4	32.1	17.3
辽 宁	Liaoning	91.9	73.6	18.3	83.1	61.3	40.1	21.1
吉 林	Jilin	30.0	26.0	4.0	26.7	38.4	27.7	10.7
黑龙江	Heilongjiang	41.9	38.3	3.3	39.8	43.3	31.9	11.4
上 海	Shanghai	23.9	23.3	0.7	23.3	10.2	3.6	6.5
江 苏	Jiangsu	101.2	91.0	9.2	97.2	33.0	30.1	2.9
浙 江	Zhejiang	67.7	63.4	4.3	64.7	19.0	18.0	1.0
安 徽	Anhui	48.7	39.3	9.2	46.9	28.0	23.0	5.0
福 建	Fujian	39.9	34.9	5.0	38.8	11.3	7.1	4.3
江 西	Jiangxi	49.0	37.7	11.3	46.0	16.4	13.9	2.5
山 东	Shandong	136.6	120.0	16.6	134.4	41.7	30.2	11.5
河 南	Henan	117.6	100.5	17.1	111.2	59.7	52.1	7.6
湖 北	Hubei	52.7	39.3	13.4	51.1	21.7	17.9	3.7
湖 南	Hunan	64.9	41.5	23.4	58.6	34.1	27.6	6.6
广 东	Guangdong	101.3	89.6	11.1	85.5	30.1	24.8	5.3
广 西	Guangxi	83.5	66.4	16.8	71.1	25.9	24.7	1.3
海 南	Hainan	2.1	1.7	0.4	2.0	0.9	0.8	0.2
重 庆	Chongqing	58.6	50.1	8.4	48.0	19.1	10.9	8.2
四 川	Sichuan	94.6	75.1	19.1	87.6	28.5	19.6	8.9
贵 州	Guizhou	62.4	54.4	7.5	45.9	44.0	11.8	32.2
云 南	Yunnan	41.8	31.2	10.5	40.1	17.8	12.4	5.5
西 藏	Tibet	0.2	0.2			0.2	0.1	0.2
陕 西	Shaanxi	74.2	65.0	8.8	66.5	20.2	15.1	5.2
甘 肃	Gansu	40.1	25.5	14.5	31.5	16.2	9.2	7.0
青 海	Qinghai	12.7	7.9	4.8	8.6	7.6	5.4	2.2
宁 夏	Ningxia	27.8	26.6	1.2	23.0	9.8	7.9	1.8
新 疆	Xinjiang	51.5	37.9	12.8	34.7	31.7	22.0	9.7

4-2 续表 2 continued

单位：万吨 (10000 tons)

地 区	Region	工业烟尘排放达标量 Emission of Industrial Soot Meeting Discharge Standards	工业粉尘排放总量 Emission of Industry Dust	工业粉尘排放达标量 Emission of Industrial Dust Meeting Discharge Standards	工业SO_2去除量 Industrial Sulphur Dioxide Removed	燃料燃烧中去除的 Removed in Process of Fuel Burning	生产工艺中去除的 Removed in Process of Production
全 国	**National Total**	**545.5**	**523.6**	**470.7**	**2889.9**	**1738.9**	**1151.0**
北 京	Beijing	1.9	1.7	1.7	11.3	10.5	0.8
天 津	Tianjin	5.9	0.8	0.8	25.7	25.2	0.4
河 北	Hebei	32.6	42.7	42.0	123.8	112.4	11.4
山 西	Shanxi	41.3	42.8	37.6	143.4	125.2	18.2
内蒙古	Inner Mongolia	26.2	16.4	15.0	164.6	125.3	39.3
辽 宁	Liaoning	35.8	22.7	20.3	102.2	36.8	65.5
吉 林	Jilin	23.5	6.6	4.7	12.8	8.9	3.9
黑龙江	Heilongjiang	28.8	10.1	8.5	7.4	5.6	1.8
上 海	Shanghai	3.6	0.8	0.8	38.5	18.3	20.2
江 苏	Jiangsu	29.8	16.4	16.1	185.6	141.5	44.1
浙 江	Zhejiang	17.6	16.8	16.5	130.6	90.9	39.7
安 徽	Anhui	22.3	28.5	27.2	161.9	47.7	114.2
福 建	Fujian	6.9	15.7	14.9	35.5	34.0	1.4
江 西	Jiangxi	13.2	26.3	25.1	143.0	24.2	118.7
山 东	Shandong	30.0	22.1	21.6	273.3	193.2	80.1
河 南	Henan	50.2	24.9	23.3	141.4	70.7	70.7
湖 北	Hubei	17.1	18.3	17.6	88.5	36.3	52.2
湖 南	Hunan	24.8	57.5	49.2	84.8	43.3	41.5
广 东	Guangdong	22.4	10.5	9.6	187.4	115.4	72.0
广 西	Guangxi	23.6	46.7	46.0	87.8	55.5	32.3
海 南	Hainan	0.7	0.9	0.9	6.0	5.5	0.5
重 庆	Chongqing	9.2	10.8	8.7	78.0	70.1	7.9
四 川	Sichuan	18.2	11.4	10.8	83.8	59.7	24.1
贵 州	Guizhou	7.1	9.9	5.6	131.8	130.0	1.8
云 南	Yunnan	11.2	10.2	8.5	141.7	45.0	96.7
西 藏	Tibet	…	0.1	…			
陕 西	Shaanxi	14.7	14.8	14.4	74.5	47.2	27.3
甘 肃	Gansu	6.3	8.4	7.4	191.3	29.1	162.3
青 海	Qinghai	2.0	6.9	3.6	1.3	1.3	…
宁 夏	Ningxia	7.1	3.6	3.5	29.3	28.4	0.9
新 疆	Xinjiang	11.5	18.5	8.8	3.0	1.7	1.2

4-2 续表 3 continued

地 区	Region	工业烟尘去除量(万吨) Industrial Soot Removed (1000 tons)	工业粉尘去除量(万吨) Industrial Dust Removed (10000 tons)	废气治理设施(套) Facilities for Treatment of Waste Gas (set)	#脱硫设施 Desulfurization Facilities	本年运行费用(万元) Annual Expenditure for Operation (100 million yuan)
全 国	**National Total**	**32848.1**	**8722.6**	**176489**	**26995**	**8736718.5**
北 京	Beijing	181.7	80.3	2603	1095	90121.7
天 津	Tianjin	420.3	65.1	3157	1631	168240.0
河 北	Hebei	2355.6	561.0	11845	2600	761182.9
山 西	Shanxi	2137.2	319.2	9200	3241	426266.4
内蒙古	Inner Mongolia	2458.2	234.4	4956	574	345405.9
辽 宁	Liaoning	1865.5	636.5	10067	1745	373334.6
吉 林	Jilin	868.9	374.8	3037	150	67932.1
黑龙江	Heilongjiang	1058.7	79.8	4313	193	85043.7
上 海	Shanghai	513.5	95.7	3986	709	220887.0
江 苏	Jiangsu	2279.4	323.1	11508	1635	745887.2
浙 江	Zhejiang	1234.3	869.7	14526	2064	744020.2
安 徽	Anhui	1363.6	344.4	4733	372	205780.4
福 建	Fujian	606.4	249.2	6931	506	186136.1
江 西	Jiangxi	741.8	567.4	3953	312	169379.7
山 东	Shandong	3339.8	554.6	11727	2576	803980.7
河 南	Henan	2685.9	572.7	8740	1005	452076.7
湖 北	Hubei	789.0	408.3	5211	333	256218.9
湖 南	Hunan	660.2	323.5	5117	655	177521.8
广 东	Guangdong	988.3	464.1	13011	1960	788822.5
广 西	Guangxi	372.6	323.6	6006	544	162983.9
海 南	Hainan	55.9	12.6	397	19	23789.9
重 庆	Chongqing	439.0	59.0	3309	328	149234.1
四 川	Sichuan	946.3	179.4	6927	508	436389.8
贵 州	Guizhou	1396.9	177.4	2441	524	207203.4
云 南	Yunnan	1105.3	370.5	5432	440	223197.0
西 藏	Tibet	0.1	…	51		1711.5
陕 西	Shaanxi	779.9	221.4	4035	555	137610.7
甘 肃	Gansu	304.7	89.4	2716	580	123535.3
青 海	Qinghai	107.8	63.7	752	7	38280.6
宁 夏	Ningxia	466.0	45.6	1503	111	86643.7
新 疆	Xinjiang	325.3	56.3	4299	23	77900.1

4-3 各行业工业废气排放及处理情况(2009年)

Emission and Treatment of Industrial Waste Gas by Sector (2009)

行业	Sector	工业废气排放量(亿标立方米) Industrial Waste Gas Emission (100 million cu.m)	燃料燃烧 from Process Fuel Burning	生产工艺 from Process of Production	工业烟尘排放量(吨) Volume of Industrial Soot Emission (ton)
行业总计	**Total**	**436063**	**241201**	**194862**	**5446242**
煤炭开采和洗选业	Mining and Washing of Coal	2334	2005	329	98282
石油和天然气开采业	Extraction of Petroleum and Natural Gas	1092	1046	47	11052
黑色金属矿采选业	Mining and Processing of Ferrous Metal Ores	1489	914	575	18401
有色金属矿采选业	Mining and Processing of Non-ferrous Metal Ores	359	148	211	12072
非金属矿采选业	Mining and Processing of Nonmetal Ores	834	397	438	22325
其他采矿业	Mining of Other Ores	19	14	5	1946
农副食品加工业	Processing of Food from Agricultural Products	3682	3291	391	112260
食品制造业	Manufacture of Foods	3198	3090	109	57189
饮料制造业	Manufacture of Beverages	2110	2082	28	67470
烟草制品业	Manufacture of Tobacco	517	166	350	5052
纺织业	Manufacture of Textile	3448	3203	244	126634
纺织服装、鞋、帽制造业	Manufacture of Textile Wearing Apparel, Footware, and Caps	227	170	57	6634
皮革、毛皮、羽毛(绒)及其制品业	Manufacture of Leather, Fur, Feather and Related Products	333	257	76	10280
木材加工及木、竹、藤、棕、草制品业	Processing of Timber, Manufacture of Wood, Bamboo,Rattan, Palm, and Straw Products	1489	884	605	32267
家具制造业	Manufacture of Furniture	120	38	82	3743
造纸及纸制品业	Manufacture of Paper and Paper Products	6106	5838	269	191818
印刷业和记录媒介的复制	Printing,Reproduction of Recording Media	135	31	103	1536
文教体育用品制造业	Manufacture of Articles for Culture, Education and Sport Activity	83	15	68	622
石油加工、炼焦及核燃料加工业	Processing of Petroleum, Coking, Processing of Nuclear Fuel	15804	5834	9969	224555
化学原料及化学制品制造业	Manufacture of Raw Chemical Materials and Chemical Products	23174	12134	11041	417177
医药制造业	Manufacture of Medicines	1287	1090	197	45078

4-3 续表 1 continued

行　业	Sector	工业废气排放量(亿标立方米) Industrial Waste Gas Emission (100 million cu.m)	燃料燃烧 from Process Fuel Burning	生产工艺 from Process of Production	工业烟尘排放量(吨) Volume of Industrial Soot Emission (ton)
化学纤维制造业	Manufacture of Chemical Fibers	3233	1897	1336	27773
橡胶制品业	Manufacture of Rubber	905	511	393	18401
塑料制品业	Manufacture of Plastics	657	310	347	10150
非金属矿物制品业	Manufacture of Non-metallic Mineral Products	78873	19233	59639	925100
黑色金属冶炼及压延加工业	Smelting and Pressing of Ferrous Metals	103583	24099	79484	518414
有色金属冶炼及压延加工业	Smelting and Pressing of Non-ferrous Metals	19456	4346	15110	122821
金属制品业	Manufacture of Metal Products	1935	842	1093	21794
通用设备制造业	Manufacture of General Purpose Machinery	1931	731	1200	30083
专用设备制造业	Manufacture of Special Purpose Machinery	4178	1182	2996	13026
交通运输设备制造业	Manufacture of Transport Equipment	3668	773	2895	29316
电气机械及器材制造业	Manufacture of Electrical Machinery and Equipment	1102	339	763	6438
通信设备、计算机及其他电子设备制造业	Manufacture of Communication Equipment, Computers and Other Electronic Equipment	3387	200	3187	5022
仪器仪表及文化、办公用机械制造业	Manufacture of Measuring Instruments and Machinery for Cultural Activity and Office Work	541	29	512	669
工艺品及其他制造业	Manufacture of Artwork and Other Manufacturing	112	33	79	1622
废弃资源和废旧材料回收加工业	Recycling and Disposal of Waste	65	48	17	518
电力、热力的生产和供应业	Production and Distribution of Electric Power and Heat Power	143624	143479	145	2221484
燃气生产和供应业	Production and Distribution of Gas	764	310	454	13806
水的生产和供应业	Production and Distribution of Water	7	6	2	499
其它行业	Other Sectors	203	186	17	12911

4-3 续表 2 continued

单位：吨 (ton)

行业	Sector	工业 SO_2 排放总量 Volume of Sulphur Dioxide Emission by Industry	燃料燃烧 from Process Fuel Burning	生产工艺 from Process of Production	工业粉尘排放量 Volume of Industrial Dust Emission
行业总计	**Total**	**16940645**	**14057743**	**2863752**	**4761993**
煤炭开采和洗选业	Mining and Washing of Coal	149861	132762	17100	187839
石油和天然气开采业	Extraction of Petroleum and Natural Gas	35302	25400	9902	5
黑色金属矿采选业	Mining and Processing of Ferrous Metal Ores	54538	22402	32136	37815
有色金属矿采选业	Mining and Processing of Non-ferrous Metal Ores	123028	15913	107115	11614
非金属矿采选业	Mining and Processing of Nonmetal Ores	45230	39542	5688	25905
其他采矿业	Mining of Other Ores	1079	933	146	617
农副食品加工业	Processing of Food from Agricultural Products	160944	160786	158	3835
食品制造业	Manufacture of Foods	107581	107372	209	1313
饮料制造业	Manufacture of Beverages	105780	105616	164	1100
烟草制品业	Manufacture of Tobacco	11620	11619	1	1007
纺织业	Manufacture of Textile	256113	254750	1363	1701
纺织服装、鞋、帽制造业	Manufacture of Textile Wearing Apparel, Footware, and Caps	12417	12413	3	265
皮革、毛皮、羽毛(绒)及其制品业	Manufacture of Leather, Fur, Feather and Related Products	17835	17835		345
木材加工及木、竹、藤、棕、草制品业	Processing of Timber, Manufacture of Wood, Bamboo,Rattan, Palm, and Straw Products	32140	31896	244	24821
家具制造业	Manufacture of Furniture	2634	2622	12	984
造纸及纸制品业	Manufacture of Paper and Paper Products	457366	449706	7660	7501
印刷业和记录媒介的复制	Printing,Reproduction of Recording Media	2672	2669	3	22
文教体育用品制造业	Manufacture of Articles for Culture, Education and Sport Activity	1146	1143	3	288
石油加工、炼焦及核燃料加工业	Processing of Petroleum, Coking, Processing of Nuclear Fuel	614235	247481	366754	155458
化学原料及化学制品制造业	Manufacture of Raw Chemical Materials and Chemical Products	975160	766092	207382	111570

4-3 续表 3 continued

单位：吨 (ton)

行业	Sector	工业 SO_2 排放总量 Volume of Sulphur Dioxide Emission by Industry	燃料燃烧 from Process Fuel Burning	生产工艺 from Process of Production	工业粉尘排放量 Volume of Industrial Dust Emission
医药制造业	Manufacture of Medicines	77613	77421	192	802
化学纤维制造业	Manufacture of Chemical Fibers	114553	113036	1055	571
橡胶制品业	Manufacture of Rubber	37796	37522	274	627
塑料制品业	Manufacture of Plastics	23396	23375	21	291
非金属矿物制品业	Manufacture of Non-metallic Mineral Products	1605237	918242	686995	3090423
黑色金属冶炼及压延加工业	Smelting and Pressing of Ferrous Metals	1701839	649069	1035770	841489
有色金属冶炼及压延加工业	Smelting and Pressing of Non-ferrous Metals	660890	303931	356959	88353
金属制品业	Manufacture of Metal Products	38375	36960	1415	7629
通用设备制造业	Manufacture of General Purpose Machinery	46180	33579	12601	29649
专用设备制造业	Manufacture of Special Purpose Machinery	38312	37912	400	16653
交通运输设备制造业	Manufacture of Transport Equipment	36844	36500	344	26927
电气机械及器材制造业	Manufacture of Electrical Machinery and Equipment	11330	10984	346	641
通信设备、计算机及其他电子设备制造业	Manufacture of Communication Equipment, Computers and Other Electronic Equipment	10041	9793	247	2727
仪器仪表及文化、办公用机械制造业	Manufacture of Measuring Instruments and Machinery for Cultural Activity and Office Work	1435	1385	50	340
工艺品及其他制造业	Manufacture of Artwork and Other Manufacturing	3650	3378	272	9061
废弃资源和废旧材料回收加工业	Recycling and Disposal of Waste	1739	1724	16	1994
电力、热力的生产和供应业	Production and Distribution of Electric Power and Heat Power	9329904	9325732	4173	6734
燃气生产和供应业	Production and Distribution of Gas	23329	16928	6401	4101
水的生产和供应业	Production and Distribution of Water	458	446	12	1
其它行业	Other Sectors	11043	10876	167	58978

4-3 续表 4 continued

单位：吨 (ton)

行业	Sector	工业 SO_2 排放达标量 Emission of Industrial SO_2 Meeting Discharge Standards	工业烟尘排放达标量 Emission of Industrial Soot Meeting Discharge Standards	工业粉尘排放达标量 Emission of Industrial Dust Meeting Discharge Standards
行业总计	**Total**	**15551168**	**4958945**	**4307637**
煤炭开采和洗选业	Mining and Washing of Coal	126658	81938	127287
石油和天然气开采业	Extraction of Petroleum and Natural Gas	31177	10550	5
黑色金属矿采选业	Mining and Processing of Ferrous Metal Ores	49135	16050	27867
有色金属矿采选业	Mining and Processing of Non-ferrous Metal Ores	85567	6813	7887
非金属矿采选业	Mining and Processing of Nonmetal Ores	34210	19342	16783
其他采矿业	Mining of Other Ores	845	1839	588
农副食品加工业	Processing of Food from Agricultural Products	138852	99142	3192
食品制造业	Manufacture of Foods	93079	51230	1129
饮料制造业	Manufacture of Beverages	91495	57395	737
烟草制品业	Manufacture of Tobacco	10572	4522	998
纺织业	Manufacture of Textile	238967	121995	1444
纺织服装、鞋、帽制造业	Manufacture of Textile Wearing Apparel, Footware, and Caps	11351	6353	263
皮革、毛皮、羽毛(绒)及其制品业	Manufacture of Leather, Fur, Feather and Related Products	15848	9617	340
木材加工及木、竹、藤、棕、草制品业	Processing of Timber, Manufacture of Wood, Bamboo,Rattan, Palm, and Straw Products	28695	28751	11627
家具制造业	Manufacture of Furniture	2341	3471	971
造纸及纸制品业	Manufacture of Paper and Paper Products	416104	175201	5871
印刷业和记录媒介的复制	Printing,Reproduction of Recording Media	2406	1406	22
文教体育用品制造业	Manufacture of Articles for Culture, Education and Sport Activity	1043	538	286
石油加工、炼焦及核燃料加工业	Processing of Petroleum, Coking, Processing of Nuclear Fuel	534850	201698	140821
化学原料及化学制品制造业	Manufacture of Raw Chemical Materials and Chemical Products	877618	371800	103941

4-3 续表 5 continued

单位：吨 (ton)

行业	Sector	工业 SO_2 排放达标量 Emission of Industrial SO_2 Meeting Discharge Standards	工业烟尘排放达标量 Emission of Industrial Soot Meeting Discharge Standards	工业粉尘排放达标量 Emission of Industrial Dust Meeting Discharge Standards
医药制造业	Manufacture of Medicines	67459	39388	721
化学纤维制造业	Manufacture of Chemical Fibers	110837	26079	571
橡胶制品业	Manufacture of Rubber	34715	17540	585
塑料制品业	Manufacture of Plastics	22151	9560	267
非金属矿物制品业	Manufacture of Non-metallic Mineral Products	1405104	783265	2819204
黑色金属冶炼及压延加工业	Smelting and Pressing of Ferrous Metals	1611238	479471	790220
有色金属冶炼及压延加工业	Smelting and Pressing of Non-ferrous Metals	565156	115459	83536
金属制品业	Manufacture of Metal Products	35578	20934	7516
通用设备制造业	Manufacture of General Purpose Machinery	42500	27063	26550
专用设备制造业	Manufacture of Special Purpose Machinery	36025	11979	16218
交通运输设备制造业	Manufacture of Transport Equipment	35081	27831	26512
电气机械及器材制造业	Manufacture of Electrical Machinery and Equipment	9989	5890	619
通信设备、计算机及其他电子设备制造业	Manufacture of Communication Equipment, Computers and Other Electronic Equipment	9711	5011	2636
仪器仪表及文化、办公用机械制造业	Manufacture of Measuring Instruments and Machinery for Cultural Activity and Office Work	1200	653	335
工艺品及其他制造业	Manufacture of Artwork and Other Manufacturing	3074	1565	8958
废弃资源和废旧材料回收加工业	Recycling and Disposal of Waste	1700	459	1993
电力、热力的生产和供应业	Production and Distribution of Electric Power and Heat Power	8737594	2093378	6060
燃气生产和供应业	Production and Distribution of Gas	22695	13583	4101
水的生产和供应业	Production and Distribution of Water	408	347	1
其它行业	Other Sectors	8142	9840	58976

4-3 续表 6 continued

行业	Sector	废气治理设施(套) Facilities for Treatment of Waste Gas (set)	#脱硫设施 Desulfuri-zation Facilities	本年运行费用(万元) Annual Expenditure for Operation (10000 yuan)
行业总计	**Total**	**176488**	**26995**	**8736681.5**
煤炭开采和洗选业	Mining and Washing of Coal	4371	1432	59959.3
石油和天然气开采业	Extraction of Petroleum and Natural Gas	328	47	8834.6
黑色金属矿采选业	Mining and Processing of Ferrous Metal Ores	700	113	24878.0
有色金属矿采选业	Mining and Processing of Non-ferrous Metal Ores	639	150	21897
非金属矿采选业	Mining and Processing of Nonmetal Ores	548	121	9859.1
其他采矿业	Mining of Other Ores	33	12	119.5
农副食品加工业	Processing of Food from Agricultural Products	5018	891	50604.9
食品制造业	Manufacture of Foods	2958	636	42724.3
饮料制造业	Manufacture of Beverages	2373	753	26712.1
烟草制品业	Manufacture of Tobacco	821	69	13269.4
纺织业	Manufacture of Textile	8366	2212	183872.4
纺织服装、鞋、帽制造业	Manufacture of Textile Wearing Apparel, Footware, and Caps	851	161	255974.6
皮革、毛皮、羽毛(绒)及其制品业	Manufacture of Leather, Fur, Feather and Related Products	1334	233	6956.7
木材加工及木、竹、藤、棕、草制品业	Processing of Timber, Manufacture of Wood, Bamboo,Rattan, Palm, and Straw Products	1905	206	13578.0
家具制造业	Manufacture of Furniture	870	33	11945.2
造纸及纸制品业	Manufacture of Paper and Paper Products	5287	1211	97644.6
印刷业和记录媒介的复制	Printing,Reproduction of Recording Media	220	65	1472.8
文教体育用品制造业	Manufacture of Articles for Culture, Education and Sport Activity	322	24	1493.7
石油加工、炼焦及核燃料加工业	Processing of Petroleum, Coking, Processing of Nuclear Fuel	2614	655	415941.0
化学原料及化学制品制造业	Manufacture of Raw Chemical Materials and Chemical Products	16770	3432	429112.7

4-3 续表 7 continued

行　　业	Sector	废气治理设施（套） Facilities for Treatment of Waste Gas (set)	#脱硫设施 Desulfurization Facilities	本年运行费用（万元） Annual Expenditure for Operation (10000 yuan)
医药制造业	Manufacture of Medicines	3202	662	38697.2
化学纤维制造业	Manufacture of Chemical Fibers	781	250	40739.5
橡胶制品业	Manufacture of Rubber	1429	292	15743.3
塑料制品业	Manufacture of Plastics	1354	218	16489.0
非金属矿物制品业	Manufacture of Non-metallic Mineral Products	52848	2188	643014.6
黑色金属冶炼及压延加工业	Smelting and Pressing of Ferrous Metals	15019	953	1714819.9
有色金属冶炼及压延加工业	Smelting and Pressing of Non-ferrous Metals	7015	1233	603322.1
金属制品业	Manufacture of Metal Products	4168	396	30649.3
通用设备制造业	Manufacture of General Purpose Machinery	3952	666	44026.6
专用设备制造业	Manufacture of Special Purpose Machinery	1920	257	15652.8
交通运输设备制造业	Manufacture of Transport Equipment	4755	627	51339.6
电气机械及器材制造业	Manufacture of Electrical Machinery and Equipment	2718	171	14737.2
通信设备、计算机及其他电子设备制造业	Manufacture of Communication Equipment, Computers and Other Electronic Equipment	3602	163	42107.0
仪器仪表及文化、办公用机械制造业	Manufacture of Measuring Instruments and Machinery for Cultural Activity and Office Work	646	39	7941.2
工艺品及其他制造业	Manufacture of Artwork and Other Manufacturing	500	60	4600.6
废弃资源和废旧材料回收加工业	Recycling and Disposal of Waste	104	7	1323.9
电力、热力的生产和供应业	Production and Distribution of Electric Power and Heat Power	15135	6005	3751601.3
燃气生产和供应业	Production and Distribution of Gas	406	129	4130.9
水的生产和供应业	Production and Distribution of Water	83	3	1424.1
其它行业	Other Sectors	523	220	17471.5

4-4 主要城市工业废气排放及处理情况(2009年)

Emission and Treatment of Industrial Waste Gas in Major Cities (2009)

单位: 吨 (ton)

城市	City	工业二氧化硫排放量 Volume of Sulphur Dioxide Emission by Industry	工业烟尘排放量 Volume of Industrial Soot Emission	工业粉尘排放量 Volume of Industrial Dust Emission	工业二氧化硫去除量 Industrial Sulphur Dioxide Removed
北　京	Beijing	59922	19077	17321	112829
天　津	Tianjin	172980	58687	7946	256518
石家庄	Shijiazhuang	143675	31343	15447	277484
太　原	Taiyuan	90487	38607	30461	173708
呼和浩特	Hohhot	74041	12731	1309	179785
沈　阳	Shenyang	82362	52941	4847	44132
长　春	Changchun	54693	68922	25355	14817
哈尔滨	Harbin	51879	51205	17388	27486
上　海	Shanghai	239348	36450	8320	384624
南　京	Nanjing	134277	31168	41675	494692
杭　州	Hangzhou	92926	35418	18349	80713
合　肥	Hefei	30453	10602	4591	17620
福　州	Fuzhou	90277	7027	2127	91877
南　昌	Nanchang	22514	8104	6115	11548
济　南	Jinan	65944	20146	30022	141691
郑　州	Zhengzhou	112167	51410	38211	59191
武　汉	Wuhan	114579	30890	8163	107380
长　沙	Changsha	52052	34704	133530	38484
广　州	Guangzhou	91722	11943	2237	896167
南　宁	Nanning	58487	26760	8407	20127
海　口	Haikou	103	94	1	
重　庆	Chongqing	586117	108674	107749	780181
成　都	Chengdu	93045	36670	5045	153731
贵　阳	Guiyang	84488	13831	14688	187718
昆　明	Kunming	88337	8023	5563	593326
拉　萨	Lhasa	1201	571	680	
西　安	Xi'an	82864	20410	4235	48743
兰　州	Lanzhou	70687	11046	8378	207025
西　宁	Xining	70403	24687	32811	13402
银　川	Yinchuan	20403	6936	2126	40134
乌鲁木齐	Urumqi	107971	35058	8525	20206

4-4 续表 continued

单位：吨 (ton)

城 市	City	工业烟尘去除量 Industrial Soot Removed	工业粉尘去除量 Industrial Dust Removed	废气治理设施(套) Facilities for Treatment of Waste Gas (set)	#脱硫设施 Desulfuri-zation Facilities	本年运行费用(万元) Annual Expenditure for Operation (10000 yuan)
北京	Beijing	1816769	802926	2603	1095	90121.7
天津	Tianjin	4203247	651466	3157	1631	168240.0
石家庄	Shijiazhuang	3982450	151841	1810	365	72281.2
太原	Taiyuan	3092713	873954	1040	407	89745.7
呼和浩特	Hohhot	4193630	71687	726	16	40431.6
沈阳	Shenyang	1644314	5469	2140	513	46795.7
长春	Changchun	1591062	849075	673	52	11922.6
哈尔滨	Harbin	1717867	62673	869	56	16620.6
上海	Shanghai	5135132	957492	3986	709	220887.0
南京	Nanjing	2435626	779644	1144	130	88241.9
杭州	Hangzhou	1210748	935501	1776	437	78786.3
合肥	Hefei	1054717	126715	381	30	10252.5
福州	Fuzhou	1462428	15043	558	62	67911.6
南昌	Nanchang	155627	4172	536	46	12350.2
济南	Jinan	1633220	697153	940	158	113506.9
郑州	Zhengzhou	2785352	400954	1404	119	55391.0
武汉	Wuhan	2160838	409925	628	42	45883.6
长沙	Changsha	100415	191883	347	58	3353.8
广州	Guangzhou	1806518	95690	1676	350	93455.9
南宁	Nanning	513521	400235	916	171	13636.9
海口	Haikou	579	17	21		1731.4
重庆	Chongqing	4390483	590009	3309	328	149234.1
成都	Chengdu	1357527	132142	1607	64	59814.1
贵阳	Guiyang	1109016	413901	497	164	35510.2
昆明	Kunming	1307393	428396	1407	124	86628.6
拉萨	Lhasa	505	8	17		1345.0
西安	Xi'an	780446	133130	852	106	19073.9
兰州	Lanzhou	1217513	113682	529	18	35426.9
西宁	Xining	798552	383891	421	4	33321.6
银川	Yinchuan	143055	94073	281	59	10384.2
乌鲁木齐	Urumqi	764051	117003	519	7	24411.1

4-5 沿海城市工业废气排放及处理情况(2009年)

Emission and Treatment of Industrial Waste Gas in Coastal Cities (2009)

单位：吨 (ton)

城 市	City	工业二氧化硫排放量 Volume of Sulphur Dioxide Emission by Industry	工业烟尘排放量 Volume of Industrial Soot Emission	工业粉尘排放量 Volume of Industrial Dust Emission	工业二氧化硫去除量 Industrial Sulphur Dioxide Removed
天 津	Tianjin	172979.8	58687.1	7945.8	256518.1
秦皇岛	Qinhuangdao	45161.0	10470.6	27232.0	48148.5
大 连	Dalian	83765.0	23220.3	3832.1	248087.7
上 海	Shanghai	239347.5	36449.9	8320.4	384623.5
连云港	Lianyungang	27237.3	6931.2	901.6	28014.0
宁 波	Ningbo	128709.0	29080.2	7404.1	711461.6
温 州	Wenzhou	53336.6	5834.9	33.5	65221.0
福 州	Fuzhou	90277.5	7026.7	2126.6	91876.8
厦 门	Xiamen	45471.0	1661.8	225.9	42915.2
青 岛	Qingdao	83412.0	20585.4	5085.6	165098.3
烟 台	Yantai	87294.0	13291.4	25978.6	152071.4
深 圳	Shenzhen	32146.7	2450.0	1056.6	48930.7
珠 海	Zhuhai	33850.1	8416.7	2121.3	82379.7
汕 头	Shantou	22889.1	3943.9	44.8	31490.0
湛 江	Zhanjiang	43284.4	10784.5	5966.0	35780.9
北 海	Beihai	30150.9	4094.5	10274.1	10868.5
海 口	Haikou	103.3	93.6	1.4	

4-5 续表 continued

单位：吨 (ton)

城 市	City	工业烟尘去除量 Industrial Soot Removed	工业粉尘去除量 Industrial Dust Removed	废气治理设施(套) Facilities for Treatment of Waste Gas (set)	#脱硫设施 Desulfurization Facilities	本年运行费用(万元) Annual Expenditure for Operation (10000 yuan)
天 津	Tianjin	4203247	651466	3157	1631	168240.0
秦皇岛	Qinhuangdao	1259737	266448	977	230	41833.7
大 连	Dalian	3026825	199431	970	164	29252.3
上 海	Shanghai	5135132	957492	3986	709	220887.0
连云港	Lianyungang	686393	3941	232	19	11710.7
宁 波	Ningbo	5480721	558073	2197	274	146449.0
温 州	Wenzhou	516278	284	1288	88	28351.0
福 州	Fuzhou	1462428	15043	558	62	67911.6
厦 门	Xiamen	690136	1371	553	45	18366.5
青 岛	Qingdao	1643082	246036	994	307	54006.9
烟 台	Yantai	2270974	168520	814	311	35151.8
深 圳	Shenzhen	467272	767	621	70	24986.4
珠 海	Zhuhai	722355	109994	846	45	46908.9
汕 头	Shantou	386135	1786	431	6	24238.0
湛 江	Zhanjiang	247428	112025	373	11	19087.7
北 海	Beihai	291703		52	4	3111.5
海 口	Haikou	579	17	21		1731.4

五、固体废物

Solid Wastes

5-1 全国历年工业固体废物产生、排放和综合利用情况(2000-2009年)

Generation, Discharge and Utilization of Industrial Solid Wastes in Past Years (2000-2009)

年 份 Year	工业固体废物产生量(万吨) Industrial Solid Wastes Generated (10000 tons)	工业固体废物排放量(万吨) Industrial Solid Wastes Discharged (10000 tons)	工业固体废物综合利用量(万吨) Industrial Solid Wastes Utilized (10000 tons)	工业固体废物贮存量(万吨) Stock of Industrial Solid Wastes (10000 tons)	工业固体废物处置量(万吨) Industrial Solid Wastes Disposed (10000 tons)	工业固体废物综合利用率(%) Ratio of Industrial Solid Wastes Utilized (%)	"三废"综合利用产品产值(亿元) Output Value of Products Made from Waste Gas, Waste Water & Solid Wastes (100 million yuan)
2000	81608	3186.2	37451	28921	9152	45.9	310.5
2001	88840	2893.8	47290	30183	14491	52.1	344.6
2002	94509	2635.2	50061	30040	16618	51.9	385.6
2003	100428	1940.9	56040	27667	17751	54.8	441.0
2004	120030	1762.0	67796	26012	26635	55.7	573.3
2005	134449	1654.7	76993	27876	31259	56.1	755.5
2006	151541	1302.1	92601	22399	42883	60.2	1026.8
2007	175632	1196.7	110311	24119	41350	62.1	1351.3
2008	190127	781.8	123482	21883	48291	64.3	1621.4
2009	203943	710.5	138186	20929	47488	67.0	1608.2

5-2 各地区工业固体废物产生和排放情况(2009年)

Generation and Discharge of Industrial Solid Wastes by Region (2009)

地 区	Region	工业固体废物产生量(万吨) Industrial Solid Wastes Generated (10000 tons)	#危险废物 Hazardous Wastes	工业固体废物排放量(吨) Industrial Solid Wastes Discharged (ton)
全 国	**National Total**	**203943.4**	**1429.9**	**7104521**
北 京	Beijing	1242.4	11.2	881
天 津	Tianjin	1515.7	7.8	
河 北	Hebei	21975.8	27.7	304551
山 西	Shanxi	14742.9	6.8	1415688
内蒙古	Inner Mongolia	12108.3	50.2	92171
辽 宁	Liaoning	17221.4	91.0	27510
吉 林	Jilin	3940.5	57.5	
黑龙江	Heilongjiang	5274.7	17.0	9763
上 海	Shanghai	2254.6	47.6	42
江 苏	Jiangsu	8027.8	126.1	
浙 江	Zhejiang	3909.7	60.1	7824
安 徽	Anhui	8470.8	11.6	15
福 建	Fujian	6348.9	8.0	24334
江 西	Jiangxi	8898.2	6.5	139938
山 东	Shandong	14137.9	221.4	144
河 南	Henan	10785.8	17.9	13104
湖 北	Hubei	5561.5	91.4	51170
湖 南	Hunan	5092.8	53.9	185972
广 东	Guangdong	4740.9	99.2	159839
广 西	Guangxi	5693.1	12.5	120979
海 南	Hainan	200.9	0.2	
重 庆	Chongqing	2551.8	14.7	1498598
四 川	Sichuan	8596.9	83.4	61159
贵 州	Guizhou	7317.4	52.6	944884
云 南	Yunnan	8672.8	50.4	606462
西 藏	Tibet	11.1		41243
陕 西	Shaanxi	5546.7	13.0	172657
甘 肃	Gansu	3150.2	20.9	123102
青 海	Qinghai	1347.6	83.3	13904
宁 夏	Ningxia	1398.3	0.4	36588
新 疆	Xinjiang	3206.1	85.4	1051998

资料来源：环境保护部(以下各表同)。

Source:Ministy of Environmental Protection (the same as in the following tables).

5-3 各地区工业固体废物综合利用和处置情况(2009年)
Treatment and Utilization of Industrial Solid Wastes by Region (2009)

单位：万吨 (10000 tons)

地区	Region	工业固体废物综合利用量 Industrial Solid Wastes Utilized	#危险废物 Hazardous Wastes	工业固体废物贮存量 Stock of Industrial Solid Wastes	综合利用往年贮存量 Utilization of Stock of Wastes in Early Years
全国	**National Total**	**138185.8**	**831.0**	**20929.3**	**2198.2**
北京	Beijing	910.4	5.5	43.7	79.5
天津	Tianjin	1498.3	2.6	0.1	8.3
河北	Hebei	15693.3	16.4	1168.4	157.1
山西	Shanxi	8955.8	5.9	718.7	157.2
内蒙古	Inner Mongolia	6367.9	37.3	1235.6	0.1
辽宁	Liaoning	8240.7	39.1	1981.2	240.9
吉林	Jilin	2538.8	36.5	1324.8	7.8
黑龙江	Heilongjiang	3809.7	6.1	993.7	41.4
上海	Shanghai	2171.6	30.7	12.7	15.3
江苏	Jiangsu	7862.2	93.2	168.3	97.3
浙江	Zhejiang	3585.9	27.6	74.7	7.2
安徽	Anhui	7227.0	7.5	544.0	222.8
福建	Fujian	5425.8	3.9	55.9	7.1
江西	Jiangxi	3702.7	6.2	786.0	6.7
山东	Shandong	13826.4	167.4	237.9	448.8
河南	Henan	8064.3	14.8	283.0	153.7
湖北	Hubei	4210.2	79.5	251.4	66.2
湖南	Hunan	4010.4	47.0	822.2	134.8
广东	Guangdong	4321.6	59.7	137.8	44.9
广西	Guangxi	3856.7	9.6	461.4	36.8
海南	Hainan	167.9	…	11.8	
重庆	Chongqing	2076.7	9.3	262.3	50.6
四川	Sichuan	4952.3	34.4	1076.1	17.3
贵州	Guizhou	3350.7	22.0	1792.4	29.1
云南	Yunnan	4264.8	6.5	2001.6	57.5
西藏	Tibet	0.2		6.8	
陕西	Shaanxi	2997.6	7.7	1099.5	7.4
甘肃	Gansu	1072.7	3.6	937.0	66.4
青海	Qinghai	508.2	11.2	850.2	13.6
宁夏	Ningxia	987.9	0.3	169.7	1.0
新疆	Xinjiang	1527.2	39.4	1420.5	21.3

5-3 续表 continued

地 区	Region	工业固体废物处置量(万吨) Industrial Solid Wastes Disposed (10000 tons)	#危险废物 Hazardous Wastes	工业固体废物综合利用率(%) Ratio of Industrial Solid Wastes Utilized (%)	"三废"综合利用产品产值(万元) Output Value of Products Made from Waste Gas, Waste Water & Solid Wastes (10000 yuan)
全 国	**National Total**	**47487.7**	**428.0**	**67.0**	**16082440**
北 京	Beijing	754.6	5.7	68.9	71680
天 津	Tianjin	25.7	5.2	98.3	187882
河 北	Hebei	5259.9	11.4	70.9	936390
山 西	Shanxi	5099.4	0.9	60.1	342721
内蒙古	Inner Mongolia	4513.0	12.7	52.6	217936
辽 宁	Liaoning	7261.1	52.1	47.2	443699
吉 林	Jilin	88.5	21.0	64.3	308741
黑龙江	Heilongjiang	513.0	11.3	71.7	247210
上 海	Shanghai	85.7	17.0	95.7	161409
江 苏	Jiangsu	102.0	33.5	96.8	2014356
浙 江	Zhejiang	256.0	37.6	91.6	2513210
安 徽	Anhui	922.7	6.9	83.1	509654
福 建	Fujian	874.5	4.1	85.4	492686
江 西	Jiangxi	4416.1	0.4	41.6	470277
山 东	Shandong	523.9	54.1	94.8	1725361
河 南	Henan	2691.4	4.0	73.7	693261
湖 北	Hubei	1164.4	4.8	74.8	699428
湖 南	Hunan	379.8	5.5	76.7	695004
广 东	Guangdong	313.5	39.5	90.3	509827
广 西	Guangxi	1434.4	2.4	67.3	432197
海 南	Hainan	21.2	0.2	83.6	24440
重 庆	Chongqing	126.7	5.4	79.8	274133
四 川	Sichuan	2845.2	44.0	57.5	612686
贵 州	Guizhou	2109.4	18.8	45.6	165524
云 南	Yunnan	2615.4	0.5	48.9	604415
西 藏	Tibet			1.8	239
陕 西	Shaanxi	1445.1	4.9	54.0	222059
甘 肃	Gansu	1216.8	16.4	33.4	260170
青 海	Qinghai	1.5		37.3	26311
宁 夏	Ningxia	251.0	0.1	70.6	66672
新 疆	Xinjiang	175.8	7.8	47.3	152865

5-4 各行业工业固体废物产生和排放情况(2009年)

Generation and Discharge of Industrial Solid Wastes by Sector (2009)

单位：万吨 (10000 tons)

行业	Sector	工业固体废物产生量 Industrial Solid Wastes Generated	#危险废物 Hazardous Wastes	工业固体废物排放量 Industrial Solid Wastes Dischared
行业合计	**Total**	**190674**	**1429.84**	**631.57**
煤炭开采和洗选业	Mining and Washing of Coal	23869	0.06	261.35
石油和天然气开采业	Extraction of Petroleum and Natural Gas	175	12.31	0.03
黑色金属矿采选业	Mining and Processing of Ferrous Metal Ores	23442	0.01	25.53
有色金属矿采选业	Mining and Processing of Non-ferrous Metal Ores	25848	158.08	121.57
非金属矿采选业	Mining and Processing of Nonmetal Ores	1455	72.75	6.99
其他采矿业	Mining of Other Ores	46		0.08
农副食品加工业	Processing of Food from Agricultural Products	2091	0.14	2.92
食品制造业	Manufacture of Foods	532	0.44	1.16
饮料制造业	Manufacture of Beverages	930	0.27	7.48
烟草制品业	Manufacture of Tobacco	41	0.01	0.28
纺织业	Manufacture of Textile	732	18.48	0.96
纺织服装、鞋、帽制造业	Manufacture of Textile Wearing Apparel, Footware, and Caps	47	0.13	0.06
皮革、毛皮、羽毛(绒)及其制品业	Manufacture of Leather, Fur, Feather and Related Products	80	1.92	0.15
木材加工及木、竹、藤、棕、草制品业	Processing of Timber, Manufacture of Wood, Bamboo, Rattan, Palm, and Straw Products	170	0.03	0.26
家具制造业	Manufacture of Furniture	16	0.18	0.04
造纸及纸制品业	Manufacture of Paper and Paper Products	1939	8.67	4.75
印刷业和记录媒介的复制	Printing,Reproduction of Recording Media	16	1.69	…
文教体育用品制造业	Manufacture of Articles for Culture, Education and Sport Activity	3	0.19	0.03
石油加工、炼焦及核燃料加工业	Processing of Petroleum, Coking, Processing of Nuclear Fuel	2994	141.27	2.89
化学原料及化学制品制造业	Manufacture of Raw Chemical Materials and Chemical Products	12595	521.88	15.13

5-4 续表 continued

单位：万吨 (10000 tons)

行业	Sector	工业固体废物产生量 Industrial Solid Wastes Generated	#危险废物 Hazardous Wastes	工业固体废物排放量 Industrial Solid Wastes Dischared
医药制造业	Manufacture of Medicines	346	31.93	1.68
化学纤维制造业	Manufacture of Chemical Fibers	373	41.49	0.09
橡胶制品业	Manufacture of Rubber	139	0.54	0.28
塑料制品业	Manufacture of Plastics	66	2.33	0.08
非金属矿物制品业	Manufacture of Non-metallic Mineral Products	4359	2.72	35.05
黑色金属冶炼及压延加工业	Smelting and Pressing of Ferrous Metals	33894	62.13	49.91
有色金属冶炼及压延加工业	Smelting and Pressing of Non-ferrous Metals	7087	169.87	40.09
金属制品业	Manufacture of Metal Products	506	36.19	0.22
通用设备制造业	Manufacture of General Purpose Machinery	489	6.49	2.35
专用设备制造业	Manufacture of Special Purpose Machinery	187	3.61	1.93
交通运输设备制造业	Manufacture of Transport Equipment	506	15.01	2.01
电气机械及器材制造业	Manufacture of Electrical Machinery and Equipment	71	10.84	0.08
通信设备、计算机及其他电子设备制造业	Manufacture of Communication Equipment, Computers and Other Electronic Equipment	173	79.56	0.26
仪器仪表及文化、办公用机械制造业	Manufacture of Measuring Instruments and Machinery for Cultural Activity and Office Work	26	11.40	0.02
工艺品及其他制造业	Manufacture of Artwork and Other Manufacturing	19	0.33	0.37
废弃资源和废旧材料回收加工业	Recycling and Disposal of Waste	64	0.09	0.27
电力、热力的生产和供应业	Production and Distribution of Electric Power and Heat Power	45131	15.67	45.17
燃气生产和供应业	Production and Distribution of Gas	56	0.31	0.01
水的生产和供应业	Production and Distribution of Water	19	0.77	0.03
其它行业	Other Sectors	144	0.04	…

5-5 各行业工业固体废物综合利用和处置情况(2009年)

Treatment and Utilization of Industrial Solid Wastes by Sector (2009)

单位：万吨 (10000 tons)

行业	Sector	工业固体废物综合利用量 Industrial Solid Wastes Utilized	#危险废物 Hazardous Wastes	工业固体废物处置量 Industrial Solid Wastes Disposed	#危险废物 Hazardous Wastes
行业合计	**Total**	**128608**	**830.96**	**44940**	**427.98**
煤炭开采和洗选业	Mining and Washing of Coal	18410	0.03	5070	0.06
石油和天然气开采业	Extraction of Petroleum and Natural Gas	58	7.16	107	4.76
黑色金属矿采选业	Mining and Processing of Ferrous Metal Ores	5823	0.01	13700	0.01
有色金属矿采选业	Mining and Processing of Non-ferrous Metal Ores	8954	73.25	12165	42.21
非金属矿采选业	Mining and Processing of Nonmetal Ores	765	0.23	353	…
其他采矿业	Mining of Other Ores	30		6	
农副食品加工业	Processing of Food from Agricultural Products	2056	0.05	28	0.13
食品制造业	Manufacture of Foods	522	0.23	8	0.22
饮料制造业	Manufacture of Beverages	914	0.24	7	0.03
烟草制品业	Manufacture of Tobacco	34	…	6	0.21
纺织业	Manufacture of Textile	685	12.09	46	6.38
纺织服装、鞋、帽制造业	Manufacture of Textile Wearing Apparel, Footware, and Caps	44	0.02	2	0.11
皮革、毛皮、羽毛(绒)及其制品业	Manufacture of Leather, Fur, Feather and Related Products	66	0.58	14	1.47
木材加工及木、竹、藤、棕、草制品业	Processing of Timber, Manufacture of Wood, Bamboo,Rattan, Palm, and Straw Products	168		2	0.03
家具制造业	Manufacture of Furniture	15	0.01	1	0.17
造纸及纸制品业	Manufacture of Paper and Paper Products	1735	8.09	177	0.62
印刷业和记录媒介的复制	Printing,Reproduction of Recording Media	14	0.79	2	0.91
文教体育用品制造业	Manufacture of Articles for Culture, Education and Sport Activity	2	0.08	1	0.12
石油加工、炼焦及核燃料加工业	Processing of Petroleum, Coking, Processing of Nuclear Fuel	2704	96.27	200	45.37
化学原料及化学制品制造业	Manufacture of Raw Chemical Materials and Chemical Products	8660	346.49	2529	162.24

5-5 续表 1 continued

单位：万吨 (10000 tons)

行　　业	Sector	工业固体废物综合利用量 Industrial Solid Wastes Utilized	#危险废物 Hazardous Wastes	工业固体废物处置量 Industrial Solid Wastes Disposed	#危险废物 Hazardous Wastes
医药制造业	Manufacture of Medicines	316	22.95	27	8.94
化学纤维制造业	Manufacture of Chemical Fibers	347	29.54	24	12.21
橡胶制品业	Manufacture of Rubber	135	0.26	3	0.29
塑料制品业	Manufacture of Plastics	61	0.44	4	1.95
非金属矿物制品业	Manufacture of Non-metallic Mineral Products	4514	1.08	115	1.76
黑色金属冶炼及压延加工业	Smelting and Pressing of Ferrous Metals	29382	51.32	3353	12.99
有色金属冶炼及压延加工业	Smelting and Pressing of Non-ferrous Metals	3209	77.93	2963	43.39
金属制品业	Manufacture of Metal Products	472	17.16	33	19.04
通用设备制造业	Manufacture of General Purpose Machinery	454	3.93	32	3.05
专用设备制造业	Manufacture of Special Purpose Machinery	161	1.81	23	1.80
交通运输设备制造业	Manufacture of Transport Equipment	456	2.73	48	12.37
电气机械及器材制造业	Manufacture of Electrical Machinery and Equipment	63	6.12	8	4.84
通信设备、计算机及其他电子设备制造业	Manufacture of Communication Equipment, Computers and Other Electronic Equipment	133	49.91	39	29.63
仪器仪表及文化、办公用机械制造业	Manufacture of Measuring Instruments and Machinery for Cultural Activity and Office Work	18	8.72	8	2.68
工艺品及其他制造业	Manufacture of Artwork and Other Manufacturing	18	0.10	1	0.23
废弃资源和废旧材料回收加工业	Recycling and Disposal of Waste	59	0.01	4	0.08
电力、热力的生产和供应业	Production and Distribution of Electric Power and Heat Power	36964	10.88	3798	7.03
燃气生产和供应业	Production and Distribution of Gas	35	0.16	20	0.15
水的生产和供应业	Production and Distribution of Water	9	0.29	10	0.48
其它行业	Other Sectors	142	…	2	0.03

5-5 续表 2 continued

行　　业	Sector	工业固体废物综合利用率(%) Ratio of Industrial Solid Wastes Utilizedsed (%)	"三废"综合利用产品产值(万元) Output Value of Products Made from Waste Gas, WasteWater & Solid Wastes (10000 yuan)
行业合计	**Total**	**66.7**	**16082440**
煤炭开采和洗选业	Mining and Washing of Coal	74.4	215935
石油和天然气开采业	Extraction of Petroleum and Natural Gas	32.8	124425
黑色金属矿采选业	Mining and Processing of Ferrous Metal Ores	24.8	40444
有色金属矿采选业	Mining and Processing of Non-ferrous Metal Ores	34.5	296452
非金属矿采选业	Mining and Processing of Nonmetal Ores	52.6	33334
其他采矿业	Mining of Other Ores	65.6	1679
农副食品加工业	Processing of Food from Agricultural Products	98.3	441431
食品制造业	Manufacture of Foods	98.2	175440
饮料制造业	Manufacture of Beverages	98.3	322744
烟草制品业	Manufacture of Tobacco	83.3	4492
纺织业	Manufacture of Textile	93.6	258373
纺织服装、鞋、帽制造业	Manufacture of Textile Wearing Apparel, Footware, and Caps	94.3	6318
皮革、毛皮、羽毛(绒)及其制品业	Manufacture of Leather, Fur, Feather and Related Products	82.0	15079
木材加工及木、竹、藤、棕、草制品业	Processing of Timber, Manufacture of Wood, Bamboo,Rattan, Palm, and Straw Products	98.6	134383
家具制造业	Manufacture of Furniture	94.0	4824
造纸及纸制品业	Manufacture of Paper and Paper Products	89.2	2045188
印刷业和记录媒介的复制	Printing,Reproduction of Recording Media	89.5	17626
文教体育用品制造业	Manufacture of Articles for Culture, Education and Sport Activity	78.3	1216
石油加工、炼焦及核燃料加工业	Processing of Petroleum, Coking, Processing of Nuclear Fuel	89.6	877195
化学原料及化学制品制造业	Manufacture of Raw Chemical Materials and Chemical Products	68.1	1352448

5-5 续表 3 continued

行 业	Sector	工业固体废物综合利用率(%) Ratio of Industrial Solid Wastes Utilizedsed (%)	"三废"综合利用产品产值(万元) Output Value of Products Made from Waste Gas, WasteWater & Solid Wastes (10000 yuan)
医药制造业	Manufacture of Medicines	91.2	126706
化学纤维制造业	Manufacture of Chemical Fibers	91.3	87763
橡胶制品业	Manufacture of Rubber	97.3	56086
塑料制品业	Manufacture of Plastics	93.3	70474
非金属矿物制品业	Manufacture of Non-metallic Mineral Products	95.8	4067650
黑色金属冶炼及压延加工业	Smelting and Pressing of Ferrous Metals	86.5	2447857
有色金属冶炼及压延加工业	Smelting and Pressing of Non-ferrous Metals	45.1	1089261
金属制品业	Manufacture of Metal Products	93.2	132107
通用设备制造业	Manufacture of General Purpose Machinery	92.8	169775
专用设备制造业	Manufacture of Special Purpose Machinery	86.0	98385
交通运输设备制造业	Manufacture of Transport Equipment	90.1	240684
电气机械及器材制造业	Manufacture of Electrical Machinery and Equipment	88.0	85284
通信设备、计算机及其他电子设备制造业	Manufacture of Communication Equipment, Computers and Other Electronic Equipment	76.8	170358
仪器仪表及文化、办公用机械制造业	Manufacture of Measuring Instruments and Machinery for Cultural Activity and Office Work	70.0	31346
工艺品及其他制造业	Manufacture of Artwork and Other Manufacturing	94.7	6045
废弃资源和废旧材料回收加工业	Recycling and Disposal of Waste	92.5	91022
电力、热力的生产和供应业	Production and Distribution of Electric Power and Heat Power	80.8	718419
燃气生产和供应业	Production and Distribution of Gas	63.6	1887
水的生产和供应业	Production and Distribution of Water	46.0	15870
其它行业	Other Sectors	98.9	6439

5-6 主要城市工业固体废物产生、排放和综合利用情况(2009年)
Generation, Discharge and Utilization of Industrial Solid Wastes in Major Cities (2009)

城 市	City	工业固体废物产生量(万吨) Industrial Solid Wastes Generated (10000 tons)	#危险废物 Hazardous Wastes	工业固体废物综合利用量(万吨) Industrial Solid Wastes Utilized (10000 tons)	工业固体废物排放量(吨) Industrial Solid Wastes Dischared (ton)	工业固体废物综合利用率(%) Ratio of Industrial Solid Wastes Utilizedsed (%)
北　京	Beijing	1242.4	11.2	910.4	881	68.9
天　津	Tianjin	1515.7	7.8	1498.3		98.3
石家庄	Shijiazhuang	1272.7	19.4	1208.8		92.5
太　原	Taiyuan	2410.3	1.9	1171.6	92911	48.6
呼和浩特	Hohhot	591.7	0.3	158.1	20	64.6
沈　阳	Shenyang	644.8	9.7	605.6	174	17.9
长　春	Changchun	406.2	1.3	404.2		76.3
哈尔滨	Harbin	1329.8	1.5	1014.8	2793	71.0
上　海	Shanghai	2254.6	47.6	2171.6	42	98.6
南　京	Nanjing	1442.3	18.2	1318.8		99.3
杭　州	Hangzhou	635.2	7.2	606.2	2651	93.9
合　肥	Hefei	276.7	1.1	273.1		60.4
福　州	Fuzhou	425.1	0.8	401.2	6100	94.4
南　昌	Nanchang	117.8	0.2	114.2	3493	93.9
济　南	Jinan	967.9	6.7	909.3		89.2
郑　州	Zhengzhou	914.9	0.3	755.8		35.2
武　汉	Wuhan	1215.4	2.7	1087.1		99.9
长　沙	Changsha	154.6	0.1	140.1	287	95.6
广　州	Guangzhou	641.8	22.6	597.9	260	90.1
南　宁	Nanning	379.7	0.1	344.5	1553	97.1
海　口	Haikou	4.3	0.1	4.2		79.8
重　庆	Chongqing	2551.8	14.7	2076.7	1498598	20.0
成　都	Chengdu	576.4	0.8	569.9		74.8
贵　阳	Guiyang	872.6	1.0	411.3	100	39.9
昆　明	Kunming	2161.4	1.2	862.4	97022	18.7
拉　萨	Lhasa	26.5		5.0	12061	81.1
西　安	Xi'an	246.7	0.8	241.3	4005	29.5
兰　州	Lanzhou	485.8	15.8	364.9		22.8
西　宁	Xining	250.3	10.6	242.6	5102	91.9
银　川	Yinchuan	164.1	0.3	149.9	7200	90.8
乌鲁木齐	Urumqi	550.6	1.7	359.6	3127	65.3

5-7 沿海城市工业固体废物产生、排放和综合利用情况(2009年)
Generation, Discharge and Utilization of Industrial Solid Wastes in Coastal Cities (2009)

城 市	City	工业固体废物产生量(万吨) Industrial Solid Wastes Generated (10000 tons)	#危险废物 Hazardous Wastes	工业固体废物综合利用量(万吨) Industrial Solid Wastes Utilized (10000 tons)	工业固体废物排放量(吨) Industrial Solid Wastes Dischared (ton)	工业固体废物综合利用率(%) Ratio of Industrial Solid Wastes Utilizedsed (%)
天 津	Tianjin	1515.7	7.8	1498.3		98.3
秦皇岛	Qinhuangdao	870.1	0.7	686.6		78.9
大 连	Dalian	376.6	5.6	357.3	7798	60.4
上 海	Shanghai	2254.6	47.6	2171.6	42	98.6
连云港	Lianyungang	214.1	0.3	228.2		95.4
宁 波	Ningbo	972.4	16.8	811.9	500	97.9
温 州	Wenzhou	195.5	6.7	183.6	1892	96.9
福 州	Fuzhou	425.1	0.8	401.2	6100	94.4
厦 门	Xiamen	132.2	1.7	119.5		96.9
青 岛	Qingdao	906.4	1.8	903.7		98.8
烟 台	Yantai	1867.9	116.1	1629.4		98.3
深 圳	Shenzhen	139.4	33.7	125.7	500	95.0
珠 海	Zhuhai	262.4	5.2	258.5	3500	97.5
汕 头	Shantou	73.0	0.7	70.0	107	92.5
湛 江	Zhanjiang	268.2	0.1	248.0	9484	90.7
北 海	Beihai	137.7	0.1	72.8	1794	99.2
海 口	Haikou	4.3	0.1	4.2		79.8

5-8 各地区医疗废物产生和处置情况(2009年)
Generation and Treatment of Medical Wastes by Region (2009)

地 区	Region	医疗废物产生量(吨) Generation of Medical Wastes (ton)	医疗废物处置量(吨) Treatment of Medical Wastes (ton)	医疗废物处理设施数(个) Facilities for Treatment of Medical Wastes (set)	处理设施运行费用(万元) Annual Expenditure for Operation (10000 yuan)	放射源数(个) Number of Radioactive Sources (set)
全 国	**National Total**	**283110**	**279156**	**4287**	**604034**	**10608**
北 京	Beijing	11382	11382	49	451	330
天 津	Tianjin	3216	3216	9	103	40
河 北	Hebei	5891	5817	213	51860	639
山 西	Shanxi	4774	4474	139	39676	337
内蒙古	Inner Mongolia	5608	4747	138	502	192
辽 宁	Liaoning	7287	7270	203	25108	463
吉 林	Jilin	3536	3517	151	336	445
黑龙江	Heilongjiang	8227	8155	160	30935	295
上 海	Shanghai	14469	14469	208	16621	166
江 苏	Jiangsu	16954	16937	115	1657	507
浙 江	Zhejiang	24840	24731	327	43327	325
安 徽	Anhui	8107	7993	102	543	305
福 建	Fujian	6924	6897	76	1303	239
江 西	Jiangxi	7749	7701	197	44795	267
山 东	Shandong	17308	17307	165	39047	713
河 南	Henan	11885	11862	198	42062	342
湖 北	Hubei	6041	5898	167	4814	239
湖 南	Hunan	10716	10546	124	16585	527
广 东	Guangdong	31505	31356	266	15304	884
广 西	Guangxi	11396	11377	210	31013	196
海 南	Hainan	1746	1746	11	27718	156
重 庆	Chongqing	5119	5118	60	1461	540
四 川	Sichuan	11429	11383	249	89295	799
贵 州	Guizhou	7172	6697	66	307	237
云 南	Yunnan	8295	7488	170	2560	75
西 藏	Tibet	92	90	39	44	25
陕 西	Shaanxi	5799	5755	152	9580	382
甘 肃	Gansu	3106	2922	150	356	357
青 海	Qinghai	1758	1709	8	27	66
宁 夏	Ningxia	1295	1294	27	88	70
新 疆	Xinjiang	19485	19301	138	66557	450

六、自然生态

Natural Ecology

6-1 全国历年自然生态情况(2000-2009年)
Natural Ecology in Past Years (2000-2009)

年 份 Year	自然保护区数(个) Number of Nature Reserves (unit)	自然保护区面积(万公顷) Area of Nature Reserves (10000 hectares)	保护区面积占辖区面积比重(%) Percentage of Nature Reserves in the Region (%)	除涝面积(万公顷) Area with Flood Prevention Measures (10000 hectares)	水土流失治理面积(万公顷) Area of Soil Erosion under Control (10000 hectares)
2000	1227	9821	9.9		8096.1
2001	1551	12989	12.9		8153.9
2002	1757	13295	13.2		8541.0
2003	1999	14398	14.4	2113.9	8971.4
2004	2194	14823	14.8	2119.8	9200.5
2005	2349	14995	15.0	2134.0	9465.5
2006	2395	15154	15.2	2137.6	9749.1
2007	2531	15188	15.2	2141.9	9987.1
2008	2538	14894	15.1	2142.5	10158.7
2009				2158.4	10454.5

6-2 各地区自然保护基本情况(2008年)

Basic Situation of Natural Protection by Region (2008)

地区	Region	自然保护区数(个) Number of Nature Reserves (unit)	#国家级 Nation Level	#省级 Province Level	自然保护区面积(万公顷) Area of Nature Reserves (10000 hectares)	#国家级 Nation Level	#省级 Province Level	保护区面积占辖区面积比重(%) Percentage of Nature Reserves in the Region (%)
全国	**National Total**	**2538**	**303**	**806**	**14894.3**	**9120.3**	**4240.2**	**15.13**
北京	Beijing	20	2	12	13.4	2.6	7.1	7.96
天津	Tianjin	8	3	5	15.4	10.1	5.3	13.6
河北	Hebei	34	11	18	56.7	21.7	33.0	3.02
山西	Shanxi	46	5	41	114.0	8.3	105.7	7.29
内蒙古	Inner Mongolia	196	23	60	1383.2	384.4	710.8	11.69
辽宁	Liaoning	95	12	27	264.6	93.6	82.6	10.36
吉林	Jilin	34	11	14	224.0	78.4	141.3	12.4
黑龙江	Heilongjiang	190	20	67	617.5	205.8	287.2	13.59
上海	Shanghai	4	2	2	9.4	6.6	2.8	14.79
江苏	Jiangsu	30	3	10	56.5	33.6	8.5	5.51
浙江	Zhejiang	31	9	9	25.7	9.8	12.5	2.52
安徽	Anhui	102	6	27	52.8	15.6	29.0	4.05
福建	Fujian	92	12	25	50.6	20.6	14.0	3.05
江西	Jiangxi	174	8	22	110.1	14.4	29.0	6.61
山东	Shandong	75	7	23	109.7	25.7	45.5	6.63
河南	Henan	35	11	21	75.2	42.6	32.4	4.51
湖北	Hubei	63	9	15	99.3	21.8	32.0	5.34
湖南	Hunan	95	14	28	112.1	45.2	41.2	5.29
广东	Guangdong	371	11	58	355.2	22.6	56.8	4.79
广西	Guangxi	76	15	49	142.9	28.6	90.3	5.9
海南	Hainan	68	9	24	281.3	10.2	261.8	5.28
重庆	Chongqing	51	3	19	90.1	19.6	36.9	10.96
四川	Sichuan	164	22	65	873.9	210.5	345.7	17.9
贵州	Guizhou	129	8	4	95.3	24.4	5.8	5.42
云南	Yunnan	152	16	45	284.1	142.7	84.2	7.21
西藏	Tibet	45	9	11	4140.3	3715.3	424.4	34.51
陕西	Shaanxi	50	9	34	104.6	32.0	63.0	5.08
甘肃	Gansu	57	13	40	754.1	443.8	298.8	16.54
青海	Qinghai	11	5	6	2182.2	2025.2	157.0	30.28
宁夏	Ningxia	13	6	7	50.7	43.9	6.8	9.78
新疆	Xinjiang	27	9	18	2149.4	1360.6	788.8	13.43

资料来源：环境保护部。

Source:Ministry of Environmental Protection.

6-3 海洋类型自然保护区建设情况(2009年)
Construction of Nature Reserves by Sea Type (2009)

海 域 Sea Area	保护区数量(个) Number of Nature Reserves (unit)						保护区面积(平方公里) Area of Nature Reserves (sq.km)
	合 计 Total	按保护级别分 by Level		按保护类型分 by Type			
		国家级 National Level	地方级 Local Level	海洋海岸生态系统 Biogeocoenose of Coast	海洋自然遗迹 Natural Relic	海洋生物多样性 Biology Variety	
总 计 Total	**157**	**32**	**125**				**29460.8**
辽 宁 Liaoning	14	5	9	7	3	4	11714.1
河 北 Hebei	4	1	3	3	1		403.1
天 津 Tianjin	1	1			1		359.1
山 东 Shandong	12	4	8	9		3	3206.4
江 苏 Jiangsu	4	2	2	3		1	3350.8
上 海 Shanghai	4	2	2	3		1	982.8
浙 江 Zhejiang	3	1	2	3			1345.7
福 建 Fujian	15	3	12	9	2	4	1592.4
广 东 Guangdong	68	6	62	33	3	32	4340.0
广 西 Guangxi	6	3	3	5	1		806.8
海 南 Hainan	26	4	22	18	4	4	1359.6

资料来源：国家海洋局。
Source: State Oceanic Administration.

6-4 各地区地质公园建设情况(2009年)

Construction of Geoparks by Region (2009)

地　区 Region	地质公园(个) Geopark (unit)	#国家级 Nation Level	地质公园面积(公顷) Area of Geopark (hectare)	#国家级 Nation Level	地质公园类别(个) Categories of Geoparks (unit) 地质构造、剖面和形迹 Geological Structure, Section or Traces	古生物化石 Fossil	地质地貌景观 Geological-geomor Phological Landscape	建设投资(万元) Investment in Construction (10000 yuan)	#本年投资 Investment in Current Year
全　国 National Total	**297**	**182**	**8753826**	**7143706**	**88**	**31**	**259**	**2899256**	**1023149**
北　京 Beijing	6	5	179055	179055		1	5	174913	59410
天　津 Tianjin	1	1	34200	34200	1			5232	300
河　北 Hebei	14	9	332637	167995	15			70374	3750
山　西 Shanxi	11	6	244208	195840	1	1	9	28819	1440
内蒙古 Inner Mongolia	8	5	608890	408513		2	6	10882	5700
辽　宁 Liaoning	5	4	299049	297220		1	4	38949	8300
吉　林 Jilin	8	3	269583	38278	1		7	11699	6811
黑龙江 Heilongjiang	17	6	1121312	776386		1	16	129128	87928
上　海 Shanghai	1	1	14500	14500			1	1930	250
江　苏 Jiangsu	6	3	23927	13440			6	40491	6190
浙　江 Zhejiang	7	4	71421	48023	3	3	12	111428	16816
安　徽 Anhui	14	9	145774	118524	2		12	40930	13166
福　建 Fujian	10	10	172882	143952	1		9	102727	36129
江　西 Jiangxi	6	4	356550	210380			6	190130	138730
山　东 Shandong	27	8	367718	243160	2	2	23	99736	24692
河　南 Henan	17	13	741942	407249	8	2	7	205094	69983
湖　北 Hubei	6	6	380000	380000	1	1	4	9689	3385
湖　南 Hunan	17	8	332400	175700			17	144972	50309
广　东 Guangdong	8	8	120070	110070	2		6	73693	43930
广　西 Guangxi	9	7	161089	153802	1		8	29025	715
海　南 Hainan	3	1	337398	10800	36		38	3131	710
重　庆 Chongqing	7	5	13836	13539		1	6		
四　川 Sichuan	23	14	540186	393756	8	3	12	603973	349115
贵　州 Guizhou	12	8	338900	301800	1	5	6	44465	
云　南 Yunnan	8	8	339536	339536		2	6	222930	9080
西　藏 Tibet	4	3	508680	462480	3		1	6035	630
陕　西 Shaanxi	7	5	123083	15580			7	248061	39020
甘　肃 Gansu	21	6		953128		4	17		
青　海 Qinghai	5	5	230300	230300	1		4	4870	1880
宁　夏 Ningxia	4	2	38201		1	1		1330	900
新　疆 Xinjiang	5	5	306500	306500		1	4	244620	43880

资料来源：国土资源部(下表同)。

Source:Ministry of Land and Resources (the same as in the following table).

6-5 各地区矿山环境保护情况(2009年)
Protection of Mine Environment by Region (2009)

地 区 Region	矿山占用破坏土地(公顷) Land Occupied or Destructed by Mines (hectare)	矿山环境恢复治理 Rehabilitation and Inprovement of Mine Environment				
		项目(个) Project (unit)	投入资金(万元) Investment (10000 yuan)	中央财政 Central Finance	地方财政 Local Finance	恢复面积(公顷) Area of Rehabilitation (hectare)
全 国 National Total	**115564**	**8663**	**1174805**	**360590**	**226159**	**39637**
北 京 Beijing		8	5500	5500		55
天 津 Tianjin		3	10560	6560	4000	65
河 北 Hebei	3857	861	144718	18300	10337	5564
山 西 Shanxi	5380	227	66140	19200	3548	2585
内蒙古 Inner Mongolia	7105	45	52300	12200	34300	1765
辽 宁 Liaoning	19143	240	42009	32040	9969	898
吉 林 Jilin	3232	478	35830	13400	2290	866
黑龙江 Heilongjiang	3438	225	49433	22700	19647	609
上 海 Shanghai		3	2850	550	2300	11
江 苏 Jiangsu	1179	100	71453	9040	36141	937
浙 江 Zhejiang	587	182	14324	3180	7926	441
安 徽 Anhui	5241	58	23193	6190	4071	868
福 建 Fujian	1386	332	40654	2870	3790	501
江 西 Jiangxi	4026	576	25805	10140	2381	2728
山 东 Shandong	2084	482	85972	16440	35893	4003
河 南 Henan	4555	111	49414	9880	5410	750
湖 北 Hubei	1451	370	32460	14300	5340	585
湖 南 Hunan	7444	1006	116187	32200	10311	637
广 东 Guangdong	1296	264	29893	11100	3047	698
广 西 Guangxi	5051	170	28569	14020	2565	823
海 南 Hainan	671	98	8683	1240	1023	571
重 庆 Chongqing	6	27	7710	6200		38
四 川 Sichuan	2498	14	13918	2550	5641	687
贵 州 Guizhou	5877	40	44023	6600	10133	452
云 南 Yunnan	4358	1054	53046	5780		1769
西 藏 Tibet	573	11	3140	3910		2055
陕 西 Shaanxi	5964	283	23920	13130	1075	4065
甘 肃 Gansu	8607	525	25983	13800	3300	654
青 海 Qinghai	2	1	31000	31000		324
宁 夏 Ningxia	8402	107	13088	11670	318	1500
新 疆 Xinjiang	2150	762	23031	4900	1402	2135

6-6 各流域除涝情况(2009年)
Flood Prevention Measures by River Valley (2009)

单位：千公顷 (1000 hectares)

流域片	River Valley	除涝面积 Area with Flood Prevention Measures	本年除涝面积 Change in Area with Flood Prevention Measures	
			新增 Increase	减少 Reduction
全国	**National Total**	**21584.32**	**203.11**	**112.99**
松花江区	Songhuajiang River	4265.94	17.38	7.14
辽河区	Liaohe River	1288.22	1.63	13.28
海河区	Haihe River	3218.15	16.90	5.93
黄河区	Huanghe River	604.21	12.04	9.76
淮河区	Huaihe River	6722.79	92.33	46.35
长江区	Changjiang River	4126.06	48.17	23.78
东南诸河区	Southeastern Rivers	397.12	7.25	4.95
珠江区	Zhujiang River	816.96	4.48	1.75
西南诸河区	Southwestern Rivers	103.37	2.93	0.05
西北诸河区	Northwestern Rivers	41.50		

资料来源:水利部(以下各表同)。
Source:Ministry of Water Resource (the same as in the following tables).

6-7 各流域水土流失治理情况(2009年)
Area of Soil Erosion under Control by River Valley (2009)

单位：千公顷 (1000 hectares)

流域片	River Valley	水土流失治理面积 Area of Soil Erosion under Control	#小流域治理面积 Small Drainage Area	水土流失治理面积 Change in Area of Soil Erosion under Control	
				新增 Increase	减少 Reduction
全国	**National Total**	**104544.8**	**41139.2**	**4317.8**	**1372.8**
松花江区	Songhuajiang River	8878.3	2164.6	269.4	31.1
辽河区	Liaohe River	10799.4	5050.4	264.4	35.7
海河区	Haihe River	9893.7	4621.4	368.6	180.4
黄河区	Huanghe River	23714.6	6924.8	1054.9	653.6
淮河区	Huaihe River	6717.1	2751.7	149.8	28.8
长江区	Changjiang River	32059.1	14921.1	1620.2	366.1
东南诸河区	Southeastern Rivers	3817.9	1514.4	167.2	47.2
珠江区	Zhujiang River	5213.4	2008.9	221.2	3.3
西南诸河区	Southwestern Rivers	1692.8	715.1	110.5	2.3
西北诸河区	Northwestern Rivers	1758.5	466.8	91.7	24.4

6-8 各地区除涝情况(2009年)
Flood Prevention Measures by Region (2009)

单位：千公顷 (1000 hectares)

地 区	Region	除涝面积 Area with Flood Prevention Measures	本年除涝面积 Change in Area with Flood Prevention Measures 新 增 Increase	减 少 Reduction
全 国	**National Total**	**21584.32**	**203.11**	**112.99**
北 京	Beijing	149.77		
天 津	Tianjin	386.33		1.09
河 北	Hebei	1647.51	0.18	
山 西	Shanxi	89.13	0.08	0.13
内蒙古	Inner Mongolia	277.00		
辽 宁	Liaoning	983.17	1.43	13.28
吉 林	Jilin	1021.32	0.20	
黑龙江	Heilongjiang	3315.97	17.38	7.14
上 海	Shanghai	54.57	0.90	
江 苏	Jiangsu	2811.29	28.53	17.48
浙 江	Zhejiang	496.61	2.14	1.70
安 徽	Anhui	2251.38	15.54	3.49
福 建	Fujian	126.18	5.42	3.56
江 西	Jiangxi	370.61	2.66	0.99
山 东	Shandong	2623.40	21.40	7.23
河 南	Henan	1935.98	77.20	49.43
湖 北	Hubei	1216.61	15.79	4.59
湖 南	Hunan	484.43	2.03	0.69
广 东	Guangdong	512.64	2.18	
广 西	Guangxi	208.76	1.04	0.15
海 南	Hainan	11.21	0.48	1.57
重 庆	Chongqing			
四 川	Sichuan	92.64	1.35	0.05
贵 州	Guizhou	52.38	1.91	
云 南	Yunnan	249.15	4.74	0.08
西 藏	Tibet	22.34		
陕 西	Shaanxi	130.82	0.55	0.34
甘 肃	Gansu	12.48		
青 海	Qinghai			
宁 夏	Ningxia	10.50		
新 疆	Xinjiang	40.16		

6-9 各地区水土流失治理情况(2009年)
Area of Soil Erosion under Control by Region (2009)

单位：千公顷 (1000 hectares)

地区	Region	水土流失治理面积 Area of Soil Erosion under Control	#小流域治理面积 Smasll Drainage Area	水土流失治理面积 Change in Area of Soil Erosion under Control	
				新增 Increase	减少 Reduction
全国	**National Total**	**104544.8**	**41139.2**	**4317.8**	**1372.8**
北京	Beijing	511.8	511.8	57.5	
天津	Tianjin	45.6	23.7	1.4	0.6
河北	Hebei	6230.7	3179.5	168.3	131.6
山西	Shanxi	5093.9	815.1	224.1	99.5
内蒙古	Inner Mongolia	10567.4	3320.2	458.7	139.0
辽宁	Liaoning	6242.4	3506.4	140.4	6.0
吉林	Jilin	3545.8	454.5	53.5	2.0
黑龙江	Heilongjiang	4594.7	1527.5	152.9	29.1
上海	Shanghai				
江苏	Jiangsu	1037.4	329.8	37.1	6.8
浙江	Zhejiang	2401.8	582.8	84.9	17.6
安徽	Anhui	2102.3	915.4	44.0	0.4
福建	Fujian	1437.9	874.9	82.0	30.1
江西	Jiangxi	4334.8	819.0	213.3	14.0
山东	Shandong	4593.2	1404.3	120.4	16.7
河南	Henan	4449.4	2761.1	155.2	53.8
湖北	Hubei	4449.7	1735.3	205.5	25.1
湖南	Hunan	2877.9	867.0	107.6	3.1
广东	Guangdong	1369.1	551.9	25.0	0.2
广西	Guangxi	1843.7	262.1	70.6	1.0
海南	Hainan	32.5	0.4	1.3	
重庆	Chongqing	2266.5	1887.6	153.6	30.4
四川	Sichuan	6100.2	3668.6	235.8	13.7
贵州	Guizhou	2997.1	2655.4	134.3	
云南	Yunnan	5248.0	2797.2	325.0	9.1
西藏	Tibet	40.4	3.6	24.9	
陕西	Shaanxi	9142.8	3140.2	682.6	642.7
甘肃	Gansu	7807.1	1866.4	209.6	86.3
青海	Qinghai	812.3	299.4	13.7	
宁夏	Ningxia	1974.4	230.4	101.5	7.9
新疆	Xinjiang	393.9	147.8	33.0	6.1

6-10 各地区湿地情况
Area of Wetland by Region

地 区	Region	湿地面积(千公顷) Area of Wetland (1000 hectares)	自然湿地 Natural Wetland	近岸及海岸 Coast & Seashores	河流 Rivers	湖泊 Lakes	沼泽 Marshland	人工湿地 Man-made Wetland	湿地总面积占国土面积比重(%) Proportion of Wetland in Total Aera of Territory (%)
全 国	**National Total**	**38485.5**	**36200.6**	**5941.7**	**8207.0**	**8351.6**	**13700.3**	**2285.0**	**4.01**
北 京	Beijing	34.4	5.0		5.0			29.4	1.93
天 津	Tianjin	171.8	133.7	58.1	55.1	12.3	8.2	38.1	14.95
河 北	Hebei	1081.9	1042.3	278.8	319.3	307.2	136.9	39.6	5.82
山 西	Shanxi	499.9	462.2		454.1	8.1		37.7	3.19
内蒙古	Inner Mongolia	4245.0	4200.8		607.5	495.2	3098.1	44.3	3.66
辽 宁	Liaoning	1219.6	1106.8	738.1	252.2	6.3	110.2	112.9	8.37
吉 林	Jilin	1203.4	1016.4	5.8	581.4	74.5	354.7	187.0	6.37
黑龙江	Heilongjiang	4314.8	4182.8		460.7	401.9	3320.3	132.0	9.49
上 海	Shanghai	319.7	319.4	305.4	7.2	6.8		0.3	53.68
江 苏	Jiangsu	1674.7	1651.1	843.5	203.3	604.2		23.6	16.32
浙 江	Zhejiang	802.2	695.9	574.3	118.5	3.0	0.1	106.3	7.88
安 徽	Anhui	653.9	590.0		239.5	350.5		63.9	4.73
福 建	Fujian	443.0	421.2	370.6	31.1	19.5		21.8	3.65
江 西	Jiangxi	998.8	872.9		314.9	443.2	114.8	125.9	5.99
山 东	Shandong	1784.1	1681.4	1210.9	301.1	165.5	3.9	102.7	11.72
河 南	Henan	624.1	482.2		472.7	2.6	6.9	141.9	3.74
湖 北	Hubei	927.3	730.5		377.4	294.7	58.4	196.9	4.99
湖 南	Hunan	1226.9	1047.5		683.1	359.3	5.1	179.5	5.79
广 东	Guangdong	1398.1	1252.0	1017.8	231.7	1.5	1.0	146.0	7.86
广 西	Guangxi	656.1	567.5	348.4	219.1			88.6	2.76
海 南	Hainan	311.5	256.6	190.0	38.3	17.3	11.0	54.9	9.13
重 庆	Chongqing	43.2	31.9		31.6	0.3		11.3	0.52
四 川	Sichuan	961.7	919.5		563.9	13.4	342.3	42.1	1.98
贵 州	Guizhou	79.4	65.9		58.0	2.3	5.7	13.5	0.45
云 南	Yunnan	235.3	220.3		119.8	96.5	4.0	15.0	0.61
西 藏	Tibet	5232.0	5231.5		231.1	2538.6	2461.7	0.5	4.26
陕 西	Shaanxi	292.9	277.2		252.1	7.3	17.8	15.7	1.42
甘 肃	Gansu	1258.1	1131.4		565.6	44.3	521.5	126.7	2.80
青 海	Qinghai	4126.0	4087.7		107.5	1232.0	2748.1	38.3	5.72
宁 夏	Ningxia	255.6	252.4		104.1	148.3		3.2	3.85
新 疆	Xinjiang	1410.2	1264.6		200.2	694.9	369.5	145.5	0.86

注：本表为中国首次湿地调查(1995-2003)资料，不包括台湾省、香港和澳门特别行政区；湿地面积不包括水稻田湿地。

Note: Data in the table are figures of China's First Wetland Survey (1995-2003), excluding the wetland of Taiwan Province, Hong Kong SAR and Macao SAR. Area of wetland excludes the wetland of paddyfields.

6-11 各地区荒漠化和沙化土地情况
Desertification and Sandy Land by Region

地 区	Region	荒漠化土地 Desertification Land		沙化土地 Sandy Land	
		面积(万公顷) Area (10000 hectares)	占全国比重(%) % to National Total	面积(万公顷) Area (10000 hectares)	占全国比重(%) % to National Total
全 国	**National Total**	**26361.68**	**100.00**	**17396.63**	**100.00**
北 京	Beijing	0.72	…	5.46	0.03
天 津	Tianjin	1.08	…	1.56	0.01
河 北	Hebei	231.67	0.88	240.35	1.38
山 西	Shanxi	162.77	0.62	70.55	0.41
内蒙古	Inner Mongolia	6223.82	23.61	4159.36	23.91
辽 宁	Liaoning	68.73	0.26	54.96	0.32
吉 林	Jilin	20.26	0.08	71.07	0.41
黑龙江	Heilongjiang			52.87	0.30
上 海	Shanghai				
江 苏	Jiangsu			59.09	0.34
浙 江	Zhejiang			0.01	…
安 徽	Anhui			12.69	0.07
福 建	Fujian			4.51	0.03
江 西	Jiangxi			7.50	0.04
山 东	Shandong	99.39	0.38	79.38	0.46
河 南	Henan	1.04	…	64.63	0.37
湖 北	Hubei			19.16	0.11
湖 南	Hunan			5.88	0.03
广 东	Guangdong			10.95	0.06
广 西	Guangxi			21.16	0.12
海 南	Hainan	3.63	0.01	6.34	0.04
重 庆	Chongqing			0.27	…
四 川	Sichuan	46.80	0.18	91.44	0.53
贵 州	Guizhou			0.67	…
云 南	Yunnan	3.44	0.01	4.53	0.03
西 藏	Tibet	4334.87	16.44	2168.43	12.46
陕 西	Shaanxi	298.78	1.13	143.44	0.82
甘 肃	Gansu	1934.78	7.34	1203.46	6.92
青 海	Qinghai	1916.62	7.27	1255.83	7.22
宁 夏	Ningxia	297.45	1.13	118.26	0.68
新 疆	Xinjiang	10715.83	40.65	7462.83	42.90

注：本表为第三次全国荒漠化和沙化监测(2004年)资料。
Note:Data in the table are the figures of the Third National Desertification and Sandy Land Monitoring (2004).

七、土地利用

Land Use

7-1 全国历年土地利用情况(2000-2008年)
Land Use in Past Years (2000-2008)

单位：万公顷 (10000 hectares)

年 份 Year	农用地 Land for Agricul-ture Use	#耕地 Coltivated Land	#园地 Garden Land	#林地 woodland	#牧草地 Grazing and Pasture Land	建设用地 Land for Cons-truction	居民点及工矿用地 Land for Living Quarters Mining and Manufactu-ring Sites	交通运输用地 Land for Trans-port Facilities	水利设施用地 Land for Water Conser-vancy Facilities
2000	65336.2	12824.3	1057.6	22878.9	26376.9	3620.6	2470.9	576.1	573.6
2001	65331.6	12761.6	1064.0	22919.1	26384.6	3641.3	2487.6	580.8	573.0
2002	65660.7	12593.0	1079.0	23072.0	26352.2	3072.4	2509.5	207.7	355.2
2003	65706.1	12339.2	1108.2	23396.8	26311.2	3106.5	2535.4	214.5	356.5
2004	65701.9	12244.4	1128.8	23504.7	26270.7	3155.1	2572.8	223.3	359.0
2005	65704.7	12208.3	1154.9	23574.1	26214.4	3192.2	2601.5	230.9	359.9
2006	65718.8	12177.6	1181.8	23612.1	26193.2	3236.5	2635.4	239.5	361.5
2007	65702.1	12173.5	1181.3	23611.7	26186.5	3272.0	2664.7	244.4	362.9
2008	65687.6	12171.6	1179.1	23609.2	26183.5	3305.8	2691.6	249.6	364.5

7-2 各地区土地利用情况(2008年)

Land Use by Region (2008)

单位：万公顷 (10000 hectares)

地区	Region	农用地 Land for Agriculture Use	#耕地 Cultivated Land	#园地 Garden Land	#林地 woodland	#牧草地 Grazing and Pasture Land
全国	**National Total**	**65687.6**	**12171.6**	**1179.1**	**23609.2**	**26183.5**
北京	Beijing	109.6	23.2	12.0	68.7	0.2
天津	Tianjin	69.3	44.1	3.5	3.6	0.1
河北	Hebei	1308.2	631.7	70.5	442.2	79.9
山西	Shanxi	1014.3	405.6	29.5	442.0	65.8
内蒙古	Inner Mongolia	9523.0	714.7	7.3	2184.3	6560.9
辽宁	Liaoning	1122.8	408.5	59.6	569.9	34.9
吉林	Jilin	1639.3	553.5	11.5	924.5	104.4
黑龙江	Heilongjiang	3792.4	1183.0	6.0	2288.3	220.8
上海	Shanghai	36.7	24.4	2.1	2.4	…
江苏	Jiangsu	671.6	476.4	31.6	32.3	0.1
浙江	Zhejiang	867.2	192.1	66.1	562.9	…
安徽	Anhui	1119.0	573.0	33.9	359.6	2.8
福建	Fujian	1073.1	133.0	62.9	830.7	0.3
江西	Jiangxi	1416.4	282.7	27.8	1031.4	0.4
山东	Shandong	1156.6	751.5	100.7	135.7	3.4
河南	Henan	1228.1	792.6	31.4	301.9	1.4
湖北	Hubei	1465.2	466.4	42.4	793.7	4.4
湖南	Hunan	1789.8	378.9	49.0	1190.5	10.4
广东	Guangdong	1489.1	283.1	100.8	1012.8	2.7
广西	Guangxi	1786.6	421.8	53.9	1160.0	71.6
海南	Hainan	282.3	72.8	53.2	148.1	1.9
重庆	Chongqing	692.0	223.6	24.0	329.1	23.7
四川	Sichuan	4239.8	594.7	71.6	1967.8	1371.1
贵州	Guizhou	1524.6	448.5	12.1	790.9	159.8
云南	Yunnan	3176.0	607.2	84.2	2214.1	78.2
西藏	Tibet	7760.6	36.2	0.2	1268.4	6444.1
陕西	Shaanxi	1847.8	405.0	70.6	1035.4	306.4
甘肃	Gansu	2387.9	465.9	20.0	514.9	1261.3
青海	Qinghai	4372.4	54.3	0.7	266.5	4034.7
宁夏	Ningxia	417.4	110.7	3.4	60.6	226.4
新疆	Xinjiang	6308.5	412.5	36.4	676.5	5111.4

资料来源：国土资源部(以下各表同)。
Source:Ministry of Land and Resources (the same as in the following tables).

7-2 续表 continued

单位：万公顷 (10000 hectares)

地 区	Region	建设用地 Land for Construction	居民点及工矿用地 Land for Living Quarters Mining and Manufacturing Sites	交通运输用地 Land for Transport Facilities	水利设施用地 Land for Water Conservancy Facilities
全 国	**National Total**	**3305.8**	**2691.6**	**249.6**	**364.5**
北 京	Beijing	33.8	27.9	3.3	2.6
天 津	Tianjin	36.8	28.1	2.2	6.5
河 北	Hebei	179.4	154.5	12.0	12.9
山 西	Shanxi	86.9	77.3	6.3	3.3
内蒙古	Inner Mongolia	149.2	123.9	16.0	9.3
辽 宁	Liaoning	139.9	115.9	9.2	14.8
吉 林	Jilin	106.5	84.2	6.7	15.6
黑龙江	Heilongjiang	149.2	116.1	11.9	21.2
上 海	Shanghai	25.4	23.0	2.1	0.2
江 苏	Jiangsu	193.4	161.0	13.1	19.3
浙 江	Zhejiang	104.9	81.7	9.5	13.8
安 徽	Anhui	166.2	133.4	10.1	22.7
福 建	Fujian	64.7	50.7	7.9	6.1
江 西	Jiangxi	95.4	67.5	7.5	20.5
山 东	Shandong	251.1	209.3	16.3	25.5
河 南	Henan	218.7	188.3	12.2	18.2
湖 北	Hubei	140.0	100.9	9.2	30.0
湖 南	Hunan	139.0	108.8	10.4	19.8
广 东	Guangdong	179.0	145.7	12.1	21.1
广 西	Guangxi	95.4	71.0	8.8	15.5
海 南	Hainan	29.8	22.3	1.4	6.1
重 庆	Chongqing	59.3	48.9	4.8	5.5
四 川	Sichuan	160.3	136.6	13.5	10.2
贵 州	Guizhou	55.7	45.7	6.1	4.0
云 南	Yunnan	81.6	62.8	10.0	8.8
西 藏	Tibet	6.7	4.2	2.4	0.1
陕 西	Shaanxi	81.7	71.0	6.6	4.0
甘 肃	Gansu	97.7	88.2	6.6	2.9
青 海	Qinghai	32.7	24.7	3.2	4.8
宁 夏	Ningxia	21.2	18.6	1.9	0.7
新 疆	Xinjiang	124.0	99.3	6.3	18.4

7-3 各地区耕地变动情况(2008年)
Change of Cultivated Land by Region (2008)

单位：公顷 (hectare)

地 区	Region	年初耕地面积 Area of Cultivated Land at Beginning of the year	本年增加耕地面积 Area of Increased Cultivated Land	整理 Land Rehabilita-tion	复垦 Cultivate Renewdely Reclamation	开发 Redevelop-ment	农业结构调整 Structural Adjustment to Agriculture
全 国	**National Total**	**121735199**	**258705**	**61909**	**29334**	**138364**	**29098**
北 京	Beijing	232187	1984	1122	30	786	47
天 津	Tianjin	443676	3789	540	48	3200	
河 北	Hebei	6315140	15811	3155	1421	8244	2991
山 西	Shanxi	4053448	5430	401	137	4761	131
内蒙古	Inner Mongolia	7146280	5113	1036	549	3036	492
辽 宁	Liaoning	4085168	5095	456	79	4518	43
吉 林	Jilin	5535022	4483	1801	387	2295	
黑龙江	Heilongjiang	11838365	6735	1631	525	3703	876
上 海	Shanghai	259634	3143	643	1024	1	1475
江 苏	Jiangsu	4763775	22328	3311	6865	12152	…
浙 江	Zhejiang	1917536	24379	9719	2349	9752	2559
安 徽	Anhui	5728153	11941	2000	4220	4805	916
福 建	Fujian	1333076	4047	386	36	3581	45
江 西	Jiangxi	2826748	6086	398	25	5525	136
山 东	Shandong	7507062	23082	7978	2681	8561	3861
河 南	Henan	7926027	10431	1791	1468	6992	180
湖 北	Hubei	4663355	8859	2471	1818	4439	131
湖 南	Hunan	3788971	6539	1262	76	5121	80
广 东	Guangdong	2847659	5391	818	126	4189	258
广 西	Guangxi	4214697	7809	719	19	6522	549
海 南	Hainan	727499	1601	918		665	19
重 庆	Chongqing	2239082	7183	4498	306	2177	202
四 川	Sichuan	5950121	19615	10438	478	3181	5517
贵 州	Guizhou	4487455	5471	221	339	4871	41
云 南	Yunnan	6072358	11657	542	1107	7197	2811
西 藏	Tibet	361139	818	114	29	642	33
陕 西	Shaanxi	4049045	9834	1223	2504	5934	173
甘 肃	Gansu	4659754	3362	1026	365	1828	142
青 海	Qinghai	542202	1278	104	7	1164	3
宁 夏	Ningxia	1106340	2683	177	2	1748	756
新 疆	Xinjiang	4114225	12728	1010	316	6771	4631

7-3 续表 continued

单位：公顷 (hectare)

地区	Region	本年减少耕地面积 Area of Reduce Cultivated Land	建设占用 Used for Construction Purpose	灾害损毁 Destroyed by Disasters	生态退耕 Restored to Original-land land for Ecological Preservation	农业结构调整 Structural Adjustment to Agriculture	年末耕地面积 Area of Cultivated Land at the end of the year	人均耕地面积(亩) Cultivated Land per Capita (a unit of area)
全国	**National Total**	**278012**	**191568**	**24803**	**7598**	**54043**	**121715892**	**1.37**
北京	Beijing	2484	2027		171	286	231688	0.21
天津	Tianjin	6375	3788	2587		…	441090	0.56
河北	Hebei	13654	7527	11	2763	3352	6317297	1.36
山西	Shanxi	3054	3013	5	5	31	4055823	1.78
内蒙古	Inner Mongolia	4150	2965	1004	…	180	7147243	4.44
辽宁	Liaoning	4980	4910		46	24	4085283	1.42
吉林	Jilin	4861	4284	…	330	247	5534644	3.04
黑龙江	Heilongjiang	14979	5037	19	1	9922	11830121	4.64
上海	Shanghai	18817	7211	122	466	11018	243960	0.19
江苏	Jiangsu	22310	22310				4763793	0.93
浙江	Zhejiang	21060	20463	76	22	500	1920855	0.56
安徽	Anhui	9905	8896	4	212	793	5730189	1.40
福建	Fujian	7019	6500	255	3	261	1330104	0.55
江西	Jiangxi	5747	5696	12	4	35	2827086	0.96
山东	Shandong	14837	13555	28	251	1003	7515306	1.20
河南	Henan	10084	9779		68	237	7926374	1.26
湖北	Hubei	8092	6874	217	34	968	4664121	1.23
湖南	Hunan	6135	5960	67	7	100	3789374	0.89
广东	Guangdong	22319	3547	534	372	17866	2830731	0.44
广西	Guangxi	4986	4567	162	101	157	4217520	1.31
海南	Hainan	1592	602	57	62	871	727509	1.28
重庆	Chongqing	10333	5035	4416	168	713	2235932	1.18
四川	Sichuan	22337	12276	9159	314	589	5947399	1.10
贵州	Guizhou	7629	3592	3170	572	295	4485297	1.77
云南	Yunnan	11955	8685	2029	205	1035	6072060	2.00
西藏	Tibet	325	195	57	45	29	361631	1.89
陕西	Shaanxi	8531	6140	213	590	1588	4050348	1.61
甘肃	Gansu	4348	2587	575	213	973	4658767	2.66
青海	Qinghai	761	744		…	17	542719	1.47
宁夏	Ningxia	1961	1527	…	28	406	1107062	2.69
新疆	Xinjiang	2390	1273	24	545	547	4124564	2.90

八、林业

Forestry

8-1　全国历年造林情况(2000-2009年)
Area of Afforestation in Past Years (2000-2009)

单位：万公顷　　(10000 hectares)

年 份 Year	造林总面积 Total Afforestation Area	人工造林 Plantation Establishment	飞机播种 Aerial Seeding	无林地和疏林地新封 Area of No or Spare with Forests
2000	510.5	434.5	76.0	
2001	495.3	397.7	97.6	
2002	777.1	689.6	87.5	
2003	911.9	843.2	68.6	
2004	679.5	501.9	57.9	119.7
2005	540.4	323.2	41.6	175.6
2006	383.9	244.6	27.2	112.1
2007	390.8	273.9	11.9	105.1
2008	535.4	368.5	15.4	151.5
2009	626.2	415.6	22.6	188.0

8-2 各地区森林资源情况
Forest Resources by Region

地区	Region	林地面积 (万公顷) Area of Afforested Land (10000 hectares)	森林面积 (万公顷) Forest Aera (10000 hectares)	#人工林 Man-made Foresr	森林覆盖率 (%) Forest Coverage Rate (%)	活立木总蓄积量 (万立方米) Total Standing Forest Stock (10000 cu.m)	森林蓄积量 (万立方米) Stock Volume of Forest (10000 cu.m)
全国	**National Total**	**30590.41**	**19545.22**	**6168.84**	**20.36**	**1491268.19**	**1372080.36**
北京	Beijing	101.46	52.05	35.65	31.72	1291.29	1038.58
天津	Tianjin	14.22	9.32	8.88	8.24	277.01	198.89
河北	Hebei	705.37	418.33	212.27	22.29	10183.91	8374.08
山西	Shanxi	754.58	221.11	102.74	14.12	8846.96	7643.67
内蒙古	Inner Mongolia	4394.93	2366.40	303.91	20.00	136073.62	117720.51
辽宁	Liaoning	666.28	511.98	283.03	35.13	21174.91	20226.85
吉林	Jilin	848.73	736.57	148.94	38.93	88244.21	84412.29
黑龙江	Heilongjiang	2184.16	1926.97	235.68	42.39	165191.60	152104.96
上海	Shanghai	7.46	5.97	5.97	9.41	275.20	100.95
江苏	Jiangsu	128.64	107.51	104.15	10.48	5022.59	3501.75
浙江	Zhejiang	667.97	584.42	267.44	57.41	19382.93	17223.14
安徽	Anhui	439.40	360.07	209.87	26.06	16258.35	13755.41
福建	Fujian	914.81	766.65	359.18	63.10	53226.01	48436.28
江西	Jiangxi	1054.92	973.63	291.87	58.32	45045.51	39529.64
山东	Shandong	342.12	254.46	244.38	16.72	8627.99	6338.53
河南	Henan	502.02	336.59	217.39	20.16	18051.16	12936.12
湖北	Hubei	822.01	578.82	167.01	31.14	23121.55	20942.49
湖南	Hunan	1234.21	948.17	464.04	44.76	38177.20	34906.67
广东	Guangdong	1073.07	873.98	503.18	49.44	32160.74	30183.37
广西	Guangxi	1496.45	1252.50	515.52	52.71	51056.78	46875.18
海南	Hainan	208.73	176.26	125.29	51.98	7940.93	7274.23
重庆	Chongqing	400.18	286.92	76.20	34.85	13803.63	11331.85
四川	Sichuan	2311.66	1659.52	415.65	34.31	168753.49	159572.37
贵州	Guizhou	841.23	556.92	199.86	31.61	27911.53	24007.96
云南	Yunnan	2476.11	1817.73	326.77	47.50	171216.68	155380.09
西藏	Tibet	1746.63	1462.65	3.36	11.91	227271.36	224550.91
陕西	Shaanxi	1205.80	767.56	183.27	37.26	36144.16	33820.54
甘肃	Gansu	955.44	468.78	80.77	10.42	21708.26	19363.83
青海	Qinghai	634.00	329.56	4.44	4.57	4413.80	3915.64
宁夏	Ningxia	179.03	51.10	10.38	9.84	625.93	492.14
新疆	Xinjiang	1066.57	661.65	61.75	4.02	33914.50	30100.54

注：1.本表为第七次全国森林资源清查(2004–2008)资料。
2.全国总计数包括台湾省和香港、澳门特别行政区数据。

Notes: a) Data in the table are the figures of the Seventh National Forestry Survey (2004-2008).
b) Data of national total include forest resources in Taiwan Province and Hong Kong SAR and Macao SAR.

8-3 各地区造林情况(2009年)
Area of Afforestation by Region (2009)

单位：公顷 (hectare)

地　区	Region	造林总面积 Total Afforestation Area	按造林方式分 By Approach		
			人工造林 Plantation Establishment	飞播造林 Aerial Seeding	无林地和疏林地新封山育林 Area of No or Spare with Forests
全　国	**National Total**	**6262330**	**4156293**	**226337**	**1879700**
北　京	Beijing	17566	10153		7413
天　津	Tianjin	15654	14987	667	
河　北	Hebei	306373	197724	35002	73647
山　西	Shanxi	326602	196900	8000	121702
内蒙古	Inner Mongolia	861933	353096	96000	412837
辽　宁	Liaoning	129974	91309		38665
吉　林	Jilin	30228	27421		2807
黑龙江	Heilongjiang	213124	187126		25998
上　海	Shanghai	2051	2051		
江　苏	Jiangsu	83713	82851		862
浙　江	Zhejiang	27422	19378		8044
安　徽	Anhui	68952	53336		15616
福　建	Fujian	33261	33261		
江　西	Jiangxi	228630	209019		19611
山　东	Shandong	182171	180529		1642
河　南	Henan	416131	382129		34002
湖　北	Hubei	149174	129969		19205
湖　南	Hunan	125031	99039		25992
广　东	Guangdong	19952	16045		3907
广　西	Guangxi	139409	118973		20436
海　南	Hainan	19377	19377		
重　庆	Chongqing	95726	32350		63376
四　川	Sichuan	487782	204753		283029
贵　州	Guizhou	236120	90494		145626
云　南	Yunnan	713478	605993		107485
西　藏	Tibet	70299	51795		18504
陕　西	Shaanxi	449453	206014	86668	156771
甘　肃	Gansu	212373	111851		100522
青　海	Qinghai	140659	32450		108209
宁　夏	Ningxia	89480	65958		23522
新　疆	Xinjiang	343565	303295		40270

注：全国合计造林面积中包括军事管理区26667公顷人工营造的防护林。

资料来源：国家林业局(以下各表同)。

Note:Total area of afforestation include 26667 hectares of planted protection forests.

Source:State Forestry Administration (the same as in the following tables).

8-3 续表 continued

单位：公顷 (hectare)

地 区 Region	按林种用途分 By Function of Forest				
	用材林 Timber Forests	经济林 By-product Forests	防护林 Protection Forests	薪炭林 Fuelwood Forests	特种用途林 Special Purpose Forests
全 国 National Total	**801317**	**1002555**	**4407654**	**23705**	**27099**
北 京 Beijing	32	990	14731		1813
天 津 Tianjin	5392	601	9661		
河 北 Hebei	29449	13825	260911	21	2167
山 西 Shanxi	600	28148	287812	10009	33
内蒙古 Inner Mongolia	21178	8202	831205	1348	
辽 宁 Liaoning	2854	4257	122623	240	
吉 林 Jilin	154		30074		
黑龙江 Heilongjiang	20300	1844	186771	13	4196
上 海 Shanghai		867	1184		
江 苏 Jiangsu	11963	15658	55853	31	208
浙 江 Zhejiang	1503	1790	24126		3
安 徽 Anhui	7121	439	61184		208
福 建 Fujian	18646	2053	12494		68
江 西 Jiangxi	120388	23276	82528	1715	723
山 东 Shandong	42463	26172	113067		469
河 南 Henan	156296	47676	212159		
湖 北 Hubei	48598	23056	75770	1226	524
湖 南 Hunan	18880	7133	97218	1088	712
广 东 Guangdong	307	327	19318		
广 西 Guangxi	99878	3845	34959	667	60
海 南 Hainan	1219	1721	16437		
重 庆 Chongqing	16142	8221	69563	1800	
四 川 Sichuan	62693	28919	395677	333	160
贵 州 Guizhou	9617	19394	205223	738	1148
云 南 Yunnan	87995	481500	142097	623	1263
西 藏 Tibet		4819	65480		
陕 西 Shaanxi	7130	43979	395445	2899	
甘 肃 Gansu		1658	197383		13332
青 海 Qinghai			140659		
宁 夏 Ningxia	1132	25496	62852		
新 疆 Xinjiang	9387	176689	156523	954	12

8-4 各地区天然林资源保护情况(2009年)

Natural Forest Protection by Region (2009)

地 区	Region	木材产量 (立方米) Timber Output (cu.m)	林业投资完成额 (万元) Investment Completed (10000 yuan)	#国债资金 Treasury Bonds	#中央财政专项资金 Earmarked Central Funds	森林管护面积 (公顷) Area of Management and Protection of Forests (hectare)
全 国	**National Total**	**14840180**	**817253**	**85846**	**602353**	**101225649**
北 京	Beijing					
天 津	Tianjin					
河 北	Hebei					
山 西	Shanxi	3136	17166		7501	2875833
内蒙古	Inner Mongolia	2535205	107036	17619	82009	13783467
辽 宁	Liaoning					
吉 林	Jilin	2128539	65154		60461	3772795
黑龙江	Heilongjiang	3966299	174751	430	166226	8741495
上 海	Shanghai					
江 苏	Jiangsu					
浙 江	Zhejiang					
安 徽	Anhui					
福 建	Fujian					
江 西	Jiangxi					
山 东	Shandong					
河 南	Henan	120493	4707	857	2815	942379
湖 北	Hubei	206851	23402	6937	16465	3355676
湖 南	Hunan					
广 东	Guangdong					
广 西	Guangxi					
海 南	Hainan		6534		2442	459000
重 庆	Chongqing	159272	15601	3583	8386	2824301
四 川	Sichuan	1922281	120355		66380	21071486
贵 州	Guizhou	987818	20774		13789	5553172
云 南	Yunnan	523178	67228	22801	36946	12643093
西 藏	Tibet		2723		2723	121067
陕 西	Shaanxi	92406	54160	23282	22286	8757653
甘 肃	Gansu	31062	33452	7569	24632	4240154
青 海	Qinghai		16967	2152	6330	1983333
宁 夏	Ningxia	1200	3526	616	2809	629481
新 疆	Xinjiang	16431	15130		11566	1933121
大兴安岭	Daxinganling	2146009	68587		68587	7538143

8-4 续表 1 continued

单位：公顷 (hectare)

地 区	Region	当年造林面积 Area of Afforestation in the Year	按造林方式分 by Approach 人工造林 Plantation Establishment	飞播造林 Aerial Seeding	无林地和疏林地新封山育林 Area without Forest or of Sparse Forest
全 国	**National Total**	**1360913**	**282019**	**153334**	**925560**
北 京	Beijing				
天 津	Tianjin				
河 北	Hebei				
山 西	Shanxi	51799			51799
内蒙古	Inner Mongolia	238022	328	66666	171028
辽 宁	Liaoning				
吉 林	Jilin				
黑龙江	Heilongjiang				
上 海	Shanghai				
江 苏	Jiangsu				
浙 江	Zhejiang				
安 徽	Anhui				
福 建	Fujian				
江 西	Jiangxi				
山 东	Shandong				
河 南	Henan	10667			10667
湖 北	Hubei	18937	1799		17138
湖 南	Hunan				
广 东	Guangdong				
广 西	Guangxi				
海 南	Hainan				
重 庆	Chongqing	42667			42667
四 川	Sichuan	381072	122555		258517
贵 州	Guizhou	72765			72765
云 南	Yunnan	150841	56008		94833
西 藏	Tibet	47621	33454		14167
陕 西	Shaanxi	244533	39738	86668	118127
甘 肃	Gansu	73856	26671		47185
青 海	Qinghai	20801	1466		19335
宁 夏	Ningxia	7332			7332
新 疆	Xinjiang				
大兴安岭	Daxinganling				

8-4 续表 2 continued

单位：公顷 (hectare)

地 区	Region	按林种用途分 by Forest Type 用材林 Timber Forest	经济林 By-product Forest	防护林 Protection Forest	薪炭林 Fuelwood Forests	特种用途林 Special Purpose Forests
全 国	**National Total**	**61123**	**63452**	**1222429**	**3099**	**10810**
北 京	Beijing					
天 津	Tianjin					
河 北	Hebei					
山 西	Shanxi			51799		
内蒙古	Inner Mongolia	101	227	237694		
辽 宁	Liaoning					
吉 林	Jilin					
黑龙江	Heilongjiang					
上 海	Shanghai					
江 苏	Jiangsu					
浙 江	Zhcjiang					
安 徽	Anhui					
福 建	Fujian					
江 西	Jiangxi					
山 东	Shandong					
河 南	Henan	2667	300	7700		
湖 北	Hubei	474	579	17884		
湖 南	Hunan					
广 东	Guangdong					
广 西	Guangxi					
海 南	Hainan					
重 庆	Chongqing	4974	5467	32226		
四 川	Sichuan	26338	6439	348085	200	10
贵 州	Guizhou			72098		667
云 南	Yunnan	22499	36494	91848		
西 藏	Tibet		1333	46288		
陕 西	Shaanxi	4070	12613	224951	2899	
甘 肃	Gansu			63723		10133
青 海	Qinghai			20801		
宁 夏	Ningxia			7332		
新 疆	Xinjiang					
大兴安岭	Daxinganling					

8-5 各地区退耕还林情况(2009年)

The Conversion of Cropland to Forest Program by Region (2009)

地　区	Region	当　年造林面积（公顷）Area of Afforestation in the Year (hectare)	退耕地造林面积 Area of Cropland Converted to Forest	荒山荒地造林面积 Area of Plantation of Barren Mountains & Wasteland	无林地和疏林地新封山育林 Area without Forest or of Sparse Forest	林业投资完成额(万元) Investment Completed (10000 yuan)	#国家投资 State Investment
全　国	**National Total**	**886666**	**739**	**564734**	**321193**	**3217569**	**2886310**
北　京	Beijing						
天　津	Tianjin						
河　北	Hebei	23358		10025	13333	75762	64897
山　西	Shanxi	35667		18996	16671	100545	92974
内蒙古	Inner Mongolia	48555		17220	31335	106450	106141
辽　宁	Liaoning	23485		10153	13332	77063	75202
吉　林	Jilin	3913	662	2777	474	65816	63332
黑龙江	Heilong-jiang	58475		37611	20864	196661	180251
上　海	Shanghai						
江　苏	Jiangsu						
浙　江	Zhejiang						
安　徽	Anhui	32540		19211	13329	76303	61586
福　建	Fujian						
江　西	Jiangxi	34517		18242	16275	102934	83432
山　东	Shandong						
河　南	Henan	53333		29998	23335	90599	90599
湖　北	Hubei	26212		26212		150720	128061
湖　南	Hunan	53333		29998	23335	177927	96171
广　东	Guangdong						
广　西	Guangxi	33892	77	23747	10068	100590	75130
海　南	Hainan	3427		3427		18280	18280
重　庆	Chongqing	36671		23337	13334	221144	210937
四　川	Sichuan	36489		16494	19995	531320	494873
贵　州	Guizhou	33274		13336	19938	237048	223522
云　南	Yunnan	118648		115991	2657	171652	136594
西　藏	Tibet	10821		6484	4337	7898	750
陕　西	Shaanxi	39328		26330	12998	236127	228369
甘　肃	Gansu	42797		23206	19591	230440	230440
青　海	Qinghai	28102		8105	19997	61591	61591
宁　夏	Ningxia	33042		26375	6667	77924	77821
新　疆	Xinjiang	50120		30792	19328	102775	85357

注：全国合计中包括军事管理区26667公顷荒山荒地造林。

Note:Total aera of afforestation include 26667 hectares of barren mountains & wasteland plantation.

8-5 续表 continued

单位：公顷 (hectare)

地区	Region	当年造林面积(按林种用途分) Plantation Area of the Year (by Forest Type) 用材林 Timber Forest	经济林 By-product Forest	防护林 Protection Forest	薪炭林 Fuelwood Forests	特种用途林 Special Purpose Forests
全 国	**National Total**	**147795**	**140663**	**586882**	**4612**	**6714**
北 京	Beijing					
天 津	Tianjin					
河 北	Hebei	4945	585	17161		667
山 西	Shanxi		1354	34313		
内蒙古	Inner Mongolia	200	1063	47292		
辽 宁	Liaoning	2544	2002	18699	240	
吉 林	Jilin			3913		
黑龙江	Heilongjiang	15115	616	39354		3390
上 海	Shanghai					
江 苏	Jiangsu					
浙 江	Zhejiang					
安 徽	Anhui	1802	386	30144		208
福 建	Fujian					
江 西	Jiangxi	19941	3376	11200		
山 东	Shandong					
河 南	Henan	19012	4997	29324		
湖 北	Hubei	11839	4672	9701		
湖 南	Hunan	7908	3489	40895	1041	
广 东	Guangdong					
广 西	Guangxi	21046	243	11886	667	50
海 南	Hainan	1219	1721	487		
重 庆	Chongqing	7848	1687	25803	1333	
四 川	Sichuan	9305	2165	24886	133	
贵 州	Guizhou	3385	1946	27424	519	
云 南	Yunnan	20066	82221	15887	474	
西 藏	Tibet			10821		
陕 西	Shaanxi	990	8500	29838		
甘 肃	Gansu		213	40185		2399
青 海	Qinghai			28102		
宁 夏	Ningxia		11852	21190		
新 疆	Xinjiang	630	7575	41710	205	

8-6 三北、长江流域等重点防护林体系工程建设情况(2009年)
Key Shelterbelt Programs in North China and Changjiang River Basin (2009)

单位：公顷 (hectare)

地区	Region	当年造林面积 Area of Afforestation in the Year	人工造林 Plantation Establish-ment	飞播造林 Aerial Seeding	无林地和疏林地新封山育林 Area without Forest or of Sparse Forest	实际完成投资(万元) Investment Completed (10000 yuan)	#国家投资 State Investment
全国	**National Total**	**1893077**	**1618580**		**274497**	**557076**	**209602**
北京	Beijing	2180	2180			1684	80
天津	Tianjin	14527	14527			24844	4400
河北	Hebei	152320	125368		26952	46934	880
山西	Shanxi	156273	119438		36835	33019	1440
内蒙古	Inner Mongolia	234100	206294		27806	32243	27867
辽宁	Liaoning	106489	81156		25333	20509	15209
吉林	Jilin	26161	23828		2333	10007	2078
黑龙江	Heilongjiang	153193	148059		5134	37562	21332
上海	Shanghai	1383	1383			50227	360
江苏	Jiangsu	50769	49908		861	26754	7200
浙江	Zhejiang	24301	17417		6884	23124	370
安徽	Anhui	26692	24405		2287	8941	4456
福建	Fujian	10576	10576			7184	4260
江西	Jiangxi	45385	43346		2039	7198	3392
山东	Shandong	63843	63310		533	32833	11415
河南	Henan	52139	52139			6319	5554
湖北	Hubei	34502	34502			7688	4752
湖南	Hunan	50696	50696			7129	5265
广东	Guangdong	16575	12668		3907	16991	8507
广西	Guangxi	37642	36642		1000	19740	6233
海南	Hainan	15047	15047			2510	2000
重庆	Chongqing						
四川	Sichuan						
贵州	Guizhou	34340	27671		6669	3750	
云南	Yunnan	13931	13598		333	3482	2732
西藏	Tibet						
陕西	Shaanxi	122166	99786		22380	23163	19824
甘肃	Gansu	94119	61040		33079	7744	7744
青海	Qinghai	55967	15967		40000	4800	4800
宁夏	Ningxia	49106	39583		9523	9440	4000
新疆	Xinjiang	248655	228046		20609	81257	33452

8-6 续表 continued

单位：公顷 (hectare)

地 区 Region	当年造林面积(按林种用途分) Total Area of Afforestation in the Year(by Function of Forest)					低产低效林改造面积 Area of Low Yield Forest Rebuilding
	用材林 Timber Forest	经济林 By-product Forest	防护林 Protection Forest	薪炭林 Fuelwood Forest	特种林 Special Purpose Forest	
全 国 National Total	**79466**	**185024**	**1625325**	**793**	**2469**	**72267**
北 京 Beijing	32	158	1990			
天 津 Tianjin	5392	583	8552			
河 北 Hebei	9963	11265	130259		833	
山 西 Shanxi		5294	150979			133
内蒙古 Inner Mongolia	3702	3926	226472			
辽 宁 Liaoning	310	2255	103924			
吉 林 Jilin			26161			2411
黑龙江 Heilongjiang	3729	1228	147417	13	806	
上 海 Shanghai		295	1088			
江 苏 Jiangsu	634	1119	48988		28	12
浙 江 Zhejiang	674	634	22993			42828
安 徽 Anhui	2865	50	23777			320
福 建 Fujian	36		10540			979
江 西 Jiangxi	7235	455	37695			3699
山 东 Shandong	1349	1561	60933			667
河 南 Henan	1545	1307	49287			
湖 北 Hubei	3038	105	31328	31		1900
湖 南 Hunan	3571	2525	44600			133
广 东 Guangdong			16575			16115
广 西 Guangxi	22300	479	14863			433
海 南 Hainan			15047			
重 庆 Chongqing						
四 川 Sichuan						
贵 州 Guizhou	3239	233	30868			
云 南 Yunnan		1765	12166			
西 藏 Tibet						
陕 西 Shaanxi	400	6396	115370			
甘 肃 Gansu		1445	91874		800	363
青 海 Qinghai			55967			
宁 夏 Ningxia	1132	13644	34330			285
新 疆 Xinjiang	8320	128302	111282	749	2	1989

8-7 京津风沙源治理工程建设情况(2009年)
Desertification Control Program in the Vicinity of Beijing and Tianjin (2009)

单位：公顷 (hectare)

地区	Region	当年造林面积 Area of Afforestation in the Year	人工造林 Plantation Establishment	飞播造林 Aerial Seeding	无林地和疏林地新封山育林 Area without Forest or of Sparse Forest
全国	**National Total**	**434817**	**130442**	**73003**	**231372**
北京	Beijing	12454	5041		7413
天津	Tianjin	1127	460	667	
河北	Hebei	108398	41931	35002	31465
山西	Shanxi	21292	799	8000	12493
内蒙古	Inner Mongolia	291546	82211	29334	180001

8-7 续表 continued

单位：公顷 (hectare)

地区	Region	草地治理面积 Improved Area of Grass Land	小流域治理面积 Improved Area of Small Drainage Areas	水利设施(处) Water Conservancy Facilities (unit)	投资完成额(万元) Investment Completed (10000 yuan)	#国家投资 State Investment
全国	**National Total**	**185326**	**126697**	**11272**	**403175**	**355377**
北京	Beijing	667	8540		38650	6738
天津	Tianjin				411	
河北	Hebei	40366	53700	2892	162572	148823
山西	Shanxi	5722	19483	4630	40715	39073
内蒙古	Inner Mongolia	138571	44974	3750	160827	160743

8-8 各地区林业系统野生动植物保护及自然保护区工程建设情况(2009年)

Wildlife Conservation and Nature Reserve Program of Forestry Establishments by Region(2009)

单位：个，万公顷 (unit,10000 hectares)

地 区	Region	自然保护区个数 Nature Reserves	#国家级 National Reserves	自然保护区面积 Nature Reserves Area	#国家级 National Reserves	禁猎(采)区个数 Number of Preserves	禁猎(采)区面积 Area of Preserves	野生动物种源繁育基地数 Breeding Base of Wild Fauna
全 国	**National Total**	**2012**	**247**	**12288.2**	**7701.9**	**2667**	**8462.4**	**431**
北 京	Beijing	16	2	12.7	2.6	16	13.1	25
天 津	Tianjin	4	1	2.3	0.5			
河 北	Hebei	25	7	52.6	17.7	3	4.3	2
山 西	Shanxi	45	5	115.7	8.2			
内蒙古	Inner Mongolia	138	17	1046.0	268.3	59	3119.0	5
辽 宁	Liaoning	64	7	113.0	19.1	49	48.8	24
吉 林	Jilin	30	9	237.5	186.8			2
黑龙江	Heilongjiang	105	17	332.5	145.3	6	25.3	2
上 海	Shanghai	1	1	2.4	2.4			
江 苏	Jiangsu	24	1	39.5	7.8	1	15.3	2
浙 江	Zhejiang	17	6	9.5	7.4	39	6.2	56
安 徽	Anhui	95	4	55.3	11.2	19	17.3	4
福 建	Fujian	88	10	50.2	17.0			52
江 西	Jiangxi	165	8	107.2	14.4	715	21.1	24
山 东	Shandong	58	5	95.1	17.6			7
河 南	Henan	25	9	50.5	32.6	32	17.0	4
湖 北	Hubei	49	6	95.2	25.3	286	67.4	29
湖 南	Hunan	116	16	131.2	50.5	129	61.9	78
广 东	Guangdong	255	5	106.6	9.8	668	288.9	1
广 西	Guangxi	63	12	133.3	25.4	52	10.1	13
海 南	Hainan	30	6	24.0	8.7			45
重 庆	Chongqing	44	3	75.9	18.6			9
四 川	Sichuan	123	17	763.1	246.2	191	500.4	5
贵 州	Guizhou	99	7	81.7	23.1	292	0.3	6
云 南	Yunnan	124	14	269.7	132.7	48	83.0	11
西 藏	Tibet	62	8	4125.3	3701.3	7	3200.0	1
陕 西	Shaanxi	46	11	105.7	34.4	22	1.9	13
甘 肃	Gansu	49	13	674.6	411.1	28	96.4	1
青 海	Qinghai	10	5	2168.7	2025.3			
宁 夏	Ningxia	6	5	49.1	46.7	2	28.9	
新 疆	Xinjiang	28	7	1056.1	135.5	2	0.6	10
大兴安岭	Daxinganling	8	3	106.0	48.5	1	835.1	

8-8 续表 continued

地 区 Region	国际重要湿地 International Important Wetland 个数(个) Number (unit)	面积(万公顷) Area (10000 hectares)	野生植物种源培育基地(个) Breeding Base of Rare Wild Flora (unit)	野生动物园(个) Number of Wild Animal Zoos (unit)	植物园(个) Arboretums (unit)	狩猎场(个) Hunting Fields (unit)	投资完成额(万元) Investment Completed (10000 yuan)	#国家投资 State Investment
全 国 National Total	**37**	**391.5**	**244**	**69**	**64**	**142**	**80097**	**39948**
北 京 Beijing				2		1	399	
天 津 Tianjin							222	90
河 北 Hebei			5	1			1618	653
山 西 Shanxi						19	3203	445
内蒙古 Inner Mongolia	2	74.8	1	2	1	1	3806	3608
辽 宁 Liaoning	2	14.0	4	6	3	1	1921	1021
吉 林 Jilin	1	10.5		2	1		4954	3997
黑龙江 Heilongjiang	4	62.5	1	1		6	3794	3071
上 海 Shanghai	2	3.6	1		1		877	40
江 苏 Jiangsu	2	53.1		2			553	330
浙 江 Zhejiang	1	0.0	11	4	2	2	703	
安 徽 Anhui			8			4	1152	681
福 建 Fujian	1	0.2	45	1	3		4074	3334
江 西 Jiangxi	1	2.2	32	3	7	6	2073	485
山 东 Shandong			5	2	2		1620	
河 南 Henan			4	1			900	900
湖 北 Hubei	1	4.3	4	2	2	12	4725	4725
湖 南 Hunan	3	69.3	48	11	4	2	6152	796
广 东 Guangdong	3	3.2	2	13	13	7	3282	688
广 西 Guangxi	2	0.7			2		5616	1819
海 南 Hainan	1	0.5	45	1			670	670
重 庆 Chongqing			5	4	12	33	213	
四 川 Sichuan	1	16.7	2	4	1	9	4121	733
贵 州 Guizhou			5	1	4	9	2146	
云 南 Yunnan	4	1.2	9	1	2		4783	2655
西 藏 Tibet	2	11.7					6102	261
陕 西 Shaanxi			4	1	1	2	1737	530
甘 肃 Gansu					1	3	2709	2568
青 海 Qinghai	3	62.6					1980	1980
宁 夏 Ningxia						1	2332	2332
新 疆 Xinjiang			3	4	2	24	1524	1400
大兴安岭 Daxing-anling							136	136

注：国际重要湿地个数中，全国合计包括香港特别行政区1处。

8-9 重点地区速生丰产用材林基地工程建设情况(2009年)

Fast-growing and High-yielding Timber Plantation in Key Regions (2009)

地 区	Region	造林面积(公顷) Afforestation Area (hectare)	荒山荒地造林 Area of Afforestation of Barren Mountains & Waste land	更新造林 Regenerated Logged Area	非林业用地造林 Afforestation Area of Non-forest Land	投资完成额(万元) Investment Completed (10000 yuan)	#国家投资 State Investment
全 国	**National Total**	**26898**	**20771**	**5222**	**905**	**12177**	**120**
北 京	Beijing						
天 津	Tianjin						
河 北	Hebei	745	745			246	
山 西	Shanxi					80	80
内蒙古	Inner Mongolia						
辽 宁	Liaoning						
吉 林	Jilin					2575	
黑龙江	Heilongjiang	1456	1456			534	
上 海	Shanghai						
江 苏	Jiangsu	18			18	10	
浙 江	Zhejiang						
安 徽	Anhui						
福 建	Fujian						
江 西	Jiangxi	20796	16602	3307	887	6069	
山 东	Shandong						
河 南	Henan						
湖 北	Hubei						
湖 南	Hunan	1604		1604		1000	
广 东	Guangdong						
广 西	Guangxi	2279	1968	311		1663	40
海 南	Hainan						
重 庆	Chongqing						
四 川	Sichuan						
贵 州	Guizhou						
云 南	Yunnan						
西 藏	Tibet						
陕 西	Shaanxi						
甘 肃	Gansu						
青 海	Qinghai						
宁 夏	Ningxia						
新 疆	Xinjiang						

九、自然灾害及突发事件

Natural Disasters & Environmental Accidents

9-1 全国历年自然灾害情况(2000-2009年)
Natural Disasters in Past Years (2000-2009)

年 份 Year	地质灾害 Geological Disasters 灾害次数 (次) Number of Geological Disasters (time)	人员伤亡 (人) Casualties (pereson)	直接经济损失 (万元) Direct Economic Loss (10000 yuan)	地震灾害 Earthquake Disasters 灾害次数 (次) Number of Earthquake Disasters (time)	人员伤亡 (人) Casualties (pereson)	直接经济损失 (万元) Direct Economic Loss (10000 yuan)
2000	19653	27697	494201	10	2855	142244
2001	5793	1675	348699	12		
2002	40246	2759	509740	5	362	13100
2003	15489	1333	504325	21	7465	466040
2004	13555	1407	408828	11	696	94959
2005	17751	1223	357678	13	882	262811
2006	102804	1227	431590	10	229	79962
2007	25364	1123	247528	3	422	201922
2008	26580	1598	326936	17	446293	85949594
2009	10580	845	190109	8	407	273782

9-1 续表 continued

年 份 Year	海洋灾害 Marine Disasters 发生次数 (次) Number of Marine Disasters (time)	死亡、失踪人数 (人) Deaths and Missing People (pereson)	直接经济损失 (亿元) Direct Economic Loss (100 million yuan)	森林火灾 Geological Disasters 灾害次数 (次) Number of Forest Fires (time)	人员伤亡 (人) Casualties (pereson)	其他损失折款 (万元) Economic Loss (10000 yuan)
2000		79	120.8	5934	178	3069
2001		401	100.1	4933	58	7409
2002	126	124	65.9	7527	98	3610
2003	172	128	80.5	10463	142	37000
2004	155	140	54.2	13466	252	20213
2005	176	371	332.4	11542	152	15029
2006	180	492	218.5	8170	102	5375
2007	163	161	88.4	9260	94	12416
2008	128	152	206.1	14144	174	12594
2009	132	95	100.2	8859	110	14511

9-2 各地区自然灾害损失情况(2009年)

Loss Caused by Natural Disasters by Region (2009)

单位: 万公顷 (10000 hectares)

地 区	Region	合 计 Total		旱 灾 Drought	
		受灾 Area Affected	绝收 Total Crop Failure	受灾 Area Affected	绝收 Total Crop Failure
全 国	**National Total**	**4721.37**	**491.75**	**2925.87**	**326.88**
北 京	Beijing	1.46	0.10	0.33	0.04
天 津	Tianjin	5.85	0.47		
河 北	Hebei	262.75	51.72	154.39	41.80
山 西	Shanxi	178.65	31.06	138.40	26.20
内蒙古	Inner Mongolia	477.04	79.95	389.01	66.00
辽 宁	Liaoning	217.18	49.83	208.37	48.62
吉 林	Jilin	267.06	47.49	244.00	44.63
黑龙江	Heilongjiang	739.37	54.12	487.17	27.17
上 海	Shanghai	1.63	0.20		
江 苏	Jiangsu	120.26	3.17	59.85	1.26
浙 江	Zhejiang	46.33	4.68	2.25	0.13
安 徽	Anhui	210.13	4.72	90.90	
福 建	Fujian	26.57	1.54	4.23	0.16
江 西	Jiangxi	135.17	7.90	62.13	2.92
山 东	Shandong	234.19	20.67	117.47	7.94
河 南	Henan	298.74	7.38	157.92	2.72
湖 北	Hubei	182.71	15.19	59.19	1.89
湖 南	Hunan	182.49	12.14	75.31	6.18
广 东	Guangdong	64.33	2.24	31.82	0.89
广 西	Guangxi	110.96	7.56	77.37	3.28
海 南	Hainan	11.99	2.48	1.33	0.02
重 庆	Chongqing	49.51	4.09	13.66	1.71
四 川	Sichuan	159.88	11.88	74.28	2.64
贵 州	Guizhou	77.99	7.44	47.79	4.53
云 南	Yunnan	166.75	17.41	103.67	7.30
西 藏	Tibet	5.30	0.87	2.72	0.09
陕 西	Shaanxi	122.07	7.42	80.00	5.06
甘 肃	Gansu	188.08	21.22	154.20	17.43
青 海	Qinghai	15.96	1.29	3.39	
宁 夏	Ningxia	36.55	3.61	30.77	3.18
新 疆	Xinjiang	88.28	5.15	45.53	1.72
新疆兵团	Xinjiang Production & Construction Corps	36.15	6.80	8.43	1.37

资料来源：民政部。
Source:Ministry of Civil Affairs.

9-2 续表 1 continued

单位：万公顷 (10000 hectares)

地 区	Region	洪涝、山体滑坡和泥石流 Flood,Waterlogging, Landslides and Debris flow		风雹灾害 Wind and Hail	
		受灾 Area Affected	绝收 Total Crop Failure	受灾 Area Affected	绝收 Total Crop Failure
全 国	**National Total**	**764.37**	**78.09**	**549.31**	**53.45**
北 京	Beijing			1.00	0.06
天 津	Tianjin			5.85	0.47
河 北	Hebei	11.99	0.43	74.76	9.16
山 西	Shanxi	5.30	0.80	13.12	2.15
内蒙古	Inner Mongolia	44.93	3.44	14.39	5.83
辽 宁	Liaoning	2.04	0.05	6.67	1.16
吉 林	Jilin	3.73	0.61	18.80	2.07
黑龙江	Heilongjiang	157.04	22.01	53.66	3.34
上 海	Shanghai				
江 苏	Jiangsu	16.56	1.91	10.80	
浙 江	Zhejiang	6.80	1.19	0.91	0.09
安 徽	Anhui	49.42	2.85	40.00	1.23
福 建	Fujian	1.27		0.01	
江 西	Jiangxi	47.23	3.47	12.21	0.89
山 东	Shandong	76.11	6.65	17.52	4.01
河 南	Henan	10.00	0.61	112.89	3.11
湖 北	Hubei	83.24	10.07	16.48	1.42
湖 南	Hunan	55.83	3.61	12.90	0.56
广 东	Guangdong	3.56			
广 西	Guangxi	30.35	3.99	1.04	0.29
海 南	Hainan	0.19		0.02	
重 庆	Chongqing	32.67	2.02	2.12	0.23
四 川	Sichuan	67.15	7.66	14.01	1.47
贵 州	Guizhou	20.05	1.36	7.13	1.55
云 南	Yunnan	15.47	2.83	9.03	1.08
西 藏	Tibet	1.04	0.21	0.58	0.24
陕 西	Shaanxi	6.07	1.02	18.67	0.67
甘 肃	Gansu	11.18	1.01	15.57	2.40
青 海	Qinghai	1.29	0.04	7.26	1.17
宁 夏	Ningxia	3.00	0.08	0.35	0.24
新 疆	Xinjiang	0.70	0.16	34.48	3.25
新疆兵团	Xinjiang Production & Construction Corps	0.16	0.02	27.07	5.34

9-2 续表 2 continued

单位：万公顷 (10000 hectares)

地区	Region	台风灾害 Typhoon		低温冷冻和雪灾 Low-temperature, Freezing and Snow Disaster	
		受灾 Area Affected	绝收 Total Crop Failure	受灾 Area Affected	绝收 Total Crop Failure
全国	**National Total**	**114.57**	**8.09**	**367.25**	**25.24**
北京	Beijing			0.13	
天津	Tianjin				
河北	Hebei			21.61	0.33
山西	Shanxi			21.83	1.91
内蒙古	Inner Mongolia			28.70	4.68
辽宁	Liaoning			0.10	
吉林	Jilin			0.53	0.18
黑龙江	Heilongjiang			41.50	1.60
上海	Shanghai	1.63	0.20		
江苏	Jiangsu	16.38		16.67	
浙江	Zhejiang	36.37	3.27		
安徽	Anhui	2.87		26.95	0.64
福建	Fujian	14.56	0.69	6.50	0.69
江西	Jiangxi	1.08	0.12	12.52	0.50
山东	Shandong			23.09	2.07
河南	Henan			17.92	0.94
湖北	Hubei			23.80	1.81
湖南	Hunan			38.45	1.79
广东	Guangdong	28.95	1.35		
广西	Guangxi	1.88		0.32	
海南	Hainan	10.46	2.46		
重庆	Chongqing			1.06	0.13
四川	Sichuan			4.43	0.11
贵州	Guizhou			3.02	
云南	Yunnan	0.39		38.19	6.20
西藏	Tibet			0.96	0.33
陕西	Shaanxi			17.33	0.67
甘肃	Gansu			7.13	0.38
青海	Qinghai			4.02	0.08
宁夏	Ningxia			2.43	0.11
新疆	Xinjiang			7.57	0.02
新疆兵团	Xinjiang Production & Construction Corps			0.49	0.07

9-2 续表 3 continued

地 区	Region	人口受灾 Population		直接经济损失（亿元） Direct Economic Loss (100 million yuan)
		受灾人口（万人次） Population Affected (10000 person-times)	死亡人口(人) Deaths (person)	
全 国	**National Total**	**47933.5**	**1528**	**2523.68**
北 京	Beijing	36.9		4.50
天 津	Tianjin	13.8		1.70
河 北	Hebei	3206.1	40	137.61
山 西	Shanxi	1351.4	40	80.90
内蒙古	Inner Mongolia	1075.1	27	249.70
辽 宁	Liaoning	1401.4	4	166.60
吉 林	Jilin	1125.6	5	167.15
黑龙江	Heilongjiang	1595.2	8	108.11
上 海	Shanghai	4.6		3.32
江 苏	Jiangsu	1279.0	38	44.06
浙 江	Zhejiang	1104.7	22	119.30
安 徽	Anhui	3398.5	71	132.50
福 建	Fujian	242.6	23	39.41
江 西	Jiangxi	2124.4	48	85.80
山 东	Shandong	3938.4	3	162.66
河 南	Henan	3311.8	74	99.28
湖 北	Hubei	2640.7	69	68.30
湖 南	Hunan	3306.1	71	142.94
广 东	Guangdong	790.4	47	62.84
广 西	Guangxi	2337.1	37	66.20
海 南	Hainan	319.2	22	10.80
重 庆	Chongqing	1188.3	161	48.46
四 川	Sichuan	3451.8	333	143.32
贵 州	Guizhou	1612.1	66	34.00
云 南	Yunnan	2247.9	163	107.85
西 藏	Tibet	55.1	24	7.08
陕 西	Shaanxi	1671.5	40	64.56
甘 肃	Gansu	2254.4	49	92.18
青 海	Qinghai	239.1	13	17.90
宁 夏	Ningxia	229.5	16	17.73
新 疆	Xinjiang	348.9	14	27.00
新疆兵团	Xinjiang Production & Construction Corps	32.0		9.93

9-3 地质灾害及防治情况(2009年)

Occurrence and Prevention of Geological Disasters(2009)

地区	Region	发生地质灾害起数(次) Geological Disasters (time)	#滑坡 Land-slide	#崩塌 Collapse	#泥石流 Mud-rock Flow	#地面塌陷 Land Subside	直接经济损失(万元) Direct Economic Loss (10000 yuan)
全国	**National Total**	**10580**	**6310**	**2378**	**1442**	**326**	**190109**
北京	Beijing	11					
天津	Tianjin						
河北	Hebei	13	1	6		2	84
山西	Shanxi	16	6	8		2	491
内蒙古	Inner Mongolia	34	2	3	13	12	1960
辽宁	Liaoning	22	2	6		11	1733
吉林	Jilin	18	3	8	4	2	295
黑龙江	Heilongjiang	11		2	5	2	
上海	Shanghai						
江苏	Jiangsu	17	11	1		5	628
浙江	Zhejiang	247	147	64	32		6584
安徽	Anhui	349	116	216	4	13	2179
福建	Fujian	391	372	15	1	2	1234
江西	Jiangxi	197	140	35	4	18	1861
山东	Shandong	37	9	7	1	20	662
河南	Henan	24	3			21	162
湖北	Hubei	552	436	76	3	29	12312
湖南	Hunan	4479	2701	767	925	54	43933
广东	Guangdong	241	92	118	2	26	8710
广西	Guangxi	373	109	215	4	39	3856
海南	Hainan	7	1	6			31
重庆	Chongqing	908	795	72	24	11	18783
四川	Sichuan	934	581	212	108	17	31904
贵州	Guizhou	167	108	40	1	14	10650
云南	Yunnan	442	341	28	54	10	13118
西藏	Tibet	655	110	352	191	2	13076
陕西	Shaanxi	224	107	96	9	10	3811
甘肃	Gansu	161	78	20	53	3	11237
青海	Qinghai	25	22	3			714
宁夏	Ningxia	19	14	1	2	1	
新疆	Xinjiang	6	3	1	2		101

资料来源：国土资源部。

Source:Ministry of Land and Resources.

9-3 续表 continued

地 区	Region	人员伤亡 (人) Casualties (person)	#死亡人数 Deaths	地质灾害防治项目数 (个) Number of Projects of Prevention of Geological Disasters (unit)	地质灾害防治投资 (万元) Investment in Projects of Prevention of Geological Disasters (10000 yuan)
全 国	**National Total**	**845**	**331**	**28061**	**542368**
北 京	Beijing			5	1100
天 津	Tianjin			3	80
河 北	Hebei			16	3531
山 西	Shanxi	24	24	30	5938
内蒙古	Inner Mongolia			1	150
辽 宁	Liaoning			5	3958
吉 林	Jilin			42	51774
黑龙江	Heilongjiang			9	3410
上 海	Shanghai				896
江 苏	Jiangsu			40	15241
浙 江	Zhejiang	43	18	714	18488
安 徽	Anhui	8	2	156	12253
福 建	Fujian	3	3	2460	8277
江 西	Jiangxi	10	8	275	11959
山 东	Shandong			153	21164
河 南	Henan				
湖 北	Hubei	21	8	1377	10666
湖 南	Hunan	55	21	788	15015
广 东	Guangdong	21	19	1625	178177
广 西	Guangxi	118	18	1879	20979
海 南	Hainan			17	949
重 庆	Chongqing	111	23	3153	28552
四 川	Sichuan	244	89	12287	56657
贵 州	Guizhou	38	23	23	6600
云 南	Yunnan	97	37	253	40279
西 藏	Tibet	10	7	4	3209
陕 西	Shaanxi	14	10	301	12610
甘 肃	Gansu	25	19	2422	6391
青 海	Qinghai	2	1	7	1576
宁 夏	Ningxia				80
新 疆	Xinjiang	1	1	16	2409

9-4 地震灾害情况(2009年)
Earthquake Disasters (2009)

地区 Region	地震灾害次数(次) Number of Earthquakes (time)	5.0级以下 Below 5.0 Richter Scale	5.0-5.9级 5.0-5.9 Richter Scale	6.0-6.9级 6.0-6.9 Richter Scale	7.0级以上 Over 7.0 Richter Scale	人员伤亡(人) Casualties (person)	#死亡人数 Deaths	经济损失(万元) Direct Economic Loss (10000 yuan)
全　国 National Total	**8**	**1**	**5**	**2**		**407**	**3**	**273782**
重　庆 Chongqing	1	1				3	2	2273
云　南 Yunnan	2		1	1		404	1	239930
青　海 Qinghai	1			1				11081
新　疆 Xinjiang	4		4					20498

资料来源：中国地震局。
Source:China Seismological Administration.

9-5 海洋灾害情况(2009年)
Marine Disasters (2009)

灾种	Disaster Categories	发生次数(次) Number of Occurrence (time)	死亡、失踪人数(人) Deaths and Missing People (person)	直接经济损失(亿元) Direct Economic Loss (100 million yuan)
合　计	**Total**	**132**	**95**	**100.23**
风暴潮	Stormy Tides	32	57	84.97
赤　潮	Red Tides	68		0.65
海　浪	Sea Wave	32	38	8.03
海　冰	Sea Ice			0.17

资料来源：国家海洋局。
Source:State Oceanic Administration.

9-6 各地区森林火灾情况(2009年)

Forest Fires by Region(2009)

地区	Region	森林火灾次数(次) Forest Fires (time)	一般火灾 Ordinary Fires	较大火灾 Major Fires	重大火灾 Severe Fires	特别重大火灾 Especially Severe Fires	火场总面积(公顷) Total Fire-affected Area (hectare)
全国	**National Total**	**8859**	**4945**	**3878**	**35**	**1**	**213636**
北京	Beijing	4	3	1			13
天津	Tianjin	6	5	1			4
河北	Hebei	63	53	10			443
山西	Shanxi	37	13	24			3149
内蒙古	Inner Mongolia	66	32	30	4		17764
辽宁	Liaoning	176	123	53			1424
吉林	Jilin	131	98	33			351
黑龙江	Heilongjiang	54	36	17		1	99819
上海	Shanghai						
江苏	Jiangsu	50	49	1			49
浙江	Zhejiang	247	51	196			3547
安徽	Anhui	100	57	43			758
福建	Fujian	579	38	528	13		16018
江西	Jiangxi	394	91	303			8184
山东	Shandong	17	6	11			210
河南	Henan	596	436	160			1990
湖北	Hubei	660	575	85			2228
湖南	Hunan	2173	878	1289	6		18080
广东	Guangdong	188	53	135			2631
广西	Guangxi	569	333	236			7167
海南	Hainan	46	28	18			222
重庆	Chongqing	87	78	9			247
四川	Sichuan	310	247	57	6		5731
贵州	Guizhou	1626	1199	421	6		12661
云南	Yunnan	510	320	190			10235
西藏	Tibet	11	10	1			47
陕西	Shaanxi	55	47	8			282
甘肃	Gansu	29	29				78
青海	Qinghai	16	14	2			154
宁夏	Ningxia	8	8				69
新疆	Xinjiang	51	35	16			84

资料来源：国家林业局(下表同)。
Source:State Forestry Administration (the same as in the following table).

9-6 续表 continued

地 区	Region	受害森林面积(公顷) Destructed Forest Area (hectare)	#天然林 Natural Forest	#人工林 Man-made Forest	伤亡人数(人) Casualties (person)	#死亡人数 Deaths	其他损失折款(万元) Economic Loss (10000 yuan)
全 国	**National Total**	**46156**	**5124**	**36058**	**110**	**39**	**14511.4**
北 京	Beijing	7		7			
天 津	Tianjin	2		2			
河 北	Hebei	105		105	1	1	17.6
山 西	Shanxi	636	111	525	9	2	1340.2
内蒙古	Inner Mongolia	3734		31			8.0
辽 宁	Liaoning	481	47	410			12.9
吉 林	Jilin	206	1	105			240.2
黑龙江	Heilongjiang	1834	1743	91	5	1	
上 海	Shanghai						
江 苏	Jiangsu	5		5			
浙 江	Zhejiang	1580		1207	5	3	39.3
安 徽	Anhui	311	1	310			55.4
福 建	Fujian	11011	207	10804	6	4	1776.9
江 西	Jiangxi	3300	21	3279	21	1	1275.2
山 东	Shandong	69		69			10.0
河 南	Henan	810		810			82.6
湖 北	Hubei	473	77	390			5.8
湖 南	Hunan	10110	60	10050	20	8	2321.7
广 东	Guangdong	1269	79	1190	6	2	301.9
广 西	Guangxi	1190	40	1150	16	10	274.1
海 南	Hainan	163	3	160			5.3
重 庆	Chongqing	66	7	53			23.8
四 川	Sichuan	2578	2094	484	1	1	712.8
贵 州	Guizhou	3702	383	3315	9	4	1216.0
云 南	Yunnan	2222	238	1332	6	2	4711.9
西 藏	Tibet	5					8.4
陕 西	Shaanxi	108	4	104	3		
甘 肃	Gansu	2		2			1.3
青 海	Qinghai	103	…	16			14.9
宁 夏	Ningxia						3.1
新 疆	Xinjiang	73	8	50	2		52.3

9-7 各地区森林病虫鼠害防治情况(2009年)
Prevention of Forest Diseases, Pests and Rats by Region (2009)

单位：公顷，%　　(hectare，%)

地区	Region	合计 Total			森林病害 Forest Diseases		
		发生面积 Area of Occurrence	防治面积 Area of Prevention	防治率 Prevention Rate	发生面积 Area of Occurrence	防治面积 Area of Prevention	防治率 Prevention Rate
全　国	**National Total**	**11419714**	**8193837**	**71.8**	**1031236**	**818753**	**79.4**
北　京	Beijing	39233	39000	99.4	740	740	100.0
天　津	Tianjin	36527	38293	100.0	4240	4667	100.0
河　北	Hebei	508760	574580	100.0	34353	29847	86.9
山　西	Shanxi	280147	203380	72.6	2587	2127	82.2
内蒙古	Inner Mongolia	1062700	435127	40.9	18487	9167	49.6
辽　宁	Liaoning	703747	611307	86.9	60340	42427	70.3
吉　林	Jilin	294267	113080	38.4	25267	19047	75.4
黑龙江	Heilongjiang	369051	335357	90.9	24475	19395	79.2
上　海	Shanghai	11475	11207	97.7	712	732	100.0
江　苏	Jiangsu	83457	78031	93.5	17227	17121	99.4
浙　江	Zhejiang	70534	64289	91.1	20362	17997	88.4
安　徽	Anhui	336606	260229	77.3	59401	49480	83.3
福　建	Fujian	207682	116334	56.0	14048	13509	96.2
江　西	Jiangxi	387333	332167	85.8	62653	53580	85.5
山　东	Shandong	598663	732816	100.0	122384	112365	91.8
河　南	Henan	479713	427873	89.2	86333	97047	100.0
湖　北	Hubei	334670	300924	89.9	20971	19881	94.8
湖　南	Hunan	393380	191387	48.7	5527	4993	90.3
广　东	Guangdong	442097	149761	33.9	49839	36861	74.0
广　西	Guangxi	359400	85528	23.8	23129	2638	11.4
海　南	Hainan	7189	5356	74.5	1199		
重　庆	Chongqing	277695	262929	94.7	12527	11241	89.7
四　川	Sichuan	775873	615747	79.4	92013	60133	65.4
贵　州	Guizhou	291787	234427	80.3	11507	10520	91.4
云　南	Yunnan	331127	306620	92.6	34820	31427	90.3
西　藏	Tibet	139733			36667		
陕　西	Shaanxi	405293	262140	64.7	12933	8167	63.1
甘　肃	Gansu	243247	207240	85.2	21020	23533	100.0
青　海	Qinghai	265514	195031	73.5	18681	13806	73.9
宁　夏	Ningxia	366633	206313	56.3			
新　疆	Xinjiang	1188633	744367	62.6	111747	100480	89.9
大兴安岭	Daxinganling	127547	53000	41.6	25047	5827	23.3

9-7 续表 continued

单位：公顷，%　　　　(hectare，%)

地 区	Region	森林虫害 Forest Pest Plague 发生面积 Area of Occurrence	防治面积 Area of Prevention	防治率 Prevention Rate	森林鼠害 Forest Rat Plague 发生面积 Area of Occurrence	防治面积 Area of Prevention	防治率 Prevention Rate
全 国	**National Total**	**8502993**	**6381447**	**75.0**	**1885485**	**993637**	**52.7**
北 京	Beijing	38493	38260	99.4			
天 津	Tianjin	32287	33627	100.0			
河 北	Hebei	465960	536813	100.0	8447	7920	93.8
山 西	Shanxi	238340	169267	71.0	39220	31987	81.6
内蒙古	Inner Mongolia	703833	307067	43.6	340380	118893	34.9
辽 宁	Liaoning	641540	567033	88.4	1867	1847	98.9
吉 林	Jilin	249767	83227	33.3	19233	10807	56.2
黑龙江	Heilongjiang	202400	189786	93.8	142176	126175	88.7
上 海	Shanghai	10763	10475	97.3			
江 苏	Jiangsu	66230	60910	92.0			
浙 江	Zhejiang	50172	46292	92.3			
安 徽	Anhui	277139	210682	76.0	67	67	100.0
福 建	Fujian	193635	102825	53.1			
江 西	Jiangxi	324680	278587	85.8			
山 东	Shandong	476279	620451	100.0			
河 南	Henan	393380	330827	84.1			
湖 北	Hubei	302872	276989	91.5	10827	4053	37.4
湖 南	Hunan	387553	186393	48.1	300		
广 东	Guangdong	392257	112900	28.8			
广 西	Guangxi	336271	82890	24.6			
海 南	Hainan	5990	5356	89.4			
重 庆	Chongqing	157498	153933	97.7	107670	97755	90.8
四 川	Sichuan	652960	529713	81.1	30900	25900	83.8
贵 州	Guizhou	265387	214327	80.8	14893	9580	64.3
云 南	Yunnan	295153	274087	92.9	1153	1107	96.0
西 藏	Tibet	79733			23333		
陕 西	Shaanxi	261047	184793	70.8	131313	69180	52.7
甘 肃	Gansu	130180	104887	80.6	92047	78820	85.6
青 海	Qinghai	103967	74018	71.2	142866	107207	75.0
宁 夏	Ningxia	142113	73600	51.8	224520	132713	59.1
新 疆	Xinjiang	579453	508173	87.7	497433	135713	27.3
大兴安岭	Daxinganling	45660	13260	29.0	56840	33913	59.7

9-8 各地区突发环境事件情况(2009年)

Environmental Accidents by Region (2009)

单位：次 (time)

地 区	Region	事件次数 Number of Accidents	水污染 Water Pollution	大气污染 Air Pollution	海洋污染 Ocean Pollution	固体废物污染 Solid Wastes Pollution	其他污染 Others
全 国	**National Total**	**418**	**116**	**130**	**2**	**55**	**115**
北 京	Beijing	31	1	7		22	1
天 津	Tianjin						
河 北	Hebei	4	2			1	1
山 西	Shanxi	4	3				1
内蒙古	Inner Mongolia	5	3	2			
辽 宁	Liaoning	6	1	3	1		1
吉 林	Jilin						
黑龙江	Heilongjiang						
上 海	Shanghai	118	4	71		13	30
江 苏	Jiangsu	10	7	2			1
浙 江	Zhejiang	50					50
安 徽	Anhui	22	12	3		4	3
福 建	Fujian	6	3	2			1
江 西	Jiangxi	6	4	2			
山 东	Shandong	19	3	6	1	8	1
河 南	Henan	10	1	5			4
湖 北	Hubei	11	11				
湖 南	Hunan						
广 东	Guangdong	10	3				7
广 西	Guangxi	11	9			2	
海 南	Hainan	7	5	2			
重 庆	Chongqing	33	20	10			3
四 川	Sichuan						
贵 州	Guizhou	4				4	
云 南	Yunnan	3	2	1			
西 藏	Tibet						
陕 西	Shaanxi	10	7			1	2
甘 肃	Gansu	36	14	13			9
青 海	Qinghai	2	1	1			
宁 夏	Ningxia						
新 疆	Xinjiang						

资料来源：环境保护部。
Source:Ministry of Environmental Protection.

9-8 续表 Continued

地 区	Region	人员伤亡(人) Casualties (person)	直接经济损失(万元) Direct Economic Loss (10000 yuan)	突发环境事件罚款总额(万元) Penalties on Environmental Accidents (10000 yuan)	污染损害赔款总额(万元) Reparations on Environmental Accidents (10000 yuan)
全 国	**National Total**	**36**	**43354**	**326**	**1842**
北 京	Beijing				
天 津	Tianjin				
河 北	Hebei	13	21520	35	1520
山 西	Shanxi				
内蒙古	Inner Mongolia	7	479		
辽 宁	Liaoning	2	550		
吉 林	Jilin				
黑龙江	Heilongjiang				
上 海	Shanghai				
江 苏	Jiangsu		13000	20	
浙 江	Zhejiang		653		
安 徽	Anhui		625	17	220
福 建	Fujian		18	10	
江 西	Jiangxi		512	25	
山 东	Shandong		4450		
河 南	Henan	3	81		1
湖 北	Hubei	1			
湖 南	Hunan				
广 东	Guangdong				
广 西	Guangxi		291	69	42
海 南	Hainan				
重 庆	Chongqing	5		9	
四 川	Sichuan				
贵 州	Guizhou		284		
云 南	Yunnan	5	524	71	
西 藏	Tibet				
陕 西	Shaanxi		4	71	
甘 肃	Gansu		364		60
青 海	Qinghai				
宁 夏	Ningxia				
新 疆	Xinjiang				

十、环境投资

Environmental Investment

10-1 全国历年环境污染治理投资情况(2000-2009年)

Investment in the Treatment of Environmental Pollution in Past Years (2000-2009)

单位：亿元 (100 million yuan)

年份 Year	环境污染治理投资总额 Total Investment in Treatment of Environmental Pollution	城市环境基础设施建设投资 Investment in Urban Environment Infrastructure Facilities	燃气 Gas Supply	集中供热 Central Heating	排水 Sewerage Projects	园林绿化 Gardening & Greening	市容环境卫生 Sanitation
2000	1010.3	515.5	70.9	67.8	149.3	143.2	84.3
2001	1106.6	595.7	75.5	82.0	224.5	163.2	50.6
2002	1367.2	789.1	88.4	121.4	275.0	239.5	64.8
2003	1627.7	1072.4	133.5	145.8	375.2	321.9	96.0
2004	1909.8	1141.2	148.3	173.4	352.3	359.5	107.8
2005	2388.0	1289.7	142.4	220.2	368.0	411.3	147.8
2006	2566.0	1314.9	155.1	223.6	331.5	429.0	175.8
2007	3387.3	1467.5	160.1	230.0	410.0	525.6	141.8
2008	4490.3	1801.0	163.5	269.7	496.0	649.8	222.0
2009	4525.3	2512.0	182.2	368.7	729.8	914.9	316.5

10-1 续表 continued

单位：亿元 (100 million yuan)

年份 Year	工业污染源治理投资 Investment in Treatment of Industrial Pollution Sources	治理废水 Treatment of Waste water	治理废气 Treatment of Waste Gas	治理固体废物 Treatment of Solid Waste	治理噪声 Treatment of Noise Pollution	治理其他 Treatment of Other Pollution	建设项目"三同时"环保投资 Investment in Environment Components for "Three-Simultaneity" New Construction Projects	环境污染治理投资占GDP比重(%) Investment in Anti-pollution Projects as Percentage of GDP (%)
2000	234.8	109.6	90.9	11.5	1.4	21.4	260.0	1.02
2001	174.5	72.9	65.8	18.7	0.6	16.5	336.4	1.01
2002	188.4	71.5	69.8	16.1	1.0	29.9	389.7	1.14
2003	221.8	87.4	92.1	16.2	1.0	25.1	333.5	1.20
2004	308.1	105.6	142.8	22.6	1.3	35.7	460.5	1.19
2005	458.2	133.7	213.0	27.4	3.1	81.0	640.1	1.30
2006	483.9	151.1	233.3	18.3	3.0	78.3	767.2	1.22
2007	552.4	196.1	275.3	18.3	1.8	60.7	1367.4	1.36
2008	542.6	194.6	265.7	19.7	2.8	59.8	2146.7	1.49
2009	442.6	149.5	232.5	21.9	1.4	37.4	1570.7	1.33

10-2 各地区环境污染治理投资情况(2009年)

Investment in the Treatment of Environmental Pollution by Region (2009)

单位：亿元 (100 million yuan)

地 区	Region	环境污染治理投资总额 Total Investment in Treatment of Environmental Pollution	城市环境基础设施建设投资 Investment in Urban Environment Infrastructure Facilities	工业污染源治理投资 Investment in Treatment of Industrial Pollution Sources	建设项目"三同时"环保投资 Investment in Environment Components for "Three-Simultaneity" New Construction Projects	环境污染治理投资占GDP比重(%) Investment in Anti-pollution Projects as Percentage of GDP (%)
全 国	**National Total**	**4525.3**	**2512.0**	**442.6**	**1570.7**	**1.33**
北 京	Beijing	208.7	180.2	3.4	25.0	1.72
天 津	Tianjin	103.7	56.1	18.0	29.6	1.38
河 北	Hebei	248.6	159.0	13.2	76.4	1.44
山 西	Shanxi	157.8	63.8	38.7	55.4	2.14
内蒙古	Inner Mongolia	155.2	113.0	17.8	24.4	1.59
辽 宁	Liaoning	204.9	152.9	19.7	32.3	1.35
吉 林	Jilin	66.1	42.4	7.9	15.7	0.91
黑龙江	Heilongjiang	107.8	84.1	9.9	13.8	1.26
上 海	Shanghai	160.1	63.9	6.8	89.3	1.06
江 苏	Jiangsu	369.9	232.8	27.1	110.0	1.07
浙 江	Zhejiang	198.0	99.1	19.4	79.6	0.86
安 徽	Anhui	139.2	93.3	10.8	35.1	1.38
福 建	Fujian	87.2	31.5	12.9	42.9	0.71
江 西	Jiangxi	70.4	48.5	4.0	18.0	0.92
山 东	Shandong	459.5	296.0	51.6	111.9	1.36
河 南	Henan	121.3	57.9	15.4	48.0	0.62
湖 北	Hubei	150.6	70.6	28.1	51.9	1.16
湖 南	Hunan	146.4	90.3	13.4	42.7	1.12
广 东	Guangdong	240.1	183.3	22.7	34.1	0.61
广 西	Guangxi	132.3	85.0	11.7	35.5	1.70
海 南	Hainan	19.7	15.2	0.4	4.1	1.19
重 庆	Chongqing	109.7	62.1	7.1	40.6	1.68
四 川	Sichuan	103.5	51.5	9.6	42.4	0.73
贵 州	Guizhou	21.2	5.1	8.9	7.1	0.54
云 南	Yunnan	79.6	33.5	9.5	36.6	1.29
西 藏	Tibet	2.7	2.7			0.61
陕 西	Shaanxi	119.1	61.0	20.6	37.4	1.46
甘 肃	Gansu	44.4	18.6	12.3	13.5	1.31
青 海	Qinghai	12.3	3.7	2.9	5.6	1.13
宁 夏	Ningxia	28.7	10.0	4.3	14.4	2.12
新 疆	Xinjiang	78.2	44.8	14.3	19.1	1.83

资料来源：环境保护部、住房和城乡建设部。

Source:Ministry of Environmental Protection，Ministry of Housing and Urban-Rural Development.

10-3 各地区城市环境基础设施建设投资情况(2009年)

Investment in Urban Environment Infrastructure by Region (2009)

单位：亿元 (100 million yuan)

地区	Region	投资总额 Total Investment	燃气 Gas Supply	集中供热 Central Heating	排水 Sewerage Projects	#污水处理 Waste Water Treatment	园林绿化 Gardening & Greening	市容环境卫生 Sanitation	#垃圾处理 Garbage Treatment
全　国	**National Total**	**2511.97**	**182.17**	**368.67**	**729.80**	**389.12**	**914.86**	**316.47**	**84.63**
北　京	Beijing	180.20	10.55	40.39	24.88	4.30	44.43	59.94	10.53
天　津	Tianjin	56.05	10.79	5.19	19.57	6.94	18.07	2.44	0.15
河　北	Hebei	158.98	12.28	25.29	34.26	20.84	72.61	14.54	5.99
山　西	Shanxi	63.77	1.68	24.29	18.98	6.36	14.64	4.20	1.41
内蒙古	Inner Mongolia	112.97	4.46	37.05	13.48	3.37	49.25	8.73	1.98
辽　宁	Liaoning	152.91	3.72	87.61	26.61	17.53	29.90	5.06	3.14
吉　林	Jilin	42.43	2.03	14.63	12.10	8.49	7.76	5.91	4.27
黑龙江	Heilongjiang	84.09	3.07	34.09	19.84	13.46	19.18	7.92	2.05
上　海	Shanghai	63.91	19.08		28.77	10.73	7.78	8.28	0.59
江　苏	Jiangsu	232.79	16.78	2.73	57.69	38.65	139.40	16.19	4.75
浙　江	Zhejiang	99.07	9.86	0.75	43.94	26.59	34.30	10.22	6.76
安　徽	Anhui	93.32	7.22	2.73	25.01	12.68	52.83	5.52	2.69
福　建	Fujian	31.49	3.45		12.35	8.38	6.94	8.75	8.16
江　西	Jiangxi	48.49	3.59		13.24	8.37	29.67	1.98	0.41
山　东	Shandong	296.00	21.44	60.35	76.05	23.36	125.20	12.96	6.45
河　南	Henan	57.91	7.36	8.04	21.08	13.75	17.43	4.01	1.12
湖　北	Hubei	70.58	6.50		29.16	13.07	21.23	13.70	3.06
湖　南	Hunan	90.34	5.21		42.72	37.51	32.92	9.48	3.54
广　东	Guangdong	183.32	5.77		76.34	59.13	9.90	91.30	6.93
广　西	Guangxi	85.00	3.08		36.17	16.00	41.04	4.71	3.38
海　南	Hainan	15.24	0.48		11.52	8.75	2.38	0.85	0.82
重　庆	Chongqing	62.09	7.36		11.45	4.13	42.08	1.19	0.20
四　川	Sichuan	51.55	2.66		18.36	7.95	27.59	2.94	0.77
贵　州	Guizhou	5.15	0.51		3.36	0.76	0.60	0.67	0.31
云　南	Yunnan	33.50	1.40		16.36	5.76	7.04	8.70	3.64
西　藏	Tibet	2.71					2.62	0.09	
陕　西	Shaanxi	61.05	3.08	5.43	15.98	3.71	33.72	2.83	0.66
甘　肃	Gansu	18.56	2.34	8.88	4.19	3.23	2.76	0.39	0.23
青　海	Qinghai	3.70	0.02	0.68	1.60	1.23	1.23	0.17	
宁　夏	Ningxia	10.03	0.56	1.42	3.14	2.65	4.26	0.64	0.40
新　疆	Xinjiang	44.80	5.84	9.12	11.57	1.44	16.09	2.17	0.24

资料来源：住房和城乡建设部。

Source: Ministry of Housing and Urban-Rural Development.

10-4 各地区工业污染治理投资来源情况(2009年)

Source of Investment in Treatment of Industrial Pollution by Region (2009)

单位：万元 (10000 yuan)

地区	Region	污染治理项目本年投资来源总额 Investment in Pollution Treatment Projects of the Year	排污费补助 Subsidy of Fee on Wastes Discharge	政府其他补助 Other Subsidy by Government	企业自筹 Independently Raise Money by Enterprises	#银行贷款 Bank Loan
全　国	**National Total**	**4426207**	**69515**	**140988**	**4215263**	**472564**
北　京	Beijing	34421		11836	22665	
天　津	Tianjin	180054	724	6103	173228	
河　北	Hebei	132272	4196	3250	124826	15764
山　西	Shanxi	386711	7525	11133	368054	5673
内蒙古	Inner Mongolia	178258	556	1461	176241	20500
辽　宁	Liaoning	196562	6551	6074	183937	42403
吉　林	Jilin	79255	1180	2525	75550	13765
黑龙江	Heilongjiang	99318	984	3704	94631	28547
上　海	Shanghai	68357	48	1006	67303	1075
江　苏	Jiangsu	270554	6230	4653	259671	21178
浙　江	Zhejiang	193574	2569	28239	162766	19220
安　徽	Anhui	108282	3236	634	104412	9000
福　建	Fujian	128692	265	2553	125874	12961
江　西	Jiangxi	39540	608	1047	37865	8550
山　东	Shandong	515832	3966	15498	496368	25731
河　南	Henan	154242	1247	2511	150484	2490
湖　北	Hubei	281332	3592	5602	271638	111458
湖　南	Hunan	133806	6951	2669	124187	3732
广　东	Guangdong	227464	266	3214	223984	2544
广　西	Guangxi	117118	570	829	115720	8709
海　南	Hainan	3563		45	3518	
重　庆	Chongqing	70747	3555	3724	63468	1925
四　川	Sichuan	96191	2226	3796	90169	9175
贵　州	Guizhou	89475	740	1590	87145	7501
云　南	Yunnan	94880	991	1562	92328	41264
西　藏	Tibet					
陕　西	Shaanxi	205999	4036	4087	197876	24077
甘　肃	Gansu	123302	3956	7262	112084	10313
青　海	Qinghai	29439	120	1677	27642	13000
宁　夏	Ningxia	43472	15	500	42957	843
新　疆	Xinjiang	143497	2615	2208	138674	11168

资料来源：环境保护部(以下各表同)。

Source: Ministry of Environmental Protection (the same as in the following tables).

10-5 各地区工业污染治理投资完成情况(2009年)

Completed Investment in Treatment of Industrial Pollution by Region (2009)

单位：万元 (10000 yuan)

地　区 Region	污染治理项目本年完成投资 Investment Completed in Pollution Treatment Projects	治理废水 Treatment of Waste water	治理废气 Treatment of Waste Gas	治理固体废物 Treatment of Solid Waste	治理噪声 Treatment of Noise Pollution	治理其他 Treatment of Other Pollution	本年竣工项目数(个) Number of Pojects Completed (unit)
全　国 National Total	**4426207**	**1494606**	**2324616**	**218536**	**14100**	**374349**	**8236**
北　京 Beijing	34421	1205	25718		12	7485	56
天　津 Tianjin	180054	40867	75921	546	399	62322	174
河　北 Hebei	132272	35817	91106		1399	3950	226
山　西 Shanxi	386711	103324	235574	19687	1742	26384	707
内蒙古 Inner Mongolia	178258	33155	123759	10194	120	11031	247
辽　宁 Liaoning	196562	36811	157287	1519	99	845	132
吉　林 Jilin	79255	26959	48409	435	18	3433	95
黑龙江 Heilongjiang	99318	45333	50109	755		3121	117
上　海 Shanghai	68357	9703	40746	11178	1598	5132	237
江　苏 Jiangsu	270554	145428	104853	3363	379	16531	600
浙　江 Zhejiang	193574	57672	108609	16756	58	10479	654
安　徽 Anhui	108282	19570	65880	80	471	22282	212
福　建 Fujian	128692	51298	61468	9433	1060	5434	435
江　西 Jiangxi	39540	17427	15339	3781	3	2989	110
山　东 Shandong	515832	237316	197084	28791	1045	51596	644
河　南 Henan	154242	66224	61147	5687	1105	20079	329
湖　北 Hubei	281332	54002	213918	5970	675	6768	273
湖　南 Hunan	133806	66315	58965	5375	405	2747	286
广　东 Guangdong	227464	84465	65649	11197	303	65851	883
广　西 Guangxi	117118	75922	28286	7090		5821	223
海　南 Hainan	3563	3216	142			205	14
重　庆 Chongqing	70747	28813	37522	590	676	3146	118
四　川 Sichuan	96191	52686	31900	6840	202	4564	307
贵　州 Guizhou	89475	6926	38747	35267	213	8323	197
云　南 Yunnan	94880	14808	63769	13399	424	2481	381
西　藏 Tibet							
陕　西 Shaanxi	205999	75181	106440	6676	1004	16699	186
甘　肃 Gansu	123302	56649	51173	13314	511	1656	154
青　海 Qinghai	29439	3885	25544		10		28
宁　夏 Ningxia	43472	12891	30198	15		369	84
新　疆 Xinjiang	143497	30742	109356	600	170	2629	127

10-6 各地区建设项目“三同时”执行情况(2009年)

Implementation of “Three-simultaneity” Construction Projects by Region (2009)

单位：项，亿元 (unit,100 million yuan)

地区 Region	当年建成投产项目数 Number of Projects Put into Production of the Year	应执行“三同时”项目数 Number of Projects Subject to “Three-simultaneity” Requirement	实际执行“三同时”项目数 Number of Projects Meeting “Three-simultaneity” Requirement	实际执行“三同时”项目投资总额 Total Investment in Projects Meeting “Three-simultaneity” Requirement	实际执行“三同时”项目环保投资总额 Total Investment in Environmental Protection Components for Projects Meeting "Three-simultaneity" Requirement
全 国 National Total	**79391**	**77690**	**97049**	**48393.1**	**1570.7**
北 京 Beijing	4306	3842	3784	1016.6	25.0
天 津 Tianjin	1073	1073	1073	570.3	29.6
河 北 Hebei	2425	2417	2746	813.5	76.4
山 西 Shanxi	1152	1152	1136	572.1	55.4
内蒙古 Inner Mongolia	1324	1313	1452	430.8	24.4
辽 宁 Liaoning	4648	4644	5010	898.8	32.3
吉 林 Jilin	1460	1460	1460	438.5	15.7
黑龙江 Heilongjiang	1389	1389	1614	209.8	13.8
上 海 Shanghai	4563	4560	4563	1721.8	89.3
江 苏 Jiangsu	9968	9910	10175	4349.5	110.0
浙 江 Zhejiang	11184	11114	11047	2658.5	79.6
安 徽 Anhui	2011	1997	1997	829.3	35.1
福 建 Fujian	2864	2664	5816	1243.4	42.9
江 西 Jiangxi	1804	1642	1594	122.8	18.0
山 东 Shandong	3486	3481	8300	1623.8	111.9
河 南 Henan	3711	3701	3844	894.2	48.0
湖 北 Hubei	2141	2134	2148	2085.8	51.9
湖 南 Hunan	784	784	991	322.6	42.7
广 东 Guangdong	4804	4707	13827	546.3	34.1
广 西 Guangxi	3478	3472	3729	412.0	35.5
海 南 Hainan	94	92	168	180.9	4.1
重 庆 Chongqing	1713	1713	1691	1847.9	40.6
四 川 Sichuan	1806	1806	1806	453.8	42.4
贵 州 Guizhou	1283	1202	1202	80.1	7.1
云 南 Yunnan	1302	1302	1302	461.8	36.6
西 藏 Tibet			13		
陕 西 Shaanxi	1101	1101	1099	511.9	37.4
甘 肃 Gansu	526	521	501	96.9	13.5
青 海 Qinghai	308	308	389	85.0	5.6
宁 夏 Ningxia	581	581	579	145.2	14.4
新 疆 Xinjiang	1828	1343	1702	247.8	19.1

10-7 各地区林业建设资金到位情况(2009年)
Available Funds of Investment in Forestry Construction by Region (2009)

单位：万元 (10000 yuan)

地区	Region	合计 Source of Funds	国家预算内资金 State Budgetary Appropria-tions	#国债资金 Treasury Bonds	#中央财政专项资金 Earmarked Central Funds
全国	**National Total**	**13778576**	**8382439**	**599646**	**4606649**
北京	Beijing	405273	340440	2860	2994
天津	Tianjin	30572	8259	5000	2449
河北	Hebei	541901	400201	2441	293478
山西	Shanxi	620845	350619	8764	142757
内蒙古	Inner Mongolia	721192	714157	85483	408329
辽宁	Liaoning	432777	378942	24154	94595
吉林	Jilin	493775	289757		170601
黑龙江	Heilongjiang	899998	547477	34082	374999
上海	Shanghai	107027	90357	700	
江苏	Jiangsu	663666	22146	11127	5435
浙江	Zhejiang	405379	215607	790	5488
安徽	Anhui	168649	126079	9787	96883
福建	Fujian	193054	60683		21953
江西	Jiangxi	339813	161587	18702	130333
山东	Shandong	662342	153354		16620
河南	Henan	728770	202708		116733
湖北	Hubei	262951	193382	22807	138660
湖南	Hunan	403439	286376	49097	202214
广东	Guangdong	361582	304537	6505	20669
广西	Guangxi	443573	220712	34090	137389
海南	Hainan	73312	36729	2720	25014
重庆	Chongqing	532465	343392	11983	217690
四川	Sichuan	1679963	856010	535	636095
贵州	Guizhou	341158	340191		170701
云南	Yunnan	467020	324383	42606	188185
西藏	Tibet	56573	56573		45319
陕西	Shaanxi	468484	379505	94863	252088
甘肃	Gansu	482817	353667	29681	316741
青海	Qinghai	119745	114690	12957	75908
宁夏	Ningxia	110831	94672	9194	82622
新疆	Xinjiang	341161	272473	41912	145120
大兴安岭	Daxinganling	179037	106771	34554	68587

注：全国合计数包括国家林业局直属单位数据。
资料来源：国家林业局(下表同)。
Note:Data of national total include the units directly under State Forestry Administration.
Source: State Forestry Administration (the same as in the following table).

10-7 续表 continued

单位：万元 (10000 yuan)

地 区	Region	国内贷款 Domestic Loans	利用外资 Foreign Capital	自筹资金 Enterprise Fundraising	其他资金 Other Funds
全 国	**National Total**	**741040**	**135317**	**2181424**	**2338356**
北 京	Beijing			15326	49507
天 津	Tianjin				22313
河 北	Hebei	51000	1580	16460	72660
山 西	Shanxi			253547	16679
内蒙古	Inner Mongolia		641	6315	79
辽 宁	Liaoning		608	40154	13073
吉 林	Jilin	1000	8428	66893	127697
黑龙江	Heilongjiang		668	220586	131267
上 海	Shanghai			8459	8211
江 苏	Jiangsu	200	1938	592870	46512
浙 江	Zhejiang	141750	38288	3934	5800
安 徽	Anhui	3728	553	14290	23999
福 建	Fujian	61100	21805	8866	40600
江 西	Jiangxi		4976	18009	155241
山 东	Shandong	90015	718	113292	304963
河 南	Henan	153956	15000	224600	132506
湖 北	Hubei		3191	25502	40876
湖 南	Hunan		380	59049	57634
广 东	Guangdong	1903	11239	18674	25229
广 西	Guangxi	56968	14050	94781	57062
海 南	Hainan				36583
重 庆	Chongqing	116509	53	27494	45017
四 川	Sichuan	44966	3863	207777	567347
贵 州	Guizhou		157	810	
云 南	Yunnan	525	90	18119	123903
西 藏	Tibet				
陕 西	Shaanxi			6748	82231
甘 肃	Gansu	13000	2733	693	112724
青 海	Qinghai		3962	1093	
宁 夏	Ningxia	3700		180	12279
新 疆	Xinjiang	720	396	57538	10034
大兴安岭	Daxinganling			55936	16330

10-8 各地区林业营林固定资产投资完成情况(2009年)

Completed Investment in Fixed Assets for Silviculture Performance in Forestry by Region(2009)

单位：万元 (10000 yuan)

地 区	Region	本年完成投资 Completed Investment During the Year	#国家投资 State Investment	营造林业固定资产投资 Silviculture Performance 基本建设 Infrastructure	更新改造 Renovation	本年新增固定资产 Newly Increased Fixed Assets
全 国	**National Total**	**13513349**	**7104764**	**11095168**	**66693**	**4622205**
北 京	Beijing	339462	286613	290991	48471	74109
天 津	Tianjin	30572	8259	30572		30572
河 北	Hebei	330527	281817	330527		171405
山 西	Shanxi	620845	350619	620845		4344
内蒙古	Inner Mongolia	679629	672270	661355		123672
辽 宁	Liaoning	331567	280366	331567		201754
吉 林	Jilin	445644	264834	254894	226	179037
黑龙江	Heilongjiang	834066	532587	495889	403	377407
上 海	Shanghai	64986	35507	64986		17627
江 苏	Jiangsu	738587	33954	738387	200	48361
浙 江	Zhejiang	47302	33278	47152		29460
安 徽	Anhui	130358	90191	128975	1383	57996
福 建	Fujian	40710	19000	38337		19300
江 西	Jiangxi	232054	146682	229554	2000	122694
山 东	Shandong	212444	32577	205929	6515	69158
河 南	Henan	570593	202708	570593		89042
湖 北	Hubei	279846	198023	268364	5642	92451
湖 南	Hunan	312354	240604	312351		132128
广 东	Guangdong	78135	18733	78135		23732
广 西	Guangxi	2680619	333407	981409		1207468
海 南	Hainan	27994	17095	27994		
重 庆	Chongqing	573208	415213	573208		147216
四 川	Sichuan	1605475	771024	1600043		196698
贵 州	Guizhou	331912	301047	331912		244391
云 南	Yunnan	372359	263759	364920	313	92250
西 藏	Tibet	25250	25250	25250		2300
陕 西	Shaanxi	401925	337258	400155	1540	267011
甘 肃	Gansu	466615	383201	466615		232882
青 海	Qinghai	119745	111105	119745		119745
宁 夏	Ningxia	108396	95635	108396		32654
新 疆	Xinjiang	282271	199774	281406		114677
大兴安岭	Daxinganling	158467	86371	75280		71624

注：全国合计数包括国家林业局直属单位数据。

Note:Data of national total include the units directly under State Forestry Administration.

十一、 城市环境

Urban Environment

11-1 全国历年城市环境情况(2000-2009年)

Urban Environment in Past Years (2000-2009)

年 份 Year	城市个数 (个) Number of Cities (unit)	城区面积 (万平方公里) Urban Area (10000 sq.km)	建设用地面积 (万平方公里) Area of Land Used for Urban Construction (10000 sq.km)	人均日生活用水量 (升) Daily Household Water Consumption per Capita (liter)	用水普及率 (%) Water Access Rate (%)	城市污水排放量 (亿立方米) Waste Water Discharged (100 million cu.m)	城市污水处理率 (%) Waste Water Treatment Rate (%)
2000	663	87.8	2.2	220.2	63.9	331.8	34.3
2001	662	60.8	2.4	216.0	72.3	328.6	36.4
2002	660	46.7	2.7	213.0	77.9	337.6	40.0
2003	660	39.9	2.9	210.9	86.2	349.2	42.1
2004	661	39.5	3.1	210.8	88.9	356.5	45.7
2005	661	41.3		204.1	91.1	359.5	52.0
2006	656	16.7	3.2	188.3	86.1	362.5	55.7
2007	655	17.6	3.6	178.4	93.8	361.0	62.9
2008	655	17.8	3.9	178.2	94.7	364.9	70.2
2009	655	17.5	3.9	176.6	96.1	371.2	75.3

注：2006年起住房和城乡建设部《城市建设统计制度》修订，统计范围、口径及部分指标计算方法都有所调整，故不能与2005年直接比较。

Note:Urban Construction Statistical System had been amended by Ministry of Housing and Urban-Rural Development in 2006. Scope, caliber and calculated method of some indicators are adjusted,so it can not be directly compared with data of 2005.

11-1 续表 continued

年 份 Year	城市燃气普及率 (%) Gas Access Rate (%)	生活垃圾清运量 (万吨) Volume of Garbage Disposal (10000 tons)	生活垃圾无害化处理率 (%) Proportion of Harmless Treated Garbage (%)	供热面积 (万平方米) Heated Area (10000 sq.m)	建成区绿化覆盖率 (%) Green Covered Area as % of Completed Area (%)	人均公园绿地面积 (平方米) Park Green Land per Capita (sq.m)
2000	45.4	11819		110766	28.2	3.7
2001	59.7	13470	58.2	146329	28.4	4.6
2002	67.2	13650	54.2	155567	29.8	5.4
2003	76.7	14857	50.8	188956	31.2	6.5
2004	81.5	15509	52.1	216266	31.7	7.4
2005	82.1	15577	51.7	252056	32.5	7.9
2006	79.1	14841	52.2	265853	35.1	8.3
2007	87.4	15215	62.0	300591	35.3	9.0
2008	89.6	15438	66.8	348948	37.4	9.7
2009	91.4	15734	71.4	379574	38.2	10.7

11-2 主要城市空气质量指标(2009年)
Ambient Air Quality in Major Cities (2009)

单位：毫克/立方米,天,% (milligram/cu.m, day, %)

城市	City	可吸入颗粒物 (PM_{10}) Paticulate Matters	二氧化硫 (SO_2) Sulphur Dioxide	二氧化氮 (NO_2) Nitrogen Dioxide	空气质量达到二级以上的天数 Days of Air Quality Equal to or Above Grade II	空气质量达到二级以上天数占全年比重 Proportion of Days of Air Quality Equal to or Above Grade II in the Whole Year
北　京	Beijing	0.121	0.034	0.053	285	78.1
天　津	Tianjin	0.101	0.056	0.040	307	84.1
石家庄	Shijiazhuang	0.104	0.045	0.035	318	87.1
太　原	Taiyuan	0.106	0.075	0.022	296	81.1
呼和浩特	Hohhot	0.074	0.049	0.040	346	94.8
沈　阳	Shenyang	0.110	0.059	0.037	328	89.9
长　春	Dalian	0.085	0.034	0.043	340	93.2
哈尔滨	Harbin	0.101	0.046	0.054	311	85.2
上　海	Shanghai	0.081	0.035	0.053	334	91.5
南　京	Nanjing	0.100	0.035	0.048	315	86.3
杭　州	Hangzhou	0.097	0.041	0.052	327	89.6
合　肥	Hefei	0.111	0.023	0.027	321	87.9
福　州	Fuzhou	0.064	0.014	0.040	353	96.7
南　昌	Nanchang	0.079	0.054	0.037	347	95.1
济　南	Jinan	0.123	0.050	0.025	295	80.8
郑　州	Zhengzhou	0.099	0.053	0.046	322	88.2
武　汉	Wuhan	0.105	0.044	0.054	301	82.5
长　沙	Changsha	0.092	0.039	0.042	333	91.2
广　州	Guangzhou	0.070	0.039	0.056	347	95.1
南　宁	Nanning	0.050	0.032	0.028	362	99.2
海　口	Haikou	0.038	0.007	0.016	365	100.0
重　庆	Chongqing	0.105	0.053	0.037	303	83.0
成　都	Chengdu	0.111	0.038	0.055	315	86.3
贵　阳	Guiyang	0.074	0.058	0.026	347	95.1
昆　明	Kunming	0.067	0.041	0.046	365	100.0
拉　萨	Lhasa	0.050	0.008	0.021	361	98.9
西　安	Xi'an	0.113	0.048	0.046	304	83.3
兰　州	Lanzhou	0.150	0.059	0.043	236	64.7
西　宁	Xining	0.141	0.042	0.032	280	76.7
银　川	Yinchuan	0.090	0.044	0.031	328	89.9
乌鲁木齐	Urumqi	0.140	0.093	0.068	262	71.8

资料来源：环境保护部。

Source:Ministry of Environmental Protection.

11-3 各地区城市面积和建设用地情况(2009年)

Basic Statistics on Urban Area and Land Used for Construction by Region(2009)

单位:平方公里 (sq.km)

地 区	Region	城区面积 Urban Area	#建成区面积 Area of Built Districts	城市建设用地面积 Area of Land Used for Urban Construction 小计 Sub-total	居住用地 Residential Area	公共设施用地 Area for Public Utilities	工业用地 Area for Industrial Operation	仓储用地 Area for Storage
全 国	**National Total**	**175463.6**	**38107.3**	**38726.9**	**12056.2**	**4848.2**	**8626.7**	**1226.6**
北 京	Beijing	12187.0	1349.8	1349.8	383.3	233.1	291.2	38.1
天 津	Tianjin	2236.1	662.3	662.3	185.1	78.5	149.1	45.3
河 北	Hebei	6517.1	1577.5	1499.3	478.7	186.0	317.8	60.4
山 西	Shanxi	3270.4	822.9	833.1	257.9	95.8	169.8	31.8
内蒙古	Inner Mongolia	8330.1	975.5	905.2	296.8	113.1	168.3	35.7
辽 宁	Liaoning	10924.9	2030.7	2082.0	690.7	200.5	502.1	83.2
吉 林	Jilin	7322.4	1193.3	1144.4	388.5	128.1	245.2	42.2
黑龙江	Heilongjiang	3135.6	1566.1	1682.8	609.5	181.4	335.5	81.8
上 海	Shanghai	6340.5						
江 苏	Jiangsu	11395.9	3046.4	3167.6	966.1	373.2	852.1	85.6
浙 江	Zhejiang	10113.8	2033.3	2110.6	570.5	226.8	548.9	43.1
安 徽	Anhui	5704.3	1377.7	1452.1	454.7	170.0	308.8	35.1
福 建	Fujian	4334.4	918.6	881.4	264.0	119.7	199.0	18.0
江 西	Jiangxi	1626.8	856.9	888.2	271.0	137.1	187.1	21.2
山 东	Shandong	18814.8	3373.6	3346.6	983.5	483.3	734.4	107.5
河 南	Henan	4025.8	1913.3	1828.4	525.8	261.7	357.0	61.1
湖 北	Hubei	9124.4	1616.4	1629.4	462.6	244.8	357.5	68.7
湖 南	Hunan	3630.1	1238.5	1439.4	450.4	249.5	268.1	49.3
广 东	Guangdong	18063.8	4434.1	4688.8	1440.9	431.7	1321.4	118.3
广 西	Guangxi	5662.6	880.6	845.8	265.9	113.8	171.2	26.6
海 南	Hainan	826.0	214.8	204.3	71.1	32.8	19.5	2.9
重 庆	Chongqing	5590.6	783.3	769.6	279.1	78.1	173.7	10.9
四 川	Sichuan	5491.7	1509.5	1473.2	485.6	207.4	304.2	32.4
贵 州	Guizhou	1657.9	460.3	496.5	145.2	69.5	86.1	17.6
云 南	Yunnan	1851.6	666.6	755.1	326.3	75.5	115.8	19.5
西 藏	Tibet	295.0	81.3	79.2	27.1	11.7	7.1	3.7
陕 西	Shaanxi	1405.6	685.6	667.6	207.1	122.3	130.0	21.8
甘 肃	Gansu	1397.7	604.4	566.7	153.8	67.3	103.1	22.3
青 海	Qinghai	512.3	112.4	112.0	42.8	5.6	17.8	5.1
宁 夏	Ningxia	2425.7	321.1	331.6	99.3	50.2	45.8	10.4
新 疆	Xinjiang	1248.9	800.4	834.2	273.2	99.7	138.9	27.2

资料来源：住房和城乡建设部(以下各表同)。
Source: Ministry of Housing and Urban-Rural Development(the same as in the following tables).

11-3 续表 continued

单位:平方公里 (sq.km)

地 区	Region	城市建设用地面积 Area of Land Used for Urban Construction					本年征用土地面积 Area of Land Requisition of the Year	
		对外交通用地 Area for Traffic System	道路广场用地 Area for Roads & Plazas	市政公用设施用地 Area for Municipal Facilities	绿 地 Green Land	特殊用地 Area for Specific Purpose		#耕地 Arable Land
全 国	**National Total**	**1673.0**	**4368.9**	**1299.6**	**3868.3**	**759.5**	**1504.7**	**564.6**
北 京	Beijing	51.2	158.9	39.1	140.0	15.0		
天 津	Tianjin	27.9	69.8	20.7	75.3	10.7	60.5	19.4
河 北	Hebei	68.0	154.8	50.7	142.0	40.9	38.6	12.6
山 西	Shanxi	47.2	73.6	56.2	83.9	16.8	33.4	6.4
内蒙古	Inner Mongolia	33.5	91.4	29.1	119.7	17.6	31.7	5.6
辽 宁	Liaoning	87.1	203.8	59.0	201.9	53.9	83.8	39.2
吉 林	Jilin	58.0	125.5	32.4	95.8	28.7	28.7	17.3
黑龙江	Heilongjiang	71.5	173.6	40.4	151.4	37.7	40.7	3.1
上 海	Shanghai							
江 苏	Jiangsu	123.4	350.2	91.6	284.2	41.4	159.6	71.4
浙 江	Zhejiang	109.1	278.7	74.7	220.6	38.2	104.7	58.5
安 徽	Anhui	52.0	170.2	39.6	204.0	17.7	106.2	57.2
福 建	Fujian	40.8	112.6	28.8	82.1	16.5	17.8	6.6
江 西	Jiangxi	32.8	107.0	27.8	95.4	8.8	25.2	5.3
山 东	Shandong	120.3	384.7	111.5	379.0	42.3	83.4	19.4
河 南	Henan	89.0	219.7	67.5	213.7	32.8	30.3	13.3
湖 北	Hubei	90.0	161.6	77.5	130.4	36.4	53.8	8.4
湖 南	Hunan	76.9	145.2	58.2	117.8	24.2	39.3	8.8
广 东	Guangdong	178.2	567.4	116.0	419.9	95.0	63.6	11.8
广 西	Guangxi	35.2	94.1	33.3	79.8	25.9	57.3	16.3
海 南	Hainan	15.1	25.0	5.4	25.8	6.7		
重 庆	Chongqing	24.9	117.7	18.3	55.3	11.5	22.9	10.2
四 川	Sichuan	60.7	190.5	43.7	126.4	22.3	92.4	47.7
贵 州	Guizhou	34.0	44.3	13.1	77.4	9.4	3.8	1.2
云 南	Yunnan	36.4	49.3	56.8	47.1	28.5	240.4	79.5
西 藏	Tibet	4.2	5.7	4.7	7.0	8.1		
陕 西	Shaanxi	27.1	75.0	18.7	53.4	12.2	44.9	25.9
甘 肃	Gansu	24.4	68.3	22.3	92.5	12.5	20.1	11.0
青 海	Qinghai	10.6	5.9	11.7	5.0	7.4	0.7	0.4
宁 夏	Ningxia	16.5	42.8	14.4	47.6	4.6	13.2	4.3
新 疆	Xinjiang	27.4	101.7	36.3	94.0	35.8	7.8	4.2

11-4 各地区城市市政设施情况(2009年)
Urban Municipal Facilities by Region (2009)

地 区	Region	道路长度(公里) Length of Roads (km)	道路面积(万平方米) Area of Roads (10000 sq.m)	城市桥梁(座) Number of Bridges (unit)	#立交桥数 Inter-section Bridges
全 国	**National Total**	**269141**	**481947**	**51068**	**3480**
北 京	Beijing	6247	9179	1765	393
天 津	Tianjin	5482	8357	460	64
河 北	Hebei	10395	23399	1436	188
山 西	Shanxi	5652	9605	433	94
内蒙古	Inner Mongolia	5611	10789	305	52
辽 宁	Liaoning	12866	21857	1462	237
吉 林	Jilin	7000	11174	593	117
黑龙江	Heilongjiang	9866	12720	717	152
上 海	Shanghai	4401	8609	1973	46
江 苏	Jiangsu	30003	50075	12296	250
浙 江	Zhejiang	14773	28244	7611	155
安 徽	Anhui	9718	17974	1088	129
福 建	Fujian	6380	11959	1207	63
江 西	Jiangxi	5313	9362	562	57
山 东	Shandong	30793	55756	4251	235
河 南	Henan	9018	20535	1011	105
湖 北	Hubei	13583	23298	1593	74
湖 南	Hunan	8197	14967	565	70
广 东	Guangdong	31348	54810	6199	375
广 西	Guangxi	5976	11007	567	73
海 南	Hainan	1391	2816	140	7
重 庆	Chongqing	4882	8953	918	123
四 川	Sichuan	9084	17293	1555	164
贵 州	Guizhou	2226	3356	358	28
云 南	Yunnan	3471	6595	487	38
西 藏	Tibet	321	619	29	1
陕 西	Shaanxi	4604	9995	537	100
甘 肃	Gansu	3302	6018	357	30
青 海	Qinghai	690	1286	67	4
宁 夏	Ningxia	1610	3627	155	23
新 疆	Xinjiang	4940	7715	371	33

11-4 续表 continued

地 区	Region	城市道路照明灯（千盏）Number of Road Lamps (unit)	排水管道长度（公里）Length of Drainage Pipes (km)	#污水管道 Sewers	防洪堤长度（公里）Length of Flood Control Dikes (km)
全 国	**National Total**	**16942.8**	**343892**	**121063**	**34698**
北 京	Beijing	293.5	9344	4495	973
天 津	Tianjin	186.1	14531	7094	1994
河 北	Hebei	559.5	13120	4262	872
山 西	Shanxi	360.1	4864	1779	720
内蒙古	Inner Mongolia	540.5	6681	4947	661
辽 宁	Liaoning	1337.4	13350	2540	1178
吉 林	Jilin	405.1	7297	2479	865
黑龙江	Heilongjiang	533.6	7445	1904	802
上 海	Shanghai	401.8	10213	4482	1124
江 苏	Jiangsu	1981.8	42826	18351	8137
浙 江	Zhejiang	996.6	24456	11047	1810
安 徽	Anhui	498.3	11333	3932	1127
福 建	Fujian	403.6	8565	3628	457
江 西	Jiangxi	460.6	6563	2088	434
山 东	Shandong	1280.7	38656	14584	2321
河 南	Henan	703.7	13896	4832	810
湖 北	Hubei	452.7	14885	2875	2344
湖 南	Hunan	422.8	7810	2437	1043
广 东	Guangdong	1617.8	38346	4616	2638
广 西	Guangxi	450.1	5650	1056	329
海 南	Hainan	124.8	2286	611	74
重 庆	Chongqing	480.1	6651	2491	424
四 川	Sichuan	663.4	12883	4479	1342
贵 州	Guizhou	205.2	3135	1148	170
云 南	Yunnan	252.9	4049	1762	644
西 藏	Tibet	23.7	343		37
陕 西	Shaanxi	495.3	4894	2195	331
甘 肃	Gansu	175.2	3053	1406	595
青 海	Qinghai	67.5	907	513	41
宁 夏	Ningxia	209.3	1779	909	140
新 疆	Xinjiang	359.4	4081	2121	261

11-5 各地区城市供水和用水情况(2009年)
Urban Water Supply and Use by Region (2009)

单位: 万立方米 (10000 cu.m)

地 区	Region	供水总量 Total Water Supply	售水量按用途分 Water for Sale Classify by Purpose				
			合 计 Total	生产运营用水 Production & Operation	公共服务用水 Public Service	居民家庭用水 Household Use	其他用水 Other
全 国	**National Total**	**4967467**	**4236531**	**1668009**	**630645**	**1695680**	**242198**
北 京	Beijing	151815	134949	24506	45617	58954	5873
天 津	Tianjin	70138	59930	25066	8616	20897	5351
河 北	Hebei	156991	138411	65541	17160	52202	3508
山 西	Shanxi	82193	76202	31819	8570	32116	3698
内蒙古	Inner Mongolia	55197	48746	21956	7640	14202	4949
辽 宁	Liaoning	288732	229892	120376	36169	56301	17045
吉 林	Jilin	97242	72886	29596	14132	26413	2746
黑龙江	Heilongjiang	165449	144119	84273	16112	39321	4413
上 海	Shanghai	341389	277259	102564	47813	97327	29555
江 苏	Jiangsu	449037	391851	185461	49582	134058	22750
浙 江	Zhejiang	269809	232992	93852	27384	101906	9851
安 徽	Anhui	162243	139339	67702	18316	49072	4248
福 建	Fujian	134264	120555	45115	14321	51454	9665
江 西	Jiangxi	92540	75045	18884	16267	37083	2812
山 东	Shandong	275592	249616	117149	34306	90297	7865
河 南	Henan	173377	148047	65746	19803	54378	8120
湖 北	Hubei	248944	203699	65193	30389	98167	9951
湖 南	Hunan	179560	144122	41769	18594	75364	8395
广 东	Guangdong	785071	658182	227176	102600	288510	39896
广 西	Guangxi	138981	124850	52855	16985	53262	1747
海 南	Hainan	31176	26596	2134	3664	14726	6071
重 庆	Chongqing	77146	69707	22326	7872	36705	2804
四 川	Sichuan	163875	144110	43229	24614	71550	4717
贵 州	Guizhou	44291	36472	8157	3996	22013	2307
云 南	Yunnan	61461	50432	16688	4707	27249	1788
西 藏	Tibet	7342	5639	1587	1398	1482	1171
陕 西	Shaanxi	83059	73935	24489	14160	31592	3694
甘 肃	Gansu	60618	55775	23851	7403	20214	4308
青 海	Qinghai	16835	14492	6541	1117	5779	1056
宁 夏	Ningxia	27882	26245	12198	3819	7848	2380
新 疆	Xinjiang	75215	62436	20213	7518	25241	9464

11-5 续表 continued

地 区	Region	用水人口 (万人) Population with Access to Water Supply (10000 persons)	人均日生活用水量 (升) Daily Household Water Consumption per Capita (liter)	用水普及率 (%) Water Access Rate (%)
全 国	**National Total**	**36214.2**	**176.6**	**96.1**
北 京	Beijing	1491.8	192.1	100.0
天 津	Tianjin	607.3	133.2	100.0
河 北	Hebei	1527.1	124.8	100.0
山 西	Shanxi	914.3	122.1	95.4
内蒙古	Inner Mongolia	696.5	86.0	87.9
辽 宁	Liaoning	2041.7	124.2	97.2
吉 林	Jilin	906.9	123.0	88.8
黑龙江	Heilongjiang	1172.8	129.7	86.6
上 海	Shanghai	1921.3	207.0	100.0
江 苏	Jiangsu	2443.9	207.2	99.7
浙 江	Zhejiang	1758.9	201.6	99.8
安 徽	Anhui	1148.6	161.0	95.3
福 建	Fujian	942.5	191.9	99.2
江 西	Jiangxi	758.4	194.2	98.0
山 东	Shandong	2648.4	129.9	99.5
河 南	Henan	1737.8	118.5	88.3
湖 北	Hubei	1640.8	215.0	97.5
湖 南	Hunan	1127.6	229.5	94.8
广 东	Guangdong	4238.7	253.1	97.7
广 西	Guangxi	743.7	259.1	94.4
海 南	Hainan	190.1	265.1	89.7
重 庆	Chongqing	865.5	141.5	94.6
四 川	Sichuan	1348.0	196.0	89.7
贵 州	Guizhou	491.2	146.0	92.1
云 南	Yunnan	634.4	138.6	96.2
西 藏	Tibet	43.0	213.5	92.5
陕 西	Shaanxi	762.2	164.7	98.1
甘 肃	Gansu	477.9	158.6	89.7
青 海	Qinghai	111.5	176.5	99.5
宁 夏	Ningxia	212.7	150.7	97.2
新 疆	Xinjiang	608.8	148.7	99.0

11-6 各地区城市节约用水情况(2009年)
Urban Water Saving by Region (2009)

单位：万立方米 (10000 cu.m)

地　区	Region	实际用水量 Actual Quantity of Water Used					
		合　计 Total	#工业 Industry	新水取用量 New Water Source Used	#工业 Industry	重复利用量 Recycled Use	#工业 Industry
全　国	**National Total**	**8587140**	**7158824**	**2064014**	**1028179**	**6523126**	**6130645**
北　京	Beijing	221018	19043	190842	19043	30176	
天　津	Tianjin	29239	28384	1568	1021	27671	27363
河　北	Hebei	792389	774763	54565	39294	737824	735469
山　西	Shanxi	756277	715886	66799	35877	689478	680009
内蒙古	Inner Mongolia	73482	45463	44734	19314	28748	26149
辽　宁	Liaoning	1205759	1096044	181557	89875	1024202	1006169
吉　林	Jilin	369835	341761	120048	93438	249787	248323
黑龙江	Heilongjiang	307803	233664	172936	137625	134867	96039
上　海	Shanghai	270613	196514	86675	35176	183938	161338
江　苏	Jiangsu	869540	657298	233164	135138	636376	522160
浙　江	Zhejiang	192560	153923	57125	35373	135435	118550
安　徽	Anhui	328194	312113	34347	20836	293847	291277
福　建	Fujian	103312	76449	39835	15242	63477	61207
江　西	Jiangxi	28674	7210	13282	2530	15392	4680
山　东	Shandong	1146869	1010707	185169	86372	961700	924335
河　南	Henan	404530	322675	96770	45193	307760	277482
湖　北	Hubei	291121	249135	78019	42835	213102	206300
湖　南	Hunan	37641	22960	30120	15862	7521	7098
广　东	Guangdong	167373	115324	79711	28435	87662	86889
广　西	Guangxi	272851	225954	67079	21562	205772	204392
海　南	Hainan	23117	4950	16017	1200	7100	3750
重　庆	Chongqing	14537	1997	14445	1905	92	92
四　川	Sichuan	76448	23721	34607	14585	41841	9136
贵　州	Guizhou	93690	83354	44887	35017	48803	48337
云　南	Yunnan	17737	12201	9792	4612	7945	7589
西　藏	Tibet						
陕　西	Shaanxi	212992	190116	38388	16896	174604	173220
甘　肃	Gansu	235522	215415	41590	23237	193932	192178
青　海	Qinghai	3852	1144	2034	660	1818	484
宁　夏	Ningxia	21176	16120	10654	6023	10522	10097
新　疆	Xinjiang	18989	4536	17255	4003	1734	533

11-6 续表 continued

单位：万立方米 (10000 cu.m)

地 区	Region	节约用水量 Water Saved	#工 业 Industry	重复利用率(%) Reuse Rate (%)	工业用水重复利用率 Reuse Rate for Industrial Purpose
全 国	**National Total**	**628692**	**507497**	**75.96**	**85.64**
北 京	Beijing	11190	3707	13.65	
天 津	Tianjin	1508	989	94.64	96.40
河 北	Hebei	16155	13259	93.11	94.93
山 西	Shanxi	13602	9659	91.17	94.99
内蒙古	Inner Mongolia	10890	7893	39.12	57.52
辽 宁	Liaoning	36233	26025	84.94	91.80
吉 林	Jilin	12963	11382	67.54	72.66
黑龙江	Heilongjiang	8355	7212	43.82	41.10
上 海	Shanghai	22085	14424	67.97	82.10
江 苏	Jiangsu	35959	30430	73.19	79.44
浙 江	Zhejiang	13927	8490	70.33	77.02
安 徽	Anhui	246542	243898	89.53	93.32
福 建	Fujian	9474	3296	61.44	80.06
江 西	Jiangxi	1096	224	53.68	64.91
山 东	Shandong	46892	35331	83.85	91.45
河 南	Henan	13512	9030	76.08	85.99
湖 北	Hubei	15669	8383	73.20	82.81
湖 南	Hunan	6562	3344	19.98	30.91
广 东	Guangdong	15705	4772	52.38	75.34
广 西	Guangxi	11143	9216	75.42	90.46
海 南	Hainan	1700	650	30.71	75.76
重 庆	Chongqing	3310	151	0.63	4.61
四 川	Sichuan	34439	32406	54.73	38.51
贵 州	Guizhou	10631	10316	52.09	57.99
云 南	Yunnan	2613	120	44.79	62.20
西 藏	Tibet				
陕 西	Shaanxi	11334	7639	81.98	91.11
甘 肃	Gansu	5896	2846	82.34	89.21
青 海	Qinghai	226	226	47.20	42.31
宁 夏	Ningxia	1935	957	49.69	62.64
新 疆	Xinjiang	7146	1222	9.13	11.75

11-7 各地区城市污水排放和处理情况(2009年)
Urban Waste Water Discharged and Treated by Region (2009)

地 区	Region	城市污水排放量(万立方米) Waste Water Discharged (10000 cu.m)	污水处理厂(座) Waste Water Treatment Plants (unit)	#二、三级处理 Secondary & Tertiary Treatment	污水处理厂污水处理能力(万立方米/日) Treatment Capacity (10000 cu.m/day)	#二、三级处理 Secondary & Tertiary Treatment	污水处理厂污水处理量(万立方米) Quantity of Waste Water Treated (10000 cu.m)
全 国	**National Total**	**3712129**	**1214**	**1098**	**9052.2**	**8068.3**	**2442445**
北 京	Beijing	136511	34	34	356.0	356.0	106272
天 津	Tianjin	68325	23	23	197.7	197.7	51233
河 北	Hebei	127979	63	59	453.1	426.8	106974
山 西	Shanxi	58290	32	29	153.7	130.7	38530
内蒙古	Inner Mongolia	42444	26	23	136.7	123.2	31922
辽 宁	Liaoning	236611	46	41	444.8	412.6	133962
吉 林	Jilin	70180	20	16	193.1	172.5	43990
黑龙江	Heilongjiang	114627	20	19	174.7	149.7	35679
上 海	Shanghai	231088	43	40	654.0	479.7	205607
江 苏	Jiangsu	325535	155	132	827.1	602.8	213319
浙 江	Zhejiang	207498	57	54	527.8	519.3	153809
安 徽	Anhui	117004	36	28	268.8	225.3	73006
福 建	Fujian	100675	37	35	246.5	226.1	64736
江 西	Jiangxi	69113	29	29	192.6	192.6	46439
山 东	Shandong	229929	111	93	679.9	560.3	193738
河 南	Henan	141895	55	48	432.3	376.3	116208
湖 北	Hubei	164412	47	42	366.3	324.3	104617
湖 南	Hunan	152604	42	42	317.2	317.2	62356
广 东	Guangdong	497575	115	107	1016.8	945.0	305646
广 西	Guangxi	109946	22	22	186.5	186.5	40174
海 南	Hainan	21338	5	5	61.0	61.0	11622
重 庆	Chongqing	61830	27	25	184.3	176.3	54427
四 川	Sichuan	139196	52	49	313.0	301.0	85160
贵 州	Guizhou	30921	17	15	79.5	71.5	17381
云 南	Yunnan	47720	23	23	115.0	115.0	35932
西 藏	Tibet	6403					
陕 西	Shaanxi	66881	19	14	149.8	114.5	37665
甘 肃	Gansu	43064	18	16	100.9	94.4	23905
青 海	Qinghai	10872	3	3	17.8	17.8	5046
宁 夏	Ningxia	37306	10	9	54.5	50.5	12158
新 疆	Xinjiang	44357	27	23	150.8	141.7	30932

11-7 续表 continued

地 区	Region	其他污水处理装置 Other Waste Water Treatment Facilities 处理能力(万立方米/日) Treatment Capacity (10000 cu.m/day)	处理量(万吨) Quantity of Treatment (10000 tons)	污水处理总能力(万立方米/日) Total Treatment Capacity (10000 cu.m/day)	污水处理总量(万吨) Total Quantity of Waste Water Treated (10000 tons)	污水再生利用量(万吨) Total Quantity of Waste Water Recycled & Reused (10000 tons)	城市污水处理率(%) Waste Water Treatment Rate (%)	#污水处理厂集中处理率 Waste Water Treatment Concentration Rate
全 国	**National Total**	**3131.7**	**351377**	**12183.9**	**2793457**	**239951**	**75.3**	**65.8**
北 京	Beijing	20.7	3332	376.7	109604	64999	80.3	77.9
天 津	Tianjin	14.9	3500	212.6	54733	626	80.1	75.0
河 北	Hebei	14.6	1168	467.7	108142	12073	84.5	83.6
山 西	Shanxi	20.5	5326	174.2	43856	7260	75.2	66.1
内蒙古	Inner Mongolia			136.7	31922	1871	75.2	75.2
辽 宁	Liaoning	69.8	8471	514.6	142433	11292	60.2	56.6
吉 林	Jilin	7.3	1344	200.4	45334	1168	64.6	62.7
黑龙江	Heilongjiang	126.5	28015	301.2	63694	766	55.6	31.1
上 海	Shanghai			654.0	205607		89.0	89.0
江 苏	Jiangsu	584.1	64807	1411.2	278126	79678	85.4	65.5
浙 江	Zhejiang	79.0	9872	606.8	163681	2123	78.9	74.1
安 徽	Anhui	219.3	24390	488.1	97396	4054	83.2	62.4
福 建	Fujian	75.3	16119	321.8	80855	85	80.3	64.3
江 西	Jiangxi	31.3	5329	223.9	51768		74.9	67.2
山 东	Shandong	87.8	8760	767.7	202498	12764	88.1	84.3
河 南	Henan	16.0	2836	448.3	119044	3940	83.9	81.9
湖 北	Hubei	128.7	19166	495.0	123783	15199	75.3	63.6
湖 南	Hunan	201.7	27986	518.9	90342		59.2	40.9
广 东	Guangdong	268.0	50481	1284.8	355762	3917	71.5	61.4
广 西	Guangxi	1019.0	40570	1205.5	80744		73.4	36.5
海 南	Hainan	5.0	845	66.0	12467		58.4	54.5
重 庆	Chongqing	1.8	209	186.1	54636	314	88.4	88.0
四 川	Sichuan	39.4	8749	352.4	93909	53	67.5	61.2
贵 州	Guizhou			79.5	17381	6907	56.2	56.2
云 南	Yunnan	32.4	4790	147.4	40722	901	85.3	75.3
西 藏	Tibet							
陕 西	Shaanxi	22.0	6735	171.8	44400	1145	66.4	56.3
甘 肃	Gansu	14.1	2476	115.0	26381	2005	61.3	55.5
青 海	Qinghai			17.8	5046	10	46.4	46.4
宁 夏	Ningxia	15.5	3597	70.0	15755	996	42.2	32.6
新 疆	Xinjiang	17.0	2504	167.8	33436	5805	75.4	69.7

11-8 各地区城市市容环境卫生情况（2009年）
Urban Environmental Sanitation by Region (2009)

地　区	Region	道路清扫保洁面积（万平方米）Area under Cleaning Program (10000 sq.m)	生活垃圾清运量（万吨）Volume of Garbage Disposal (10000 tons)	无害化处理厂（座）Number of Harmless Treatment Plants/Grounds (unit)	#卫生填埋 Sanitary Landfill	#堆肥 Compost	#焚烧 Burning
全　国	**National Total**	**447265**	**15733.7**	**567**	**447**	**16**	**93**
北　京	Beijing	12835	656.1	19	16	2	1
天　津	Tianjin	6915	188.4	7	5		2
河　北	Hebei	19338	678.1	23	18	3	1
山　西	Shanxi	9859	374.6	15	12		3
内蒙古	Inner Mongolia	10157	366.5	17	16	1	
辽　宁	Liaoning	27546	813.3	13	11	1	1
吉　林	Jilin	12367	521.3	9	7		2
黑龙江	Heilongjiang	13812	912.4	18	16		2
上　海	Shanghai	15313	710.0	12	4	1	3
江　苏	Jiangsu	36160	957.3	41	27		14
浙　江	Zhejiang	26651	925.6	52	31		21
安　徽	Anhui	14579	432.8	14	13		1
福　建	Fujian	9908	392.4	21	15	1	5
江　西	Jiangxi	8308	280.8	13	13		
山　东	Shandong	44895	958.4	54	45	1	6
河　南	Henan	20197	679.5	38	33	3	2
湖　北	Hubei	16080	680.6	19	17	1	
湖　南	Hunan	11628	511.9	15	15		
广　东	Guangdong	60765	1960.6	37	19		17
广　西	Guangxi	9675	240.2	17	14	1	2
海　南	Hainan	3629	88.7	3	2		1
重　庆	Chongqing	6548	224.3	13	12		1
四　川	Sichuan	12048	590.1	31	25		5
贵　州	Guizhou	3007	209.1	11	11		
云　南	Yunnan	6956	282.1	15	12		2
西　藏	Tibet	613	22.9				
陕　西	Shaanxi	9570	356.2	11	10		1
甘　肃	Gansu	6016	263.6	11	11		
青　海	Qinghai	1807	87.4	3	3		
宁　夏	Ningxia	3067	70.4	2	2		
新　疆	Xinjiang	7016	298.2	13	12	1	

11-8 续表 1 continued

单位：万吨 (10000 tons)

地 区	Region	无害化处理量 Quantity of Harmless Treated	#卫生填埋 Sanitary Landfill	#堆肥 Compost	#焚烧 Burning	市容环卫专用车辆设备(辆) City Sanitation Special Vehicles
全 国	**National Total**	**11232.3**	**8898.6**	**178.8**	**2022.0**	**83756**
北 京	Beijing	644.4	548.1	27.6	68.7	6881
天 津	Tianjin	177.6	126.4		51.2	1985
河 北	Hebei	400.0	348.6	33.0	14.1	3109
山 西	Shanxi	235.6	202.4		33.2	3464
内蒙古	Inner Mongolia	263.9	240.0	23.9		1379
辽 宁	Liaoning	487.0	450.5	21.9	14.6	4457
吉 林	Jilin	200.2	165.6		34.6	2378
黑龙江	Heilongjiang	272.5	256.7		15.7	3504
上 海	Shanghai	559.3	380.7	15.2	106.1	5549
江 苏	Jiangsu	870.9	479.6		387.1	6923
浙 江	Zhejiang	903.4	498.5		404.9	4138
安 徽	Anhui	263.6	230.4		33.2	1327
福 建	Fujian	363.1	228.9	5.3	128.9	1987
江 西	Jiangxi	237.0	237.0			838
山 东	Shandong	867.7	721.9	4.1	110.6	5280
河 南	Henan	511.9	459.5	20.7	31.7	2856
湖 北	Hubei	378.8	362.6	3.6		2925
湖 南	Hunan	341.0	341.0			1803
广 东	Guangdong	1283.9	860.5		411.4	8305
广 西	Guangxi	207.3	186.1	8.3	12.9	1606
海 南	Hainan	57.7	53.6		4.0	1390
重 庆	Chongqing	215.1	172.6		42.5	1838
四 川	Sichuan	492.7	420.5		72.3	2864
贵 州	Guizhou	170.8	170.8			699
云 南	Yunnan	228.2	174.6		42.3	1538
西 藏	Tibet					88
陕 西	Shaanxi	246.4	244.4		2.0	1631
甘 肃	Gansu	85.3	85.3			906
青 海	Qinghai	56.9	56.9			304
宁 夏	Ningxia	29.6	29.6			430
新 疆	Xinjiang	180.8	165.5	15.3		1374

11-8 续表 2 continued

地 区	Region	无害化处理能力（吨/日）Harmless Treatment Capacity (ton/day)	#卫生填埋 Sanitary Landfill	#堆肥 Compost	#焚烧 Burning	生活垃圾无害化处理率（%）Proportion of Harmless Treated Garbage (%)
全 国	**National Total**	**356130**	**273498**	**6979**	**71253**	**71.4**
北 京	Beijing	13680	12280	800	600	98.2
天 津	Tianjin	7600	5800		1800	94.3
河 北	Hebei	12242	10042	1400	400	59.0
山 西	Shanxi	13022	10922		2100	62.9
内蒙古	Inner Mongolia	8726	7926	800		72.0
辽 宁	Liaoning	11695	10695	600	400	59.9
吉 林	Jilin	6326	4806		1520	38.4
黑龙江	Heilongjiang	10048	9548		500	29.9
上 海	Shanghai	10345	5750	500	2575	78.8
江 苏	Jiangsu	34570	20502		14068	91.0
浙 江	Zhejiang	31173	15408		15765	97.6
安 徽	Anhui	8054	7004		1050	60.9
福 建	Fujian	10398	6432	116	3850	92.5
江 西	Jiangxi	5930	5930			84.4
山 东	Shandong	32810	24520	660	6700	90.5
河 南	Henan	19171	17038	983	1150	75.3
湖 北	Hubei	12013	11493	120		55.7
湖 南	Hunan	9312	9312			66.6
广 东	Guangdong	36087	22702		13035	65.5
广 西	Guangxi	7482	6262	400	820	86.3
海 南	Hainan	1720	1600		120	65.0
重 庆	Chongqing	6265	5265		1000	95.9
四 川	Sichuan	15571	12871		2000	83.5
贵 州	Guizhou	5175	5175			81.7
云 南	Yunnan	6088	4688		1300	80.9
西 藏	Tibet					
陕 西	Shaanxi	9172	8672		500	69.2
甘 肃	Gansu	2950	2950			32.4
青 海	Qinghai	1950	1950			65.1
宁 夏	Ningxia	1195	1195			42.0
新 疆	Xinjiang	5360	4760	600		60.6

11-8 续表 3 continued

地 区	Region	粪便(万吨) Night Soil (10000 tons) 清运量 Quantity Disposed	无害化处理量 Quantity Harmless Treated	公厕数(座) Number of Public Lavatories (unit)	#三类以上 Better than Grade III	每万人拥有公厕(座) Number of Public Lavatories per 10000 Population (unit)
全 国	**National Total**	**2141.0**	**846.1**	**118525**	**77649**	**3.15**
北 京	Beijing	211.2	175.7	6022	6022	4.04
天 津	Tianjin	29.6		1411	806	2.32
河 北	Hebei	174.0	98.1	5407	2554	3.54
山 西	Shanxi	75.9	0.6	3191	967	3.33
内蒙古	Inner Mongolia	125.7	71.7	4114	1098	5.19
辽 宁	Liaoning	129.2	38.2	6948	1337	3.31
吉 林	Jilin	117.1	51.1	5519	1476	5.40
黑龙江	Heilongjiang	179.9	32.6	10364	1939	7.65
上 海	Shanghai	221.0		5633	6015	2.93
江 苏	Jiangsu	116.1	95.9	9654	7791	3.94
浙 江	Zhejiang	84.4	41.7	7802	6451	4.43
安 徽	Anhui	55.7	5.6	2918	2392	2.42
福 建	Fujian	24.8	10.4	1753	1373	1.84
江 西	Jiangxi	55.4	2.8	1946	1359	2.51
山 东	Shandong	94.7	69.7	5377	4178	2.02
河 南	Henan	50.4	17.9	6993	5484	3.55
湖 北	Hubei	23.1	0.9	4062	3118	2.41
湖 南	Hunan	5.4	…	2894	2196	2.43
广 东	Guangdong	125.1	30.9	8922	7156	2.06
广 西	Guangxi	24.0	7.4	1493	1403	1.90
海 南	Hainan	8.6		309	143	1.46
重 庆	Chongqing	75.0	7.7	2196	1640	2.40
四 川	Sichuan	43.5	20.8	4395	3699	2.92
贵 州	Guizhou	7.0	4.1	1187	965	2.23
云 南	Yunnan	31.3	19.8	1463	1278	2.22
西 藏	Tibet	0.8		216	162	4.65
陕 西	Shaanxi	20.5	10.0	2270	2108	2.92
甘 肃	Gansu	23.4	19.6	1159	806	2.17
青 海	Qinghai	1.3		540	201	4.82
宁 夏	Ningxia	2.4	10.1	465	369	2.12
新 疆	Xinjiang	4.8	2.8	1902	1163	3.09

11-9 各地区城市燃气情况(2009年)
Basic Statistics on Supply of Gas in Cities by Region (2009)

地 区	Region	人工煤气 Man-made Gas				
		生产能力 (万立方米/日) Production Capacity (10000 cu.m/day)	管道长度 (公里) Length of Pipeline (km)	供气总量 (万立方米) Total Gas Supply (10000 cu.m)	#家庭用量 Domestic Consumption	用气人口 (万人) Population Covered (10000 persons)
全 国	**National Total**	**11099.5**	**40447**	**3615507**	**307134**	**2971.0**
北 京	Beijing					
天 津	Tianjin					
河 北	Hebei	95.1	3509	68793	19594	191.6
山 西	Shanxi	436.7	4694	82276	33276	282.0
内蒙古	Inner Mongolia	179.0	470	3915	3781	63.2
辽 宁	Liaoning	293.9	5081	54441	37355	523.7
吉 林	Jilin	92.4	2296	17616	8745	166.6
黑龙江	Heilongjiang	76.4	669	26349	11872	85.1
上 海	Shanghai	867.4	6156	162721	74566	351.3
江 苏	Jiangsu	4765.0	2352	1728890	11741	135.5
浙 江	Zhejiang	5.5	193	1468	1066	30.4
安 徽	Anhui	3.5	282	1372	922	14.4
福 建	Fujian	8.0	255	2537	1922	13.9
江 西	Jiangxi	160.0	2073	37898	11383	145.7
山 东	Shandong	119.3	2175	29377	12531	156.5
河 南	Henan	175.6	1731	111136	13507	179.8
湖 北	Hubei	58.9	660	12382	6523	48.5
湖 南	Hunan	282.2	515	89819	3164	39.3
广 东	Guangdong	113.1	590	15493	8478	25.4
广 西	Guangxi	10.6	387	4449	3940	41.5
海 南	Hainan					
重 庆	Chongqing					
四 川	Sichuan	511.0	509	162826	5282	39.6
贵 州	Guizhou	191.8	2784	26886	10921	161.3
云 南	Yunnan	82.2	2159	33113	15230	234.8
西 藏	Tibet					
陕 西	Shaanxi					
甘 肃	Gansu	15.9	614	9427	8965	21.7
青 海	Qinghai					
宁 夏	Ningxia		160	1024	572	12.9
新 疆	Xinjiang	2556.0	134	931300	1800	6.2

11-9 续表 1 continued

地 区	Region	天然气 Natural Gas 管道长度（公里）Length of Pipeline (km)	供气总量（万立方米）Total Gas Supply (10000 cu.m)	#家庭用量 Domestic Consumption	用气人口（万人）Population Covered (10000 persons)
全 国	**National Total**	**218778**	**4050996**	**913386**	**14543.7**
北 京	Beijing	15313	682839	89087	1143.2
天 津	Tianjin	10233	149736	21140	569.8
河 北	Hebei	6975	89065	24974	673.6
山 西	Shanxi	2626	103239	28609	358.3
内蒙古	Inner Mongolia	1942	46136	6336	178.7
辽 宁	Liaoning	6941	60035	31060	751.1
吉 林	Jilin	3223	33774	12415	216.0
黑龙江	Heilongjiang	5164	46770	15897	512.1
上 海	Shanghai	14997	334399	64329	850.7
江 苏	Jiangsu	22155	343544	53244	1029.6
浙 江	Zhejiang	11784	86536	22812	459.5
安 徽	Anhui	8165	89259	20812	529.5
福 建	Fujian	2982	10295	2185	211.4
江 西	Jiangxi	2622	6187	2930	114.0
山 东	Shandong	20328	242908	53311	1231.2
河 南	Henan	10870	126721	38970	706.6
湖 北	Hubei	9838	117703	36840	610.3
湖 南	Hunan	4956	95816	20487	331.3
广 东	Guangdong	8885	117125	35867	850.4
广 西	Guangxi	3613	7050	2939	88.6
海 南	Hainan	1108	12760	2378	64.3
重 庆	Chongqing	5980	205164	66456	729.8
四 川	Sichuan	21748	511115	126551	1079.4
贵 州	Guizhou	112	2336	1071	10.3
云 南	Yunnan	300	73	39	32.6
西 藏	Tibet				
陕 西	Shaanxi	6287	144275	29626	480.1
甘 肃	Gansu	846	59505	8441	180.7
青 海	Qinghai	780	152572	5072	83.4
宁 夏	Ningxia	2007	69561	58892	85.0
新 疆	Xinjiang	5998	104498	30615	382.3

11-9 续表 2 continued

地 区	Region	液化石油气 Liquified Petroleum Gas 管道长度(公里) Length of Pipeline (km)	供气总量(吨) Total Gas Supply (ton)	#家庭用量 Domestic Consumption	用气人口(万人) Population Covered (10000 persons)	燃气普及率(%) Gas Access Rate (%)
全 国	**National Total**	**14236**	**13400303**	**6887600**	**16924.5**	**91.41**
北 京	Beijing	245	367323	226538	348.6	100.00
天 津	Tianjin	177	58963	32596	37.5	100.00
河 北	Hebei	217	284101	196615	629.6	97.86
山 西	Shanxi	190	55884	50535	196.6	87.30
内蒙古	Inner Mongolia	98	84206	63376	356.5	75.51
辽 宁	Liaoning	626	398309	240714	693.6	93.74
吉 林	Jilin	105	219848	114869	490.9	85.48
黑龙江	Heilongjiang	21	195710	108937	537.9	83.78
上 海	Shanghai	500	400176	241105	719.3	100.00
江 苏	Jiangsu	1771	865663	531023	1248.1	98.39
浙 江	Zhejiang	2265	909487	577470	1235.9	97.93
安 徽	Anhui	317	594994	164939	524.7	88.62
福 建	Fujian	1394	341795	190605	712.0	98.63
江 西	Jiangxi	358	179792	149527	453.9	92.22
山 东	Shandong	1172	872762	394558	1252.8	99.17
河 南	Henan	25	237895	202030	547.4	72.89
湖 北	Hubei	655	343513	225857	876.8	91.20
湖 南	Hunan	96	235885	173524	647.3	85.60
广 东	Guangdong	3521	4704485	2157659	3309.0	96.45
广 西	Guangxi	40	296843	246182	595.8	92.19
海 南	Hainan	18	61724	45939	113.2	83.68
重 庆	Chongqing		70066	32569	110.4	91.83
四 川	Sichuan	75	176579	90291	134.4	83.38
贵 州	Guizhou	106	60227	56702	193.7	68.49
云 南	Yunnan	163	155859	97403	244.7	77.68
西 藏	Tibet		826148	54360	37.8	81.40
陕 西	Shaanxi		111081	66264	216.6	89.64
甘 肃	Gansu	1	185733	69574	186.8	73.03
青 海	Qinghai		7628	7267	19.2	91.49
宁 夏	Ningxia		15625	12743	92.8	87.13
新 疆	Xinjiang	82	81999	65831	160.8	89.34

11-10 各地区城市集中供热情况(2009年)

Basic Statistics on Central Heating in Cities by Region (2009)

地区	Region	供热能力 Heating Capacity		供热总量 Total Heating Supply	
		蒸汽 (吨/小时) Steam (ton/hour)	热水 (兆瓦) Hot Water (megawatts)	蒸汽 (万吉焦) Steam (10000 gigajoules)	热水 (万吉焦) Hot Water (10000 gigajoules)
全国	**National Total**	**93193**	**286106**	**63137**	**200051**
北京	Beijing	200	32674	325	36015
天津	Tianjin	3579	16158	1721	9151
河北	Hebei	10979	22247	7228	11094
山西	Shanxi	2215	12999	1091	8697
内蒙古	Inner Mongolia	214	21364	92	15417
辽宁	Liaoning	12013	51183	6479	35643
吉林	Jilin	2882	26147	2151	13751
黑龙江	Heilongjiang	4199	30420	1995	23379
上海	Shanghai				
江苏	Jiangsu	4330	55	3285	15
浙江	Zhejiang	4795		5303	
安徽	Anhui	3487	176	2201	43
福建	Fujian				
江西	Jiangxi				
山东	Shandong	27609	22661	17473	14352
河南	Henan	5632	3905	3084	2210
湖北	Hubei	1404	78	702	16
湖南	Hunan				
广东	Guangdong				
广西	Guangxi				
海南	Hainan				
重庆	Chongqing				
四川	Sichuan	60		98	
贵州	Guizhou				
云南	Yunnan				
西藏	Tibet				
陕西	Shaanxi	3305	12543	2142	2632
甘肃	Gansu	4511	9225	6158	5745
青海	Qinghai		369		634
宁夏	Ningxia	425	5595	465	5499
新疆	Xinjiang	1354	18307	1144	15758

11-10 续表 continued

地 区	Region	管道长度(公里) Length of Pipelines (km)		供热面积(万平方米) Heated Area (10000 sq.m)	#住 宅 Housing
		蒸 汽 Steam	热 水 Hot Water		
全 国	**National Total**	**14317**	**110490**	**379574.1**	**275623.1**
北 京	Beijing	46	12156	44239.6	27694.3
天 津	Tianjin	532	11958	20614.0	15650.9
河 北	Hebei	1262	7543	30554.3	21939.7
山 西	Shanxi	193	4634	25512.5	19183.5
内蒙古	Inner Mongolia	20	4273	20769.4	15873.7
辽 宁	Liaoning	2294	18129	68464.3	52962.1
吉 林	Jilin	472	8143	28570.7	21726.1
黑龙江	Heilongjiang	431	12713	34941.7	24274.0
上 海	Shanghai				
江 苏	Jiangsu	688	15	1706.8	738.0
浙 江	Zhcjiang	977		3680.0	74.0
安 徽	Anhui	409	15	2061.2	706.2
福 建	Fujian				
江 西	Jiangxi				
山 东	Shandong	4454	17705	46770.6	36288.1
河 南	Henan	1185	2255	9282.5	7017.0
湖 北	Hubei	138	10	908.0	774.0
湖 南	Hunan				
广 东	Guangdong				
广 西	Guangxi				
海 南	Hainan				
重 庆	Chongqing				
四 川	Sichuan	42		14.0	5.0
贵 州	Guizhou				
云 南	Yunnan				
西 藏	Tibet				
陕 西	Shaanxi	571	514	8719.0	6772.1
甘 肃	Gansu	429	2981	9601.8	6798.7
青 海	Qinghai		105	196.1	136.6
宁 夏	Ningxia	29	1875	5895.1	4818.8
新 疆	Xinjiang	145	5466	17072.5	12190.3

11-11 各地区城市园林绿化情况(2009年)
Area of Parks & Green Land in Cities by Region (2009)

单位：公顷 (hectare)

地 区	Region	绿化覆盖面积 Green Covered Area	#建成区 Completed Area	园林绿地面积 Area of Park Green Land	#建成区 Completed Area	公园绿地面积 Park Green Land
全 国	**National Total**	**2303324**	**1494486**	**1993168**	**1338133**	**401584**
北 京	Beijing	64373	64373	61695	61695	18070
天 津	Tianjin	20835	20089	17369	17369	5219
河 北	Hebei	74906	63134	60923	53132	17095
山 西	Shanxi	32181	30027	27973	26852	7872
内蒙古	Inner Mongolia	38999	31648	29585	29080	9233
辽 宁	Liaoning	94909	77844	84145	71356	20501
吉 林	Jilin	40725	39116	34755	34031	10038
黑龙江	Heilongjiang	74233	52652	64234	45954	14180
上 海	Shanghai	126519	38051	116929	37660	15406
江 苏	Jiangsu	244277	127930	214989	116616	32403
浙 江	Zhejiang	85854	77665	74362	70391	18969
安 徽	Anhui	80251	51192	67269	46332	12338
福 建	Fujian	50590	36478	41330	32951	9986
江 西	Jiangxi	43879	38008	37596	35255	8884
山 东	Shandong	168408	138923	146993	123118	40167
河 南	Henan	73257	69426	62947	59369	17154
湖 北	Hubei	77158	61092	54884	52308	16131
湖 南	Hunan	51489	45318	42940	40668	10077
广 东	Guangdong	463426	180684	401604	161958	53246
广 西	Guangxi	62604	29670	57812	25990	7560
海 南	Hainan	50785	8996	48947	7811	2112
重 庆	Chongqing	35722	30143	32451	27742	10294
四 川	Sichuan	73826	54950	66817	49158	14262
贵 州	Guizhou	33739	12631	27771	10885	3272
云 南	Yunnan	25586	24189	22372	21057	5860
西 藏	Tibet	2667	2408	2174	2172	354
陕 西	Shaanxi	30486	26575	23426	22025	7256
甘 肃	Gansu	19288	16515	14702	14065	4257
青 海	Qinghai	3324	3261	3290	3227	912
宁 夏	Ningxia	16411	12443	14525	11699	3275
新 疆	Xinjiang	42617	29055	36359	26207	5201

注：公园绿地面积包括综合公园、社区公园、专类公园、带状公园和街旁绿地。

Note: Area of park green areas includes comprehensive park, community park, topic park, belt-shaped park and green area nearby st

11-11 续表 continued

地 区	Region	人均公园绿地面积(平方米) Park Green Land per Capita (sq.m)	建成区绿化覆盖率(%) Green Covered Area as % of Completed Area	建成区绿地率(%) Parks & Green Land as % of Completed Area	公园个数(个) Number of Parks (unit)	公园面积(公顷) Area of Parks (hectare)
全 国	**National Total**	**10.66**	**38.22**	**34.17**	**9050**	**235825**
北 京	Beijing	12.11	47.69	45.71	212	9858
天 津	Tianjin	8.59	30.33	26.23	68	1504
河 北	Hebei	11.19	40.02	33.68	338	9441
山 西	Shanxi	8.21	36.49	32.63	171	4954
内蒙古	Inner Mongolia	11.65	32.44	29.81	121	7143
辽 宁	Liaoning	9.76	38.33	35.14	294	10263
吉 林	Jilin	9.82	32.78	28.52	116	4136
黑龙江	Heilongjiang	10.47	33.62	29.34	262	8009
上 海	Shanghai	8.02			147	1687
江 苏	Jiangsu	13.21	41.99	38.28	590	13740
浙 江	Zhejiang	10.76	38.20	34.62	893	13727
安 徽	Anhui	10.23	37.16	33.63	219	7664
福 建	Fujian	10.51	39.71	35.87	349	7999
江 西	Jiangxi	11.48	44.36	41.14	209	5270
山 东	Shandong	15.09	41.18	36.49	575	20426
河 南	Henan	8.72	36.29	31.03	248	8627
湖 北	Hubei	9.58	37.79	32.36	251	7352
湖 南	Hunan	8.47	36.59	32.84	171	6135
广 东	Guangdong	12.27	40.75	36.53	2294	50618
广 西	Guangxi	9.60	33.69	29.51	137	5423
海 南	Hainan	9.96	41.88	36.36	48	1629
重 庆	Chongqing	11.25	38.48	35.42	138	3746
四 川	Sichuan	9.49	36.40	32.57	287	7038
贵 州	Guizhou	6.13	27.44	23.65	55	2940
云 南	Yunnan	8.89	36.29	31.59	424	5443
西 藏	Tibet	7.62	29.62	26.72	39	575
陕 西	Shaanxi	9.34	38.76	32.12	113	2560
甘 肃	Gansu	7.99	27.32	23.27	81	2394
青 海	Qinghai	8.13	29.02	28.71	20	474
宁 夏	Ningxia	14.96	38.75	36.43	51	1904
新 疆	Xinjiang	8.46	36.30	32.74	129	3146

11-12 各地区城市公共交通情况(2009年)

Urban Public Transportation by Region (2009)

地 区	Region	年末公共交通运营数(辆) Number of Public Transport Vehicles (year-end figure,unit)	公共汽、电车 Buses & Trolleybus	轨道交通 Subways, Light Rail, Streetcar	标准运营车数(标台) Standard Operating Motor Vehicles (standard unit)	运营线路网长度(公里) Length of Operating Routes (km)	出租汽车数(辆) Number of Taxies (unit)
全 国	**National Total**	**370640**	**365161**	**5479**	**418883**	**209249**	**971579**
北 京	Beijing	23730	21716	2014	36916	228	66646
天 津	Tianjin	8118	7862	256	9339	759	31940
河 北	Hebei	13531	13531		13781	8410	46597
山 西	Shanxi	6655	6655		6796	8710	28729
内蒙古	Inner Mongolia	5558	5558		5942	2810	43084
辽 宁	Liaoning	18955	18855	100	21704	8449	77295
吉 林	Jilin	10187	10047	140	9768	4729	53472
黑龙江	Heilongjiang	13401	13401		13741	5698	62012
上 海	Shanghai	18105	16272	1833	24508	7097	49111
江 苏	Jiangsu	28296	28176	120	32471	16444	45016
浙 江	Zhejiang	22135	22135		24151	20022	31116
安 徽	Anhui	9712	9712		10383	5026	35591
福 建	Fujian	10106	10106		10937	6685	14291
江 西	Jiangxi	6358	6358		7132	4762	10785
山 东	Shandong	25272	25272		27531	18296	57278
河 南	Henan	15735	15735		16023	9475	45001
湖 北	Hubei	16556	16508	48	18546	12089	28230
湖 南	Hunan	11736	11736		12591	5433	24258
广 东	Guangdong	39212	38328	884	45249	24030	57789
广 西	Guangxi	6933	6933		7827	4960	13888
海 南	Hainan	1676	1676		1648	1211	3687
重 庆	Chongqing	7130	7046	84	7180	2724	9295
四 川	Sichuan	14583	14583		16807	8705	25622
贵 州	Guizhou	4439	4439		4419	2790	8652
云 南	Yunnan	6286	6286		6462	5928	14752
西 藏	Tibet	751	751		585	748	1544
陕 西	Shaanxi	9103	9103		10385	2620	20278
甘 肃	Gansu	4172	4172		4370	2405	21347
青 海	Qinghai	1994	1994		1976	1057	7041
宁 夏	Ningxia	2133	2133		2202	2708	12582
新 疆	Xinjiang	8082	8082		7513	4241	24650

资料来源：交通运输部。

Source: Ministry of Transport.

11-12 续表 continued

地 区	Region	客运总量 (万人次) Volume of Passenger Transport (10000 person-times)	公共汽、电车 Buses & Trolleybus	轨道交通 Subways, Light Rail, Streetcar	每万人拥有公交车辆 (标台) Motor Vehicles for Public Transport per 10000 Population (standard unit)	轮渡 Ferry 运营船数 (艘) Number of Operating Vessels (unit)	轮渡 Ferry 客运总量 (万人次) Volume of Passengers Transport (10000 person-times)
全 国	**National Total**	**6767589**	**6401819**	**365770**	**11.1**	**885**	**26618**
北 京	Beijing	658785	516517	142268	24.7		
天 津	Tianjin	121573	116178	5395	15.4		
河 北	Hebei	166910	166910		9.0		
山 西	Shanxi	99887	99887		7.1		
内蒙古	Inner Mongolia	64298	64298		7.5		
辽 宁	Liaoning	380652	373767	6885	10.3	4	170
吉 林	Jilin	156675	153721	2954	9.6		
黑龙江	Heilongjiang	204493	204493		10.1	160	491
上 海	Shanghai	402428	270591	131837	12.8	42	9380
江 苏	Jiangsu	384552	373199	11353	13.2	44	1605
浙 江	Zhejiang	320709	320709		13.7	139	2164
安 徽	Anhui	182560	182560		8.6		
福 建	Fujian	175940	175940		11.5	31	2048
江 西	Jiangxi	112248	112248		9.2		
山 东	Shandong	335324	335324		10.3	29	1148
河 南	Henan	200187	200187		8.1		
湖 北	Hubei	306369	305052	1317	11.0	122	1930
湖 南	Hunan	199092	199092		10.6	3	34
广 东	Guangdong	716429	656849	59580	10.4	286	7352
广 西	Guangxi	133106	133106		9.9		
海 南	Hainan	30746	30746		7.8	16	86
重 庆	Chongqing	145647	141466	4181	7.8	9	210
四 川	Sichuan	276147	276147		11.2		
贵 州	Guizhou	405571	405571		8.3		
云 南	Yunnan	121842	121842		9.8		
西 藏	Tibet	5618	5618		12.6		
陕 西	Shaanxi	198598	198598		13.4		
甘 肃	Gansu	72966	72966		8.2		
青 海	Qinghai	42158	42158		17.6		
宁 夏	Ningxia	26993	26993		10.1		
新 疆	Xinjiang	119086	119086		12.2		

11-13 国控主要城市道路交通噪声监测情况(2009年)

Monitoring of Urban Road Traffic Noise in Major Cities under National Control Programmes (2009)

城　市	City	等效声级 dB(A) Average Noise Value dB(A)	城　市	City	等效声级 dB(A) Average Noise Value dB(A)	城　市	City	等效声级 dB(A) Average Noise Value dB(A)
北　京	Beijing	69.8	温　州	Wenzhou	71.6	深　圳	Shenzhen	69.6
天　津	Tianjin	67.7	湖　州	Huzhou	67.8	珠　海	Zhuhai	68.0
石家庄	Shijiazhuang	65.5	绍　兴	Shaoxing	68.6	汕　头	Shantou	67.6
唐　山	Tangshan	66.7	合　肥	Hefei	69.8	湛　江	Zhanjiang	67.9
秦皇岛	Qinhuangdao	67.1	芜　湖	Wuhu	68.3	南　宁	Nanning	69.3
邯　郸	Handan	68.1	马鞍山	Maanshan	68.8	柳　州	Liuzhou	67.0
保　定	Baoding	67.8	福　州	Fuzhou	69.4	桂　林	Guilin	67.6
太　原	Taiyuan	68.1	厦　门	Xiamen	68.6	北　海	Beihai	67.3
大　同	Datong	69.6	泉　州	Quanzhou	68.5	海　口	Haikou	67.4
阳　泉	Yangquan	66.5	南　昌	Nanchang	69.9	重　庆	Chongqing	67.8
长　治	Changzhi	67.9	九　江	Jiujiang	66.8	成　都	Chengdu	69.7
临　汾	Linfen	67.8	济　南	Jinan	69.3	自　贡	Zigong	67.3
呼和浩特	Hohhot	69.5	青　岛	Qingdao	68.2	攀枝花	Panzhihua	68.2
包　头	Baotou	66.2	淄　博	Zibo	67.7	泸　州	Luzhou	69.5
赤　峰	Chifeng	66.4	枣　庄	Zaozhuang	68.0	德　阳	Deyang	68.6
沈　阳	Shenyang	69.7	烟　台	Yantai	68.0	绵　阳	Mianyang	67.5
大　连	Dalian	67.9	潍　坊	Weifang	63.0	南　充	Nanchong	67.6
鞍　山	Anshan	67.8	济　宁	Jinin	68.2	宜　宾	Yibin	68.5
抚　顺	Fushun	69.2	泰　安	Taian	70.4	贵　阳	Guiyang	68.0
本　溪	Benxi	65.5	日　照	Rizhao	64.8	遵　义	Zunyi	69.5
锦　州	Jinzhou	67.7	郑　州	Zhengzhou	66.1	昆　明	Kunming	69.3
长　春	Changchun	68.0	开　封	Kaifeng	69.0	曲　靖	Qujing	65.3
吉　林	Jilin	69.9	洛　阳	Luoyang	68.7	玉　溪	Yuxi	68.1
哈尔滨	Harbin	68.0	平顶山	Pingdingshan	67.8	拉　萨	Lhasa	69.5
齐齐哈尔	Qiqihar	67.2	安　阳	Anyang	68.7	西　安	Xi'an	68.0
牡丹江	Mudanjiang	66.7	焦　作	Jiaozuo	63.2	铜　川	Tongchuan	65.1
上　海	Shanghai	69.8	三门峡	Sanmenxia	66.7	宝　鸡	Baoji	67.8
南　京	Nanjing	68.5	武　汉	Wuhan	69.1	咸　阳	Xianyang	65.1
无　锡	Wuxi	66.2	宜　昌	Yichang	69.1	渭　南	Weinan	65.3
徐　州	Xuzhou	67.2	荆　州	Jingzhou	67.9	延　安	Yan'an	65.5
常　州	Changzhou	67.8	长　沙	Changsha	69.9	兰　州	Lanzhou	68.9
苏　州	Suzhou	67.6	株　洲	Zhuzhou	64.0	金　昌	Jinchang	67.3
南　通	Nantong	67.7	湘　潭	Xiangtan	67.8	西　宁	Xining	69.1
连云港	Lianyungang	67.2	岳　阳	Yueyang	69.0	银　川	Yinchuan	67.2
扬　州	Yangzhou	66.3	常　德	Changde	68.0	石嘴山	Shizuishan	66.2
镇　江	Zhenjiang	66.6	张家界	Zhangjiajie	71.4	乌鲁木齐	Urumqi	70.2
杭　州	Hangzhou	69.3	广　州	Guangzhou	69.2	克拉玛依	Karamay	64.9
宁　波	Ningbo	68.9	韶　关	Shaoguan	65.1			

资料来源：环境保护部(以下各表同)。

Source:Ministry of Environmental Protection (the same as in the following tables).

11-14 国控主要城市区域环境噪声监测情况(2009年)
Monitoring of Urban Area Environmental Noise in Major Cities under National Control Programmes (2009)

城 市	City	等效声级 dB(A) Average Noise Value dB(A)	城 市	City	等效声级 dB(A) Average Noise Value dB(A)	城 市	City	等效声级 dB(A) Average Noise Value dB(A)
北 京	Beijing	54.1	温 州	Wenzhou	60.8	深 圳	Shenzhen	56.8
天 津	Tianjin	54.7	湖 州	Huzhou	54.8	珠 海	Zhuhai	55.0
石 家 庄	Shijiazhuang	50.4	绍 兴	Shaoxing	55.5	汕 头	Shantou	55.3
唐 山	Tangshan	53.1	合 肥	Hefei	55.2	湛 江	Zhanjiang	55.1
秦 皇 岛	Qinhuangdao	52.2	芜 湖	Wuhu	54.3	南 宁	Nanning	54.1
邯 郸	Handan	48.8	马 鞍 山	Maanshan	55.4	柳 州	Liuzhou	56.1
保 定	Baoding	53.9	福 州	Fuzhou	56.7	桂 林	Guilin	55.0
太 原	Taiyuan	53.1	厦 门	Xiamen	56.8	北 海	Beihai	55.8
大 同	Datong	54.4	泉 州	Quanzhou	54.4	海 口	Haikou	55.3
阳 泉	Yangquan	53.8	南 昌	Nanchang	56.9	重 庆	Chongqing	54.3
长 治	Changzhi	54.6	九 江	Jiujiang	54.6	成 都	Chengdu	54.2
临 汾	Linfen	52.9	济 南	Jinan	54.1	自 贡	Zigong	53.7
呼和浩特	Hohhot	54.4	青 岛	Qingdao	53.5	攀 枝 花	Panzhihua	51.8
包 头	Baotou	54.1	淄 博	Zibo	52.7	泸 州	Luzhou	54.9
赤 峰	Chifeng	53.3	枣 庄	Zaozhuang	55.9	德 阳	Deyang	48.5
沈 阳	Shenyang	53.4	烟 台	Yantai	53.3	绵 阳	Mianyang	52.2
大 连	Dalian	54.3	潍 坊	Weifang	52.5	南 充	Nanchong	52.1
鞍 山	Anshan	56.1	济 宁	Jinin	53.6	宜 宾	Yibin	52.7
抚 顺	Fushun	53.6	泰 安	Taian	55.5	贵 阳	Guiyang	55.8
本 溪	Benxi	53.0	日 照	Rizhao	53.4	遵 义	Zunyi	56.6
锦 州	Jinzhou	52.9	郑 州	Zhengzhou	54.6	昆 明	Kunming	52.7
长 春	Changchun	55.9	开 封	Kaifeng	53.2	曲 靖	Qujing	52.0
吉 林	Jilin	54.4	洛 阳	Luoyang	55.0	玉 溪	Yuxi	46.0
哈 尔 滨	Harbin	55.7	平 顶 山	Pingdingshan	53.6	拉 萨	Lhasa	45.9
齐齐哈尔	Qiqihar	51.2	安 阳	Anyang	53.8	西 安	Xi'an	55.1
牡 丹 江	Mudanjiang	55.4	焦 作	Jiaozuo	54.3	铜 川	Tongchuan	57.8
上 海	Shanghai	54.9	三 门 峡	Sanmenxia	49.9	宝 鸡	Baoji	54.4
南 京	Nanjing	54.7	武 汉	Wuhan	54.7	咸 阳	Xianyang	53.3
无 锡	Wuxi	55.8	宜 昌	Yichang	53.8	渭 南	Weinan	55.0
徐 州	Xuzhou	53.6	荆 州	Jingzhou	50.6	延 安	Yan'an	57.5
常 州	Changzhou	54.4	长 沙	Changsha	54.7	兰 州	Lanzhou	57.1
苏 州	Suzhou	53.6	株 洲	Zhuzhou	52.6	金 昌	Jinchang	53.3
南 通	Nantong	55.0	湘 潭	Xiangtan	51.5	西 宁	Xining	52.4
连 云 港	Lianyungang	53.7	岳 阳	Yueyang	54.0	银 川	Yinchuan	55.0
扬 州	Yangzhou	53.9	常 德	Changde	53.1	石 嘴 山	Shizuishan	51.7
镇 江	Zhenjiang	52.2	张 家 界	Zhangjiajie	54.4	乌鲁木齐	Urumqi	55.0
杭 州	Hangzhou	57.2	广 州	Guangzhou	55.0	克拉玛依	Karamay	53.2
宁 波	Ningbo	53.2	韶 关	Shaoguan	54.0			

11-15 主要城市区域环境噪声声源构成情况(2009年)

Composition of Environmental Noises by Sources in Major Cities (2009)

单位: dB(A) [dB(A)]

城　市	City	交通噪声 traffic Noise	工业噪声 industry Noise	施工噪声 Construction Noise	生活噪声 Household Noise	其他噪声 Other Noise
北　京	Beijing	56.6	55.0	57.1	53.3	58.5
天　津	Tianjin	57.5	54.7	56.4	53.6	
石家庄	Shijiazhuang	49.7	52.2	52.8	52.0	50.3
太　原	Taiyuan	54.8	54.4	53.8	52.2	51.0
呼和浩特	Hohhot	56.3	55.0	55.1	54.3	
沈　阳	Shenyang					
长　春	Changchun	61.1	54.0	58.0	51.9	45.7
哈尔滨	Harbin	55.4	53.2	56.3	55.8	55.9
上　海	Shanghai	53.8	55.2	57.6	62.7	
南　京	Nanjing	56.6	56.8	50.5	54.7	51.3
杭　州	Hangzhou	58.9	56.3	60.0	56.7	57.2
合　肥	Hefei	55.3	56.0	53.8	54.9	55.0
福　州	Fuzhou	63.7	58.6	58.3	55.4	51.5
南　昌	Nanchang	56.3	57.0	60.0	57.0	56.9
济　南	Jinan	53.9	54.3	55.1	54.1	53.3
郑　州	Zhengzhou	53.8	56.7	55.3	54.6	54.8
武　汉	Wuhan	61.5	56.6	59.0	53.4	60.5
长　沙	Changsha	57.4	53.5	54.1	53.7	54.2
广　州	Guangzhou	54.9	54.2	52.0	57.8	54.6
南　宁	Nanning	59.3	56.8	55.1	52.1	51.8
海　口	Haikou	59.0	54.0	56.2	54.5	53.3
重　庆	Chongqing	58.1	55.0	56.0	53.7	51.6
成　都	Chengdu	57.2	54.8	56.4	53.5	53.1
贵　阳	Guiyang	58.6	57.4	51.3	55.8	53.9
昆　明	Kunming	54.1	49.0	53.4	53.1	
拉　萨	Lhasa					45.9
西　安	Xi'an	60.7	55.8	60.4	54.1	58.1
兰　州	Lanzhou	58.0	58.8		56.2	57.7
西　宁	Xining	51.0	51.5		52.5	
银　川	Yinchuan	55.6	55.2	54.9	53.5	
乌鲁木齐	Urumqi	56.3	57.8	57.0	54.3	

十二、农村环境

Rural Environment

12-1 全国历年农村环境情况(2000-2009年)
Rural Environment in Past Years (2000-2009)

年 份 Year	农村改水累计受益人口(万人) Benefiting Population from Rural Water Improvement Projects (10000 persons)	农村改水累计受益率(%) Proportion of Benefiting Population (%)	累计使用卫生厕所户数(万户) Households with Access to Sanitation Lavatory (10000 households)	卫生厕所普及率(%) Sanitation Lavatory Access Rate (%)	农村沼气池产气量(亿立方米) Production of Methane in Rural Areas (100 million cu.m)	太阳能热水器(万平方米) Water Heaters Using Solar Energy (10000 sq.m)	太阳灶(台) Solar Kitchen Ranges (unit)
2000	88112	92.4	9572	44.8	25.9	1107.8	332390
2001	86113	91.0	11405	46.1	29.8	1319.4	388599
2002	86833	91.7	12062	48.7	37.0	1621.7	478426
2003	87387	92.7	12624	50.9	47.5	2464.8	526177
2004	88616	93.8	13192	53.1	55.7	2845.9	577625
2005	88893	94.1	13740	55.3	72.9	3205.6	685552
2006	86629	91.1	13873	55.0	83.6	3941.0	865238
2007	87859	92.1	14442	57.0	101.7	4286.4	1118763
2008	89447	93.6	15166	59.7	118.4	4758.7	1356755
2009	90251	94.3	16056	63.2	130.8	4997.1	1484271

12-2 各地区农村改水、改厕情况(2009年)
Water Sanitation and Toilet Improvement in Rural Areas by Region(2009)

单位：万人　　(10000 persons)

地区	Region	农村改水 Access to Water Sanitation Improvement				
		农村总人口 Rural Population	累计已改水受益人口 Population of Benefiting from Water Sanitation Improvement	自来水 Tap Water		
				厂、站(个) Factory Station (unit)	累计受益人口 Accumulative Benefiting Population	占农村总人口比重(%) % of all Rural Population
全　国	**National Total**	**95659.36**	**90250.92**	**681688**	**65405.09**	**68.37**
北　京	Beijing	300.50	300.50	3315	298.71	99.40
天　津	Tianjin	376.14	376.14	3579	351.32	93.40
河　北	Hebei	5333.84	5195.21	40729	4458.58	83.59
山　西	Shanxi	2385.44	2180.33	16618	1876.37	78.66
内蒙古	Inner Mongolia	1473.32	1229.61	45228	647.66	43.96
辽　宁	Liaoning	2273.42	2195.20	9372	1409.01	61.98
吉　林	Jilin	1534.82	1506.16	12443	1010.22	65.82
黑龙江	Heilongjiang	2181.98	2147.14	13748	1372.89	62.92
上　海	Shanghai	332.78	332.76	74	332.76	99.99
江　苏	Jiangsu	5418.87	5331.05	5663	5331.05	98.38
浙　江	Zhejiang	3555.42	3440.46	27113	3279.80	92.25
安　徽	Anhui	5250.85	5165.43	14928	2292.84	43.67
福　建	Fujian	2681.14	2638.21	15187	2255.83	84.14
江　西	Jiangxi	3383.02	3297.50	34024	1860.26	54.99
山　东	Shandong	7002.55	6974.57	41484	6167.77	88.08
河　南	Henan	8019.53	7651.33	45350	4408.03	54.97
湖　北	Hubei	4646.19	4513.97	21423	3126.55	67.29
湖　南	Hunan	5218.69	4852.37	55601	3252.77	62.33
广　东	Guangdong	5969.41	5883.87	27256	4822.48	80.79
广　西	Guangxi	4122.09	3624.47	30331	2484.24	60.27
海　南	Hainan	634.26	602.86	26257	429.89	67.78
重　庆	Chongqing	2570.86	2522.71	60445	2080.86	80.94
四　川	Sichuan	6867.23	6245.75	51563	3374.50	49.14
贵　州	Guizhou	3281.26	2531.31	32657	1924.79	58.66
云　南	Yunnan	3684.52	3014.04	23930	2269.45	61.59
西　藏	Tibet					
陕　西	Shaanxi	2875.20	2786.96	11213	1581.40	55.00
甘　肃	Gansu	2110.35	2003.74	6429	1184.44	56.13
青　海	Qinghai	389.54	331.02	1603	299.74	76.95
宁　夏	Ningxia	418.03	404.28	578	269.78	64.54
新　疆	Xinjiang	1168.90	779.71	2573	779.71	66.70
新疆兵团	Xinjiang Production & Construction Corps	199.22	192.23	974	171.38	86.03

资料来源:卫生部(下表同)。
Source: Ministry of Health (the same as in the following table).

12-2 续表 1 continued

单位：万人 (10000 persons)

地区	Region	农村改水 Access to Water Sanitation Improvement					
		手压机井 Manually Operated Motor-pumped Wells			雨水收集 Rain Collection		
		数量(万台) Number (10000 units)	累计受益人口 Accumulative Benefiting Population	占农村总人口(%) % of all Rural Population	水窖(个) Water Cellars (unit)	累计受益人口 Accumulative Benefiting Population	占农村总人口(%) % of all Rural Population
全国	**National Total**	**6075.23**	**16470.23**	**17.22**	**1942144**	**1546.94**	**1.62**
北京	Beijing	0.55	1.64	0.55	133	0.04	0.01
天津	Tianjin	7.33	24.82	6.60			
河北	Hebei	209.72	650.36	12.19	27087	19.29	0.36
山西	Shanxi	54.88	100.63	4.22	39462	31.51	1.32
内蒙古	Inner Mongolia	114.96	466.63	31.67	43197	7.51	0.51
辽宁	Liaoning	216.94	612.77	26.95	2008	1.14	0.05
吉林	Jilin	118.76	495.12	32.26			
黑龙江	Heilongjiang	192.20	702.90	32.21	14	15.00	0.69
上海	Shanghai						
江苏	Jiangsu						
浙江	Zhejiang	14.22	62.64	1.76	6431	2.94	0.08
安徽	Anhui	616.25	2582.01	49.17	1521	16.48	0.31
福建	Fujian	27.47	90.38	3.37			
江西	Jiangxi	202.34	912.61	26.98	33	0.70	0.02
山东	Shandong	498.78	784.33	11.20	31975	19.44	0.28
河南	Henan	817.66	3128.90	39.02	15524	13.66	0.17
湖北	Hubei	167.31	769.42	16.56	120700	61.00	1.31
湖南	Hunan	831.24	786.84	15.08	6140	1.72	0.03
广东	Guangdong	177.45	853.74	14.30	37	1.26	0.02
广西	Guangxi	147.44	840.35	20.39	147479	116.33	2.82
海南	Hainan	16.82	123.03	19.40	22	0.27	0.04
重庆	Chongqing	17.45	118.27	4.60	1795	11.85	0.46
四川	Sichuan	386.74	1542.12	22.46	120883	163.17	2.38
贵州	Guizhou	904.46	9.31	0.28	126405	170.97	5.21
云南	Yunnan	139.82	101.69	2.76	312631	200.53	5.44
西藏	Tibet						
陕西	Shaanxi	153.70	460.44	16.01	63431	222.83	7.75
甘肃	Gansu	21.84	170.11	8.06	694164	405.16	19.20
青海	Qinghai	0.67	9.77	2.51	1415	15.76	4.05
宁夏	Ningxia	18.24	69.38	16.60	179657	48.38	11.57
新疆	Xinjiang						
新疆兵团	Xinjiang Production & Construction Corps						

12-2 续表 2 continued

地 区	Region	农村改水 Access to Water Sanitation Improvement 其他 Other 累计受益人口(万人) Accumulative Benefiting Population (10000 persons)	占农村总人口(%) % of all Rural Population	农村改厕（万户） Access to Toilet Improvement (10000 households) 农村总户数 Total Rural Households	累计使用卫生厕所户数 Accumulative Households Sanitary Toilets	累计使用卫生公厕户数 Accumulative Households Using Sanitary Public Lavatories	卫生厕所普及率(%) Access Rate to Sanitary Toilets (%)	无害化卫生厕所普及率(%) Access Rate to Harmless Sanitary Toilets (%)
全 国	**National Total**	**6828.66**	**7.14**	**25402.47**	**16055.76**	**2970.72**	**63.21**	**40.49**
北 京	Beijing	0.10	0.03	118.84	101.59	16.69	85.48	75.39
天 津	Tianjin			117.56	107.21	9.04	91.20	91.04
河 北	Hebei	66.98	1.26	1426.08	715.59	33.42	50.18	24.81
山 西	Shanxi	171.81	7.20	635.23	312.89	69.54	49.26	19.67
内蒙古	Inner Mongolia	107.81	7.32	415.49	143.22	61.53	34.47	7.95
辽 宁	Liaoning	172.27	7.58	674.78	399.07	28.50	59.14	19.07
吉 林	Jilin	0.82	0.05	409.35	273.00	17.97	66.69	6.76
黑龙江	Heilongjiang	56.31	2.58	646.25	406.15	107.76	62.85	8.67
上 海	Shanghai			125.33	121.07	14.90	96.60	96.36
江 苏	Jiangsu			1569.99	1204.33	50.71	76.71	51.48
浙 江	Zhejiang	95.07	2.67	1162.77	1005.60	115.14	86.48	73.50
安 徽	Anhui	274.10	5.22	1346.54	729.06	129.36	54.14	22.10
福 建	Fujian	292.00	10.89	693.53	505.89	43.43	72.94	70.48
江 西	Jiangxi	523.93	15.49	841.28	601.09	108.77	71.45	44.55
山 东	Shandong	3.03	0.04	2037.88	1640.26	34.78	80.49	40.97
河 南	Henan	100.74	1.26	2003.05	1383.68	82.70	69.08	51.44
湖 北	Hubei	557.00	11.99	1081.03	759.02	19.18	70.21	43.41
湖 南	Hunan	811.04	15.54	1443.33	878.01	66.00	60.83	32.72
广 东	Guangdong	206.39	3.46	1471.72	1205.24	486.02	81.89	73.43
广 西	Guangxi	183.55	4.45	971.56	516.65	41.51	53.18	51.74
海 南	Hainan	49.67	7.83	142.79	84.46	14.44	59.15	57.39
重 庆	Chongqing	311.77	12.13	726.86	353.93		48.69	48.69
四 川	Sichuan	1165.97	16.98	1966.95	1069.01	1053.84	54.35	41.96
贵 州	Guizhou	426.25	12.99	817.81	288.61	40.93	35.29	16.48
云 南	Yunnan	442.38	12.01	898.62	482.94	118.61	53.74	26.71
西 藏	Tibet							
陕 西	Shaanxi	522.29	18.17	711.65	291.02	100.69	40.89	31.27
甘 肃	Gansu	244.04	11.56	478.96	276.59	65.88	57.75	17.47
青 海	Qinghai	5.75	1.48	87.11	39.66	1.69	45.53	8.26
宁 夏	Ningxia	16.74	4.00	95.67	40.02	10.54	41.84	28.30
新 疆	Xinjiang			223.21	94.55	9.20	42.36	14.02
新疆兵团	Xinjiang Production & Construction Corps	20.85	10.47	61.25	26.35	17.95	43.02	37.24

12-3 各地区农村改水、改厕投资情况(2009年)

Investment of Water Sanitation and Toilet Improvement in Rural Areas by Region(2009)

单位：万元　　　　(10000 yuan)

地 区	Region	农村改水 Access to Water Sanitation Improvement			农村改厕 Access to Toilet Improvement		
		农村改水投资 Investment of Water Sanitation Improvement	#国家投资 State Investment	国家投资占总投资比重(%) Proportion of State Investment in Total (%)	农村改厕投资 Investment of Toilet Improvement	#国家投资 State Investment	国家投资占总投资比重(%) Proportion of State Investment in Total (%)
全 国	**National Total**	**2545646.2**	**1765242.5**	**69.3**	**1143658.3**	**425325.0**	**37.2**
北 京	Beijing	25495.4	6066.0	23.8	42857.1	25348.7	59.1
天 津	Tianjin	33442.9	25609.5	76.6	8454.8	4066.4	48.1
河 北	Hebei	18081.9	10673.4	59.0	23685.8	7868.9	33.2
山 西	Shanxi	35022.4	23948.1	68.4	16253.4	7497.2	46.1
内蒙古	Inner Mongolia	58469.5	47135.0	80.6	11352.6	7460.1	65.7
辽 宁	Liaoning	59583.7	43353.1	72.8	15613.3	7258.4	46.5
吉 林	Jilin	88027.8	63885.0	72.6	5328.0	1747.0	32.8
黑龙江	Heilongjiang	23073.2	16939.5	73.4	9580.9	2550.2	26.6
上 海	Shanghai	43624.0			32815.1	15814.2	48.2
江 苏	Jiangsu	133409.0	103517.9	77.6	85744.5	56493.7	65.9
浙 江	Zhejiang	173987.6	88001.6	50.6	95192.9	30371.8	31.9
安 徽	Anhui	110095.0	93353.8	84.8	18457.6	9113.0	49.4
福 建	Fujian	31838.6	12597.5	39.6	30669.1	4501.8	14.7
江 西	Jiangxi	37019.1	21295.3	57.5	30528.7	13073.0	42.8
山 东	Shandong	89353.7	40750.6	45.6	68347.5	11676.5	17.1
河 南	Henan	125628.0	101631.8	80.9	44526.6	20786.2	46.7
湖 北	Hubei	190903.0	146390.0	76.7	24949.0	12529.0	50.2
湖 南	Hunan	107088.0	74468.3	69.5	25755.5	11218.8	43.6
广 东	Guangdong	176614.4	99603.0	56.4	57945.4	4222.9	7.3
广 西	Guangxi	111535.7	88856.1	79.7	42868.9	11561.2	27.0
海 南	Hainan	22633.0	21831.0	96.5	22124.2	5262.9	23.8
重 庆	Chongqing	72027.1	51418.3	71.4	37362.5	16363.1	43.8
四 川	Sichuan	426398.9	289323.6	67.9	266938.2	79522.6	29.8
贵 州	Guizhou	67091.3	61140.2	91.1	23444.5	15496.1	66.1
云 南	Yunnan	63306.5	50449.5	79.7	22683.0	11988.2	52.9
西 藏	Tibet						
陕 西	Shaanxi	55598.0	47247.0	85.0	48288.0	17303.0	35.8
甘 肃	Gansu	54598.1	41893.0	76.7	17513.6	6581.6	37.6
青 海	Qinghai	9803.5	8981.5	91.6	1749.5	1749.5	100.0
宁 夏	Ningxia	18085.1	11158.1	61.7	5418.9	2755.2	50.8
新 疆	Xinjiang	64005.0	61390.0	95.9	3947.7	2080.0	52.7
新疆兵团	Xinjiang Production & Construction Corps	19807.0	12335.0	62.3	3261.6	1063.9	32.6

12-4 各地区农村可再生能源利用情况(2009年)
Use of Renewable Energy in Rural Areas by Region (2009)

地 区	Region	沼气池产气总量(万立方米) Total Production of Methane (10000 cu.m)	#大中型沼气工程 Large and Medium Methane Generating Projects	太阳能热水器(万平方米) Water Heaters Using Solar Energy (10000 sq.m)	太阳房(万平方米) Solar Energy Houses (10000 sq.m)	太阳灶(台) Solar Kitchen Ranges (unit)	生活污水净化沼气池(个) Household Waste Water Purification and Methane Generating Tanks(unit)
全 国	**National Total**	**1307748.3**	**66978.5**	**4997.1**	**1733.8**	**1484271**	**186945**
北 京	Beijing	2285.9	2013.0	66.1	30.6	2318	
天 津	Tianjin	1713.4	551.4	32.8	1.0		8
河 北	Hebei	94337.4	1291.5	514.2	154.9	6805	161
山 西	Shanxi	20885.9	1301.1	407.0	0.3	3632	53
内 蒙	Inner Mongolia	12524.3	822.9	37.4	133.0	30035	5
辽 宁	Liaoning	13440.3	982.5	116.9	513.3	952	
吉 林	Jilin	2866.2	9.0	30.6	281.1	630	2
黑龙江	Heilongjiang	4853.0	147.0	41.6	301.9	401	
上 海	Shanghai						
江 苏	Jiangsu	19188.1	4995.5	526.7	5.5	15	29974
浙 江	Zhejiang	13377.4	7242.7	408.6			61840
安 徽	Anhui	21093.8	439.5	373.2			1396
福 建	Fujian	25638.3	4080.6	35.8			1782
江 西	Jiangxi	52316.3	2617.8	81.2			1821
山 东	Shandong	70069.9	8836.4	797.2	13.2	15434	109
河 南	Henan	121579.2	6266.0	279.1	1.9	20	1258
湖 北	Hubei	90674.8	1722.1	191.4			1154
湖 南	Hunan	80962.6	1458.8	106.5		4	2036
广 东	Guangdong	21635.8	3821.5	8.0	0.7	19	3626
广 西	Guangxi	120424.6	1098.3	35.8	…		605
海 南	Hainan	27849.5	5396.7	392.8			7
重 庆	Chongqing	37369.2	783.6	6.7			17284
四 川	Sichuan	176135.8	7745.7	48.8	0.9	130087	61933
贵 州	Guizhou	80961.0	1282.4	31.7			1557
云 南	Yunnan	113726.0	126.4	184.3		264	178
西 藏	Tibet	2485.0				13165	
陕 西	Shaanxi	32576.3	276.9	103.7	5.4	15363	119
甘 肃	Gansu	27338.0	767.0	59.5	222.2	780341	37
青 海	Qinghai	4012.1	102.3	2.4	43.1	221019	
宁 夏	Ningxia	5045.2	211.9	23.2	15.4	260840	
新 疆	Xinjiang	9211.4	4.8	47.0	9.4	2927	
新疆兵团	Xinjiang Production & Construction Corps	802.8	328.8				
黑龙江农垦	Heilongjiang Land Reclamation	368.9	254.2	6.9			

资料来源：农业部。
Source: Ministry of Agriculture.

12-5 各地区农业有效灌溉和农用化肥施用情况(2009年)

Agriculture Irrigated Area and Use of Chemical Fertilizers by Region (2009)

地 区	Region	有效灌溉面积(千公顷) Area Irrigated (1000 hectares)	化肥施用量(万吨) Use of Chemical Fertilizers (10000 tons)	氮 肥 Nitrogenous Fertilizer	磷 肥 Phosphate Fertilizer	钾 肥 Potash Fertilizer	复合肥 Compound Fertilizer
全 国	**National Total**	**59261.4**	**5404.4**	**2329.9**	**797.7**	**564.3**	**1698.7**
北 京	Beijing	218.7	13.8	7.0	0.9	0.7	5.2
天 津	Tianjin	347.4	26.0	12.4	4.0	1.6	8.0
河 北	Hebei	4553.0	316.2	153.0	47.4	26.3	89.4
山 西	Shanxi	1261.0	104.3	38.7	18.9	8.1	38.7
内蒙古	Inner Mongolia	2949.8	171.4	79.9	29.0	13.5	49.1
辽 宁	Liaoning	1509.6	133.6	66.8	11.8	11.6	43.5
吉 林	Jilin	1684.8	174.2	65.3	6.6	12.0	90.2
黑龙江	Heilongjiang	3405.9	198.9	72.2	43.9	27.7	55.0
上 海	Shanghai	202.3	12.6	6.3	1.0	0.6	4.6
江 苏	Jiangsu	3813.7	344.0	181.8	48.0	21.0	93.2
浙 江	Zhejiang	1446.4	93.6	53.4	11.9	7.5	20.7
安 徽	Anhui	3484.1	312.8	111.8	36.8	30.6	133.6
福 建	Fujian	960.1	120.7	47.9	17.0	24.5	31.3
江 西	Jiangxi	1840.4	135.8	43.3	21.7	20.8	50.0
山 东	Shandong	4896.9	472.9	165.0	51.4	46.5	210.0
河 南	Henan	5033.0	628.7	239.4	116.6	59.8	212.9
湖 北	Hubei	2350.1	340.3	153.6	67.2	28.5	90.9
湖 南	Hunan	2720.7	231.6	108.6	26.4	39.6	57.0
广 东	Guangdong	1871.1	233.2	99.7	21.2	46.1	66.2
广 西	Guangxi	1522.1	229.3	68.4	28.0	51.5	81.5
海 南	Hainan	243.2	46.3	13.9	3.1	7.0	22.3
重 庆	Chongqing	672.0	91.2	50.2	17.3	4.9	18.1
四 川	Sichuan	2523.7	248.0	130.7	49.7	16.4	50.3
贵 州	Guizhou	1016.0	86.5	47.0	10.9	7.5	21.2
云 南	Yunnan	1562.1	171.4	92.7	25.4	16.1	37.2
西 藏	Tibet	235.1	4.7	1.7	1.0	0.3	1.8
陕 西	Shaanxi	1293.3	181.3	87.2	19.7	15.8	43.5
甘 肃	Gansu	1264.2	82.9	38.2	15.6	5.8	23.3
青 海	Qinghai	251.7	8.0	3.5	1.3	0.3	3.0
宁 夏	Ningxia	453.6	35.5	16.6	4.0	2.1	12.8
新 疆	Xinjiang	3675.7	155.0	73.8	40.0	9.8	34.2

资料来源：国家统计局(下表同)。

Source: National Bureau of Statistics (the same as in the following table).

12-6 各地区农用塑料薄膜和农药使用量情况(2009年)
Use of Agricultural Plastic Film and Pesticide by Region (2009)

地　区	Region	塑料薄膜使用量 (吨) Use of Agricultural Plastic Film (ton)	地膜使用量 (吨) Use of Plastic Film for Covering Plants (ton)	地膜覆盖面积 (公顷) Area Covered by Plastic Film (hectare)	农药使用量 (吨) Use of Pesticide (ton)
全　国	**National Total**	**2079697**	**1127934**	**15501123**	**1708998**
北　京	Beijing	13055	4300	21387	3981
天　津	Tianjin	12640	5891	90944	3805
河　北	Hebei	118919	63853	1074213	86486
山　西	Shanxi	41534	30645	485153	25310
内蒙古	Inner Mongolia	51136	41608	797646	22329
辽　宁	Liaoning	123338	30406	255180	54088
吉　林	Jilin	51980	18530	130824	42374
黑龙江	Heilongjiang	64567	25808	288476	66843
上　海	Shanghai	20389	6865	29853	7289
江　苏	Jiangsu	94252	37491	518360	92305
浙　江	Zhejiang	54402	25347	155826	65454
安　徽	Anhui	76678	36628	436943	110423
福　建	Fujian	58350	26135	123169	57844
江　西	Jiangxi	43719	25866	132864	97593
山　东	Shandong	313844	138448	2574700	169043
河　南	Henan	141354	67016	1002251	121409
湖　北	Hubei	61300	34937	477370	138902
湖　南	Hunan	71353	50837	700125	115352
广　东	Guangdong	40594	20536	113906	103716
广　西	Guangxi	33263	25082	321778	62182
海　南	Hainan	14756	8551	27276	46812
重　庆	Chongqing	34712	19366	297482	22004
四　川	Sichuan	109217	75501	876614	61891
贵　州	Guizhou	46470	20627	215856	12464
云　南	Yunnan	81354	63491	752492	42567
西　藏	Tibet	441	417	1201	921
陕　西	Shaanxi	34971	21446	462804	13149
甘　肃	Gansu	98483	60034	842587	39906
青　海	Qinghai	2114	1277	15203	2026
宁　夏	Ningxia	12232	6587	204872	2389
新　疆	Xinjiang	158280	134408	2073768	18142

附录一、 人口资源环境主要统计指标

APPENDIX Ⅰ. Main Indicators of Population, Resource & Environment

[illegible]

APPENDIX [illegible]

[illegible]

附录1　人口资源环境主要统计指标
Main Indicators of Population, Resources & Environment

指　　标		Indicator		2007	2008	2009
1.人口构成		**Population Structure**				
总人口	（万人）	Population	(10000 persons)	132129	132802	133474
#城镇		Urban		59379	60667	62186
乡村		Rural		72750	72135	71288
2.土地资源		**Land Resource**				
耕地面积	（万公顷）	Cultivated Land	(10000 hectares)	12174	12172	
人均耕地面积	（亩）	Cultivated Land per Capita	(a unit of area)	1.38	1.37	
3.水资源		**Water Resource**				
水资源总量	（亿立方米）	Water Resources	(100 million cu.m)	25255.2	27434.3	24180.2
人均水资源量	（立方米／人）	Per Capita Water Resources	(cu.m/person)	1916.3	2071.1	1816.2
用水总量	（亿立方米）	Water Use	(100 million cu.m)	5818.7	5910.0	5965.2
#工业用水量		Industry		1403.0	1397.1	1390.9
人均用水量	（立方米／人）	Per Capita Water Use	(cu.m/person)	441.5	446.2	448.0
单位GDP用水量	（立方米／万元）	Water Use /GDP	(cu.m/10000 yuan)	244.6	226.6	209.6
单位工业增加值用水量	（立方米／万元）	Water Use/Value Added of Industry	(cu.m/10000 yuan)	140.1	126.9	116.2
4.森林资源		**Forest Resource**				
森林面积	（万公顷）	Forest Area	(10000 hectares)	17490.9	17490.9	19545.2
森林覆盖率	（%）	Forest Coverage Rate	(%)	18.21	18.21	20.36
活立木总蓄积量	（亿立方米）	Standing Forest Stock	(100 million cu.m)	136.2	136.2	149.1
森林蓄积量	（亿立方米）	Stock Volume of Forest	(100 million cu.m)	124.6	124.6	137.2
人均森林面积	（公顷／人）	Per Capita Forest Area	(hectare/person)	0.13	0.13	0.15
5.能源		**Energy**				
能源生产总量	（万吨标准煤）	Energy Production	(10000 tce)	247279	260552	274618
构成(能源生产总量=100)		Composition (Energy Production=100)				
原煤	（%）	Raw Coal	(%)	77.7	76.8	77.3
原油	（%）	Crude Oil	(%)	10.8	10.5	9.9
天然气	（%）	Natural Gas	(%)	3.7	4.1	4.1
电力	（%）	Power	(%)	7.8	8.6	8.7
人均能源生产量	（千克标准煤／人）	Per Capita Energy Production	(kgce/person)	1876	1967	2063
能源消费总量	（万吨标准煤）	Total Energy Consumption	(10000 tce)	280508	291448	306647
构成(能源生产总量=100)		Composition (Energy Consumption=100)				
煤炭	（%）	Coal	(%)	71.1	70.3	70.4
石油	（%）	Petroleum	(%)	18.8	18.3	17.9
天然气	（%）	Natural Gas	(%)	3.3	3.7	3.9
电力	（%）	Power	(%)	6.8	7.7	7.8

附录1 续表 continued

指 标	Indicator	2007	2008	2009
人均能源消费量(千克标准煤/人)	Per Capita Energy Consumption (kgce/person)	2128	2200	2303
能源生产弹性系数	Elasticity Ratio of Energy Production	0.46	0.56	0.59
能源消费弹性系数	Elasticity Ratio of Energy Consumption	0.59	0.41	0.57
电力生产弹性系数	Elasticity Ratio of Electric Power Production	1.02	0.58	0.78
电力消费弹性系数	Elasticity Ratio of Electric Power Consumption	1.01	0.58	0.79
单位GDP能耗 (吨标准煤/万元)	Energy Consumption/GDP (tce/10000 yuan)	1.179	1.117	1.077
6.污染物排放	**Pollutant Discharge**			
废水排放量 (亿吨)	Waste Water Discharge (100 million tons)	556.8	571.9	589.1
#工业废水排放量	Industry	246.6	241.9	234.4
化学需氧量(COD)排放量 (万吨)	COD Discharge (10000 tons)	1381.8	1320.7	1277.5
#工业COD排放量	Industry	511.1	457.6	439.7
二氧化硫(SO_2)排放量 (万吨)	SO_2 Emission (10000 tons)	2468.1	2321.2	2214.4
#工业SO_2排放量	Industry	2140.0	1991.4	1865.9
工业固体废物排放量 (万吨)	Industry Solid Wastes Discharged(10000 tons)	1196.7	781.8	710.5
工业固体废物综合利用率 (%)	Ratio of Utilized Industrial Solid Wastes (%)	62.0	64.3	67.0
单位国内生产总值废水排放量 (吨/万元)	Waste Water Discharge/GDP (ton/10000 yuan)	23.4	21.9	20.7
单位工业增加值废水排放量 (吨/万元)	Waste Water Discharge/Value Added of Industry (ton/10000 yuan)	24.6	22.0	19.6
单位国内生产总值COD排放量 (千克/万元)	COD Discharge/GDP (kg/10000 yuan)	5.8	5.1	4.5
单位工业增加值COD排放量 (千克/万元)	COD Discharge/Value Added of Industry (kg/10000 yuan)	5.1	4.2	3.7
单位国内生产总值SO_2排放量 (千克/万元)	Emission of SO_2/GDP (kg/10000 yuan)	10.4	8.9	7.8
单位工业增加值SO_2排放量 (千克/万元)	Emission of SO_2/Value Added of Industry (kg/10000 yuan)	21.4	18.1	15.6
单位工业增加值固体废物排放量 (千克/万元)	Industrial Solid Wastes Discharged/Value Added of Industry (kg/10000 yuan)	11.9	7.1	5.9
城市生活垃圾清运量 (万吨)	Urban Garbage Disposal (10000 tons)	15215	15438	15734
7.污染治理投入	**Investment in Treatment of Environmental Pollution**			
环境污染治理投资 (亿元)	Investment in Anti-pollution Projects (100 milliom yuan)	3387	4490	4525
环境污染治理投资占GDP比重 (%)	Investment in Anti-pollution Projects as Percentage of GDP (%)	1.36	1.49	1.33

附录二、“十一五”时期主要环境保护指标

APPENDIX II. Main Environmental Indicators in the 11th Five-year Plan Period

附录2-1 "十五"时期主要污染物排放情况

Discharge of Major Pollutants in the 10th Five-year Plan Period

单位：万吨 (10000 tons)

指 标	Item	2000	2001	2002	2003	2004	2005
二氧化硫排放总量	Emission of SO2	1995.1	1947.2	1926.6	2158.5	2254.9	2549.4
工 业	Industrial Emission	1612.5	1566.0	1562.0	1791.6	1891.4	2168.4
生 活	Household Emission	382.6	381.2	364.6	366.9	363.5	381.0
烟尘排放总量	Emission of Soot	1165.4	1069.8	1012.7	1048.5	1095.0	1182.5
工 业	Industrial Emission	953.3	852.1	804.2	846.1	886.5	948.9
生 活	Household Emission	212.1	217.9	208.5	202.5	208.5	233.6
工业粉尘排放总量	Emission of Industrial Dust	1092.0	990.6	941.0	1021.3	904.8	911.2
化学需氧量排放总量	COD Discharge	1445.0	1404.8	1366.9	1333.9	1339.2	1414.2
工 业	Industrial Discharge	704.5	607.5	584.0	511.8	509.7	554.7
生 活	Household and Service Discharge	740.5	797.3	782.9	821.1	829.5	859.4
氨氮排放总量	Ammonia Nitrogen Discharge		125.2	128.8	129.6	133.0	149.8
工 业	Industrial Discharge		41.3	42.1	40.4	42.2	52.5
生 活	Household and Service Discharge		83.9	86.7	89.2	90.8	97.3
工业固体废物排放总量	Industry Solid Wastes Discharged	3186.2	2893.8	2635.2	1940.9	1762.0	1654.7

资料来源：环境保护部。

Source:Ministry of Environmental Protection.

附录2-2 “十一五”时期人口、资源和环境指标
Indicators on Population, Resources & Environment in the 11th Five-year Plan Period

指　标	Item	2005	2010	年均增长(%) Annual Growth Rate (%)	属　性 Attribute
全国总人口　（万人）	Total Population　(10000 persons)	130756	136000	<8‰	约束性 Obligatory
单位国内生产总值能源消耗降低　(%)	Reduction of Energy Consumption per Unit GDP　(%)			[20]	约束性 Obligatory
单位工业增加值用水量降低　(%)	Reduction of Water Consumption per Unit Industrial Added Value　(%)			[30]	约束性 Obligatory
农业灌溉用水有效利用系数	Efficient Utilization Coefficient of Agricultural Irrigation Water	0.45	0.50	[0.5]	预期性 Anticipated
工业固体废物综合利用率　(%)	Comprehensive Utilization Rate of Industrial Solid Wastes　(%)	55.8	60.0	[4.2]	预期性 Anticipated
耕地保有量　（亿公顷）	Total Cultivated Land　(100 million hectares)	1.22	1.20	-0.3	约束性 Obligatory
主要污染物排放总量减少　(%)	Reduction of Total Major Pollutants Emission Volume　(%)			[10]	约束性 Obligatory
森林覆盖率　(%)	Forest Coverage　(%)	18.2	20.0	[1.8]	约束性 Obligatory

注：国内生产总值为2005年价格；带[ ]的为五年累计数；主要污染物指二氧化硫和化学需氧量。

Note:Figures of GDP is of 2005 price; those in [ ] are accumulative figures in five years; major pollutants refers to sulfur dioxide and COD.

附录2-3 “十一五”主要环境保护指标

Main Environmental Protection Indicators in the 11th Five-year Plan Period

指　标	Item	2005	2010	“十一五”增减情况 Increase or Decrease in the 11th Five-year Plan Period
化学需氧量排放总量（万吨）	COD Discharge (10000 tons)	1414	1270	-10%
二氧化硫排放总量（万吨）	Emission of SO_2 (10000 tons)	2549	2295	-10%
地表水国控断面劣V类水质的比例（%）	Proportion of Water Quality Worse than Grade V in Surface Water Monitored Section (%)	26.1	< 22	-4.1个百分点 -4.1 percentage points
七大水系国控断面好于Ⅲ类的比例（%）	Proportion of Water Quality better than Grade Ⅲ in Main Water System Monitored Section (%)	41.0	> 43	2.0个百分点 2.0 percentage points
重点城市空气质量好于Ⅱ级标准的天数超过292天的比例（%）	Proportion of Air Quality Equal to or Above Grade Ⅱ over 292 Days in Major Cities (%)	69.4	75	5.6个百分点 5.6 percentage points

附录三、东中西部地区
主要环境指标

APPENDIX Ⅲ.
Main Environmental Indicators
by Eastern, Central & Western

附录3-1　东中西部地区水资源情况(2009年)

Water Resources by Eastern,Central & Western (2009)

单位：亿立方米　　(100 million cu.m)

区 域 Area	地 区	Region	水资源总量 Total Amount of Water Resources	地表水 Surface Water Resources	地下水 Ground Water Resources	地表水与地下水重复量 Duplicated Measurement of Surface Water and Groundwater	降水量 Precipi-tation	人均水资源量 per Capita Water Resources
	全　国	**National Total**	**24180.2**	**23125.2**	**7267.0**	**6212.1**	**55965.5**	**1816.2**
	东部小计	**Eastern Total**	**4731.6**	**4375.0**	**1414.1**	**1057.6**	**10242.6**	**981.6**
	北　京	Beijing	21.8	6.8	17.8	2.7	73.6	126.6
	天　津	Tianjin	15.2	10.6	5.6	0.9	72.0	126.8
	河　北	Hebei	141.2	47.5	122.7	29.1	868.4	201.3
东 部	上　海	Shanghai	41.6	34.6	9.9	3.0	83.9	218.3
	江　苏	Jiangsu	400.3	306.0	110.8	16.5	1051.7	519.8
Eastern	浙　江	Zhejiang	931.3	917.4	208.0	194.1	1655.0	1808.4
	福　建	Fujian	800.8	799.6	244.7	243.4	1777.7	2214.9
	山　东	Shandong	285.0	173.8	180.7	69.5	1079.9	301.7
	广　东	Guangdong	1613.7	1604.1	407.6	398.0	2803.3	1682.5
	海　南	Hainan	480.7	474.6	106.3	100.3	777.0	5596.2
	中部小计	**Central Total**	**4540.3**	**4274.8**	**1377.7**	**1112.2**	**10653.2**	**1277.7**
	山　西	Shanxi	85.8	47.7	76.1	38.1	779.4	250.8
中 部	安　徽	Anhui	733.1	685.9	185.4	138.3	1665.4	1195.3
	江　西	Jiangxi	1166.9	1144.7	312.9	290.7	2323.9	2642.5
Central	河　南	Heinan	328.8	208.3	188.1	67.6	1247.9	347.6
	湖　北	Hubei	825.3	794.4	263.4	232.6	1982.2	1443.9
	湖　南	Hunan	1400.5	1393.8	351.7	345.0	2654.5	2190.6
	西部小计	**Western Total**	**13449.7**	**13239.0**	**3976.9**	**3766.3**	**30387.0**	**3672.2**
	内蒙古	Inner Mongolia	378.1	263.4	214.4	99.6	2679.0	1563.9
	广　西	Guangxi	1484.3	1484.3	256.8	256.8	3061.7	3069.3
	重　庆	Chongqing	455.9	455.9	81.9	81.9	848.4	1600.3
	四　川	Sichuan	2332.2	2330.6	580.0	578.4	4363.3	2857.5
西 部	贵　州	Guizhou	910.0	910.0	249.0	249.0	1673.4	2397.7
	云　南	Yunnan	1576.6	1576.6	582.6	582.6	3691.2	3459.7
Western	西　藏	Tibet	4029.2	4029.2	871.5	871.5	6426.1	139658.9
	陕　西	Shaanxi	416.5	393.7	132.4	109.6	1443.6	1105.6
	甘　肃	Gansu	209.0	201.8	123.6	116.4	1040.3	794.3
	青　海	Qinghai	895.1	873.9	392.3	371.1	2669.3	16113.6
	宁　夏	Ningxia	8.4	6.0	22.1	19.7	121.8	135.5
	新　疆	Xinjiang	754.3	713.7	470.5	429.8	2369.0	3516.6
	东北小计	**Northeast Total**	**1458.6**	**1236.4**	**498.3**	**276.0**	**4682.8**	**1340.7**
东 北	辽　宁	Liaoning	171.0	138.0	87.6	54.6	800.7	396.0
Northeast	吉　林	Jilin	298.0	252.8	97.3	52.0	1038.9	1088.9
	黑龙江	Heilongjiang	989.6	845.6	313.4	169.4	2843.2	2586.9

资料来源：水利部。

Source:Ministry of Water Resource.

附录3-2　东中西部地区废水排放及处理情况(2009年)

Discharge and Treatment of Waste Water by Eastern, Central & Western (2009)

单位：万吨　　　　(10000 tons)

区　域 Area	地　区 Region		废水排放总量 Total Volume of Waste Water Discharged	工业废水 Industrial Waste Water	生活污水 Household Waste Water	化学需氧量排放量 COD Discharge	工业 Industrial	生活 Household and Service
	全　国	**National Total**	**5890877**	**2343857**	**3547021**	**1277.54**	**439.68**	**837.86**
	东部小计	**Eastern Total**	**2921003**	**1160300**	**1760703**	**441.51**	**134.38**	**307.13**
	北　京	Beijing	140813	8713	132100	9.88	0.49	9.39
	天　津	Tianjin	59647	19441	40206	13.30	2.35	10.95
	河　北	Hebei	244989	110058	134931	57.01	23.04	33.97
东　部	上　海	Shanghai	230518	41192	189326	24.34	2.90	21.44
	江　苏	Jiangsu	522329	256160	266169	82.17	25.13	57.04
Eastern	浙　江	Zhejiang	365017	203442	161575	51.38	24.05	27.33
	福　建	Fujian	246013	142747	103266	37.57	7.54	30.03
	山　东	Shandong	386731	182673	204058	64.70	26.05	38.65
	广　东	Guangdong	687429	188844	498585	91.12	21.68	69.44
	海　南	Hainan	37518	7031	30486	10.03	1.16	8.87
	中部小计	**Central Total**	**1292672**	**508398**	**784274**	**325.40**	**103.13**	**222.27**
	山　西	Shanxi	105875	39720	66155	34.44	14.19	20.25
中　部	安　徽	Anhui	179701	73441	106260	42.41	12.88	29.53
	江　西	Jiangxi	147081	67192	79888	43.52	10.35	33.17
Central	河　南	Heinan	333980	140325	193656	62.62	29.77	32.86
	湖　北	Hubei	265757	91324	174433	57.57	14.37	43.20
	湖　南	Hunan	260278	96396	163883	84.84	21.56	63.28
	西部小计	**Western Total**	**1239824**	**528248**	**711576**	**372.09**	**154.64**	**217.45**
	内 蒙 古	Inner Mongolia	73155	28616	44539	27.85	12.01	15.85
	广　西	Guangxi	305507	161596	143911	97.63	51.88	45.75
	重　庆	Chongqing	147069	65684	81385	23.98	10.03	13.95
	四　川	Sichuan	262709	105910	156799	74.77	24.51	50.25
西　部	贵　州	Guizhou	59159	13478	45682	21.60	1.30	20.30
	云　南	Yunnan	87591	32375	55215	27.31	8.53	18.78
Western	西　藏	Tibet	3455	942	2514	1.54	0.07	1.47
	陕　西	Shaanxi	111219	49137	62082	31.81	12.64	19.17
	甘　肃	Gansu	49270	16364	32907	16.81	4.87	11.94
	青　海	Qinghai	22171	8404	13767	7.61	3.93	3.69
	宁　夏	Ningxia	41336	21542	19794	12.52	9.73	2.78
	新　疆	Xinjiang	77184	24201	52983	28.67	15.14	13.53
	东北小计	**Northeast Total**	**437378**	**146910**	**290467**	**138.54**	**47.53**	**91.01**
东　北	辽　宁	Liaoning	217155	75159	141996	56.26	21.63	34.64
Northeast	吉　林	Jilin	109715	37563	72151	36.08	14.72	21.36
	黑 龙 江	Heilongjiang	110508	34188	76320	46.20	11.19	35.01

资料来源：环境保护部(以下各表同)。
Source:Ministry of Environmental Protection (the same as in the following tables).

附录3-2 续表 continued

单位：万吨 (10000 tons)

区 域 Area	地 区 Region	氨氮排放量 Ammonia Nitrogen Discharge	工业 Industrial	生活 Household and Service	工业废水排放达标率(%) Proportion of Industrial Waste Water Meeting Discharge Standards(%)
	全 国 National Total	**122.61**	**27.35**	**95.26**	**94.2**
东 部 Eastern	**东部小计 Eastern Total**	**43.69**	**8.22**	**35.47**	**96.9**
	北 京 Beijing	1.30	0.05	1.26	98.4
	天 津 Tianjin	1.20	0.29	0.91	100.0
	河 北 Hebei	5.51	1.72	3.79	98.3
	上 海 Shanghai	2.98	0.20	2.78	98.8
	江 苏 Jiangsu	6.53	1.38	5.16	98.1
	浙 江 Zhejiang	4.10	1.52	2.58	95.3
	福 建 Fujian	3.01	0.62	2.39	98.8
	山 东 Shandong	6.73	1.39	5.34	98.6
	广 东 Guangdong	11.51	1.00	10.51	92.3
	海 南 Hainan	0.81	0.06	0.76	96.6
中 部 Central	**中部小计 Central Total**	**34.54**	**9.80**	**24.75**	**93.8**
	山 西 Shanxi	4.07	1.15	2.92	82.3
	安 徽 Anhui	4.68	1.44	3.24	96.2
	江 西 Jiangxi	3.41	0.73	2.68	93.8
	河 南 Heinan	7.52	2.57	4.95	96.1
	湖 北 Hubei	6.46	1.51	4.95	95.9
	湖 南 Hunan	8.40	2.40	6.00	91.4
西 部 Western	**西部小计 Western Total**	**30.51**	**7.43**	**23.08**	**91.1**
	内 蒙 古 Inner Mongolia	3.39	0.47	2.92	85.1
	广 西 Guangxi	4.80	1.40	3.41	95.0
	重 庆 Chongqing	2.68	0.73	1.95	94.3
	四 川 Sichuan	5.95	1.35	4.60	95.4
	贵 州 Guizhou	1.71	0.09	1.62	71.0
	云 南 Yunnan	1.90	0.32	1.58	92.6
	西 藏 Tibet	0.15	…	0.15	22.3
	陕 西 Shaanxi	3.19	0.72	2.47	96.7
	甘 肃 Gansu	2.67	1.19	1.48	81.1
	青 海 Qinghai	0.71	0.17	0.54	55.8
	宁 夏 Ningxia	0.81	0.42	0.39	87.4
	新 疆 Xinjiang	2.55	0.58	1.97	66.7
东 北 Northeast	**东北小计 Northeast Total**	**13.86**	**1.90**	**11.97**	**86.2**
	辽 宁 Liaoning	6.25	0.96	5.29	85.9
	吉 林 Jilin	2.86	0.26	2.60	81.5
	黑 龙 江 Heilongjiang	4.75	0.68	4.08	91.8

附录3-3　东中西部地区废气排放情况(2009年)
Emission of Waste Gas by Eastern,Central & Western (2009)

单位：万吨　　　　(10000 tons)

区　域 Area	地　区 Region		工业废气排放总量(亿标立方米) Total Volume of Industrial Waste Gas Emission (100 million cu.m)	二氧化硫排放量 Volume of Sulphur Dioxide Emission	工业 Industrial	生活 Household and Service
	全　国	**National Total**	**436063.8**	**2214.4**	**1865.9**	**348.5**
	东部小计	**Eastern Total**	**187180.1**	**686.6**	**600.3**	**86.3**
	北　京	Beijing	4408.3	11.9	6.0	5.9
	天　津	Tianjin	5982.8	23.7	17.3	6.4
	河　北	Hebei	50779.4	125.3	104.3	21.1
东　部	上　海	Shanghai	10058.6	37.9	23.9	14.0
	江　苏	Jiangsu	27431.7	107.4	101.2	6.2
Eastern	浙　江	Zhejiang	18860.3	70.1	67.7	2.4
	福　建	Fujian	10497.1	42.0	39.9	2.0
	山　东	Shandong	35126.7	159.0	136.6	22.4
	广　东	Guangdong	22682.0	107.0	101.3	5.8
	海　南	Hainan	1353.2	2.2	2.1	0.1
	中部小计	**Central Total**	**92932.3**	**518.1**	**433.9**	**84.2**
	山　西	Shanxi	23692.9	126.8	101.0	25.9
中　部	安　徽	Anhui	15272.6	53.8	48.7	5.2
	江　西	Jiangxi	8286.1	56.4	49.0	7.4
Central	河　南	Heinan	22185.6	135.5	117.6	17.9
	湖　北	Hubei	12522.6	64.4	52.7	11.6
	湖　南	Hunan	10972.6	81.2	64.9	16.2
	西部小计	**Western Total**	**113639.4**	**819.2**	**667.9**	**151.3**
	内蒙古	Inner Mongolia	24844.4	139.9	120.4	19.5
	广　西	Guangxi	13184.2	89.0	83.5	5.5
	重　庆	Chongqing	12586.5	74.6	58.6	16.0
	四　川	Sichuan	13410.0	113.5	94.6	18.9
西　部	贵　州	Guizhou	7785.8	117.5	62.4	55.2
	云　南	Yunnan	9483.8	49.9	41.8	8.1
Western	西　藏	Tibet	15.4	0.2	0.2	…
	陕　西	Shaanxi	11031.9	80.4	74.2	6.3
	甘　肃	Gansu	6313.9	50.0	40.1	9.9
	青　海	Qinghai	3308.0	13.6	12.7	0.8
	宁　夏	Ningxia	4700.6	31.4	27.8	3.6
	新　疆	Xinjiang	6974.9	59.0	51.5	7.5
	东北小计	**Northeast Total**	**42312.1**	**190.5**	**163.8**	**26.7**
东　北	辽　宁	Liaoning	25211.2	105.1	91.9	13.3
Northeast	吉　林	Jilin	7123.8	36.3	30.0	6.3
	黑龙江	Heilongjiang	9977.1	49.0	41.9	7.1

附录3-3 续表 continued

单位：万吨 (10000 tons)

区 域 Area	地 区 Region		烟尘排放量 Volume of Emission of Soot	工业 Industrial	生活 Household and Service	工业粉尘排放量 Emission of Industry Dust
	全 国	**National Total**	**847.7**	**604.4**	**243.3**	**523.6**
	东部小计	**Eastern Total**	**209.7**	**155.4**	**54.3**	**128.4**
	北 京	Beijing	4.4	1.9	2.5	1.7
	天 津	Tianjin	7.1	5.9	1.3	0.8
	河 北	Zhejiang	51.9	33.0	18.9	42.7
东 部	上 海	Shanghai	10.2	3.6	6.5	0.8
	江 苏	Jiangsu	33.0	30.1	2.9	16.4
Eastern	浙 江	Zhejiang	19.0	18.0	1.0	16.8
	福 建	Fujian	11.3	7.1	4.3	15.7
	山 东	Shandong	41.7	30.2	11.5	22.1
	广 东	Guangdong	30.1	24.8	5.3	10.5
	海 南	Hainan	0.9	0.8	0.2	0.9
	中部小计	**Central Total**	**224.6**	**178.3**	**46.3**	**198.3**
	山 西	Shanxi	64.7	43.8	20.9	42.8
中 部	安 徽	Anhui	28.0	23.0	5.0	28.5
	江 西	Jiangxi	16.4	13.9	2.5	26.3
Central	河 南	Heinan	59.7	52.1	7.6	24.9
	湖 北	Hubei	21.7	17.9	3.7	18.3
	湖 南	Hunan	34.1	27.6	6.6	57.5
	西部小计	**Western Total**	**270.4**	**171.0**	**99.5**	**157.5**
	内 蒙 古	Inner Mongolia	49.4	32.1	17.3	16.4
	广 西	Guangxi	25.9	24.7	1.3	46.7
	重 庆	Chongqing	19.1	10.9	8.2	10.8
	四 川	Sichuan	28.5	19.6	8.9	11.4
西 部	贵 州	Guizhou	44.0	11.8	32.2	9.9
	云 南	Yunnan	17.8	12.4	5.5	10.2
Western	西 藏	Tibet	0.2	0.1	0.2	0.1
	陕 西	Shaanxi	20.2	15.1	5.2	14.8
	甘 肃	Gansu	16.2	9.2	7.0	8.4
	青 海	Qinghai	7.6	5.4	2.2	6.9
	宁 夏	Ningxia	9.8	7.9	1.8	3.6
	新 疆	Xinjiang	31.7	22.0	9.7	18.5
	东北小计	**Northeast Total**	**143.0**	**99.8**	**43.2**	**39.4**
东 北	辽 宁	Liaoning	61.3	40.1	21.1	22.7
Northeast	吉 林	Jilin	38.4	27.7	10.7	6.6
	黑 龙 江	Heilongjiang	43.3	31.9	11.4	10.1

附录3-4 东中西部地区工业固体废物产生及处理情况(2009年)

Generation and Disposal of Industrial Solid Wastes by Eastern,Central & Western (2009)

单位：万吨 (10000 tons)

区 域 Area	地 区 Region	工业固体废物产生量 Industrial Solid Wastes Generated	工业固体废物排放量(吨) Industrial Solid Wastes Discharged (ton)	工业固体废物综合利用量 Industrial Solid Wastes Utilized	工业固体废物处置量 Industrial Solid Wastes Disposed	工业固体废物综合利用率(%) Ratio of Industrial Solid Wastes Utilizedsed (%)
	全 国 National Total	**203943.4**	**710.5**	**138185.8**	**47487.7**	**67.0**
东 部 Eastern	**东部小计 Eastern Total**	**64354.5**	**49.8**	**55463.5**	**8216.9**	**85.0**
	北 京 Beijing	1242.4	0.1	910.4	754.6	68.9
	天 津 Tianjin	1515.7		1498.3	25.7	98.3
	河 北 Hebei	21975.8	30.5	15693.3	5259.9	70.9
	上 海 Shanghai	2254.6	…	2171.6	85.7	95.7
	江 苏 Jiangsu	8027.8		7862.2	102.0	96.8
	浙 江 Zhejiang	3909.7	0.8	3585.9	256.0	91.5
	福 建 Fujian	6348.9	2.4	5425.8	874.5	85.4
	山 东 Shandong	14137.9	…	13826.4	523.9	94.8
	广 东 Guangdong	4740.9	16.0	4321.6	313.5	90.3
	海 南 Hainan	200.9		167.9	21.2	83.6
中 部 Central	**中部小计 Central Total**	**53551.9**	**180.6**	**36170.3**	**14673.8**	**66.6**
	山 西 Shanxi	14742.9	141.6	8955.8	5099.4	60.1
	安 徽 Anhui	8470.8	…	7227.0	922.7	83.1
	江 西 Jiangxi	8898.2	14.0	3702.7	4416.1	41.6
	河 南 Heinan	10785.8	1.3	8064.3	2691.4	73.7
	湖 北 Hubei	5561.5	5.1	4210.2	1164.4	74.8
	湖 南 Hunan	5092.8	18.6	4010.4	379.8	76.7
西 部 Western	**西部小计 Western Total**	**59600.3**	**476.4**	**31962.8**	**16734.3**	**53.4**
	内蒙古 Inner Mongolia	12108.3	9.2	6367.9	4513.0	52.6
	广 西 Guangxi	5693.1	12.1	3856.7	1434.4	67.3
	重 庆 Chongqing	2551.8	149.9	2076.7	126.7	79.8
	四 川 Sichuan	8596.9	6.1	4952.3	2845.2	57.5
	贵 州 Guizhou	7317.4	94.5	3350.7	2109.4	45.6
	云 南 Yunnan	8672.8	60.6	4264.8	2615.4	48.9
	西 藏 Tibet	11.1	4.1	0.2		1.8
	陕 西 Shaanxi	5546.7	17.3	2997.6	1445.1	54.0
	甘 肃 Gansu	3150.2	12.3	1072.7	1216.8	33.3
	青 海 Qinghai	1347.6	1.4	508.2	1.5	37.3
	宁 夏 Ningxia	1398.3	3.7	987.9	251.0	70.6
	新 疆 Xinjiang	3206.1	105.2	1527.2	175.8	47.3
东 北 Northeast	**东北小计 Northeast Total**	**26436.7**	**3.7**	**14589.2**	**7862.7**	**54.6**
	辽 宁 Liaoning	17221.4	2.8	8240.7	7261.1	47.2
	吉 林 Jilin	3940.5		2538.8	88.5	64.3
	黑龙江 Heilongjiang	5274.7	1.0	3809.7	513.0	71.7

附录3-5　东中西部地区环境污染治理投资情况(2009年)

Investment in the Treatment of Evironmental Pollution by Eastern,Central & Western (2009)

单位：亿元　　(100 million yuan)

区域 Area	地区 Region	环境污染治理投资总额 Total Investment in Treatment of Environmental Pollution	城市环境基础设施建设投资 Investment in Urban Environment Infrastructure Facilities	工业污染源治理投资 Investment in Treatment of Industrial Pollution Sources	"三同时"项目环保投资 Investment in Environment Components for New Construction Projects	环境污染治理投资占GDP比重(%) Investment in Anti-pollution Projects as Percentage of GDP (%)
	全　国 National Total	**4525.3**	**2512.0**	**442.6**	**1570.7**	**1.33**
	东部小计 Eastern Total	**2095.5**	**1317.1**	**175.5**	**603.0**	
	北　京 Beijing	208.7	180.2	3.4	25.0	1.72
	天　津 Tianjin	103.7	56.1	18.0	29.6	1.38
	河　北 Hebei	248.6	159.0	13.2	76.4	1.44
	上　海 Shanghai	160.1	63.9	6.8	89.3	1.06
东部 Eastern	江　苏 Jiangsu	369.9	232.8	27.1	110.0	1.07
	浙　江 Zhejiang	198.0	99.1	19.4	79.6	0.86
	福　建 Fujian	87.2	31.5	12.9	42.9	0.71
	山　东 Shandong	459.5	296.0	51.6	111.9	1.36
	广　东 Guangdong	240.1	183.3	22.7	34.1	0.61
	海　南 Hainan	19.7	15.2	0.4	4.1	1.19
	中部小计 Central Total	**785.8**	**424.4**	**110.4**	**251.0**	
	山　西 Shanxi	157.8	63.8	38.7	55.4	2.14
	安　徽 Anhui	139.2	93.3	10.8	35.1	1.38
中部 Central	江　西 Jiangxi	70.4	48.5	4.0	18.0	0.92
	河　南 Heinan	121.3	57.9	15.4	48.0	0.62
	湖　北 Hubei	150.6	70.6	28.1	51.9	1.16
	湖　南 Hunan	146.4	90.3	13.4	42.7	1.12
	西部小计 Western Total	**887.0**	**491.1**	**119.2**	**276.6**	
	内蒙古 Inner Mongolia	155.2	113.0	17.8	24.4	1.59
	广　西 Guangxi	132.3	85.0	11.7	35.5	1.70
	重　庆 Chongqing	109.7	62.1	7.1	40.6	1.68
	四　川 Sichuan	103.5	51.5	9.6	42.4	0.73
	贵　州 Guizhou	21.2	5.1	8.9	7.1	0.54
西部 Western	云　南 Yunnan	79.6	33.5	9.5	36.6	1.29
	西　藏 Tibet	2.7	2.7			0.61
	陕　西 Shaanxi	119.1	61.0	20.6	37.4	1.46
	甘　肃 Gansu	44.4	18.6	12.3	13.5	1.31
	青　海 Qinghai	12.3	3.7	2.9	5.6	1.13
	宁　夏 Ningxia	28.7	10.0	4.3	14.4	2.12
	新　疆 Xinjiang	78.2	44.8	14.3	19.1	1.83
	东北小计 Northeast Total	**378.8**	**279.4**	**37.5**	**61.8**	
东北 Northeast	辽　宁 Liaoning	204.9	152.9	19.7	32.3	1.35
	吉　林 Jilin	66.1	42.4	7.9	15.7	0.91
	黑龙江 Heilongjiang	107.8	84.1	9.9	13.8	1.26

资料来源：环境保护部、住房和城乡建设部。
Source: Ministry of Environmental Protection,Ministry of Housing and Urban-Rural Development.

附录3-6 东中西部地区城市环境情况(2009年)

Urban Environment by Eastern,Central & Western (2009)

区 域 Area	地 区 Region		城市污水排放量(万立方米) Volume of Municipal Sewage Discharge (10000 cu.m)	城市污水处理率(%) Rate of Municipal Sewage Discharge (%)	城市燃气普及率(%) Gas Access Rate (%)	生活垃圾无害化处理率(%) Domestic Garbage Harmless Disposal Rate (%)
	全 国	**National Total**	**3712129**	**75.3**	**91.4**	**71.4**
东 部 Eastern	**东部小计**	**Eastern Total**	**1946453**	**80.7**	**98.1**	**81.5**
	北 京	Beijing	136511	80.3	100.0	98.2
	天 津	Tianjin	68325	80.1	100.0	94.3
	河 北	Hebei	127979	84.5	97.9	59.0
	上 海	Shanghai	231088	89.0	100.0	78.8
	江 苏	Jiangsu	325535	85.4	98.4	91.0
	浙 江	Zhejiang	207498	78.9	97.9	97.6
	福 建	Fujian	100675	80.3	98.6	92.5
	山 东	Shandong	229929	88.1	99.2	90.5
	广 东	Guangdong	497575	71.5	96.5	65.5
	海 南	Hainan	21338	58.4	83.7	65.0
中 部 Central	**中部小计**	**Central Total**	**703318**	**74.8**	**84.9**	**66.5**
	山 西	Shanxi	58290	75.2	87.3	62.9
	安 徽	Anhui	117004	83.2	88.6	60.9
	江 西	Jiangxi	69113	74.9	92.2	84.4
	河 南	Heinan	141895	83.9	72.9	75.3
	湖 北	Hubei	164412	75.3	91.2	55.7
	湖 南	Hunan	152604	59.2	85.6	66.6
西 部 Western	**西部小计**	**Western Total**	**640940**	**69.3**	**83.6**	**72.3**
	内 蒙 古	Inner Mongolia	42444	75.2	75.5	72.0
	广 西	Guangxi	109946	73.4	92.2	86.3
	重 庆	Chongqing	61830	88.4	91.8	95.9
	四 川	Sichuan	139196	67.5	83.4	83.5
	贵 州	Guizhou	30921	56.2	68.5	81.7
	云 南	Yunnan	47720	85.3	77.7	80.9
	西 藏	Tibet	6403		81.4	
	陕 西	Shaanxi	66881	66.4	89.6	69.2
	甘 肃	Gansu	43064	61.3	73.0	32.4
	青 海	Qinghai	10872	46.4	91.5	65.1
	宁 夏	Ningxia	37306	42.2	87.1	42.0
	新 疆	Xinjiang	44357	75.4	89.3	60.6
东 北 Northeast	**东北小计**	**Northeast Total**	**421418**	**59.7**	**88.8**	**42.7**
	辽 宁	Liaoning	236611	60.2	93.7	59.9
	吉 林	Jilin	70180	64.6	85.5	38.4
	黑 龙 江	Heilongjiang	114627	55.6	83.8	29.9

资料来源：住房和城乡建设部。

Source:Ministry of Housing and Urban-Rural Derelopment.

附录3-7　东中西部地区农村环境情况(2009年)

Rural Environment by Eastern,Central & Western (2009)

区　域 Area	地　区 Region		改水累计受益人口（万人） Benefiting Population from Rural Water Improvement Projects (10000 persons)	累计改水受益率(%) Proportion of Benefiting Population (%)	卫生厕所普及率(%) Access Rate to Sanitary Toilets (%)	无害化卫生厕所普及率(%) Access Rate to Harmless Sanitary Toilets (%)
	全　国	**National Total**	**90250.9**	**94.35**	**63.21**	**40.49**
	东部小计	**Eastern Total**	**31075.6**	**98.33**	**75.47**	**54.37**
东　部 Eastern	北　京	Beijing	300.5	100.00	85.48	75.39
	天　津	Tianjin	376.1	100.00	91.20	91.04
	河　北	Hebei	5195.2	97.40	50.18	24.81
	上　海	Shanghai	332.8	99.99	96.60	96.36
	江　苏	Jiangsu	5331.1	98.38	76.71	51.48
	浙　江	Zhejiang	3440.5	96.77	86.18	73.50
	福　建	Fujian	2638.2	98.40	72.94	70.48
	山　东	Shandong	6974.6	99.60	80.49	40.97
	广　东	Guangdong	5883.9	98.57	81.89	73.43
	海　南	Hainan	602.9	95.05	59.15	57.39
	中部小计	**Central Total**	**27660.9**	**95.70**	**63.45**	**37.67**
中　部 Central	山　西	Shanxi	2180.3	91.40	49.26	19.67
	安　徽	Anhui	5165.4	98.37	54.14	22.10
	江　西	Jiangxi	3297.5	97.47	71.45	44.55
	河　南	Heinan	7651.3	95.41	69.08	51.44
	湖　北	Hubei	4514.0	97.15	70.21	43.41
	湖　南	Hunan	4852.4	92.98	60.83	32.72
	西部小计	**Western Total**	**25665.8**	**88.02**	**48.59**	**33.32**
西　部 Western	内蒙古	Inner Mongolia	1229.6	83.46	34.47	7.95
	广　西	Guangxi	3624.5	87.93	53.18	51.74
	重　庆	Chongqing	2522.7	98.13	48.69	48.69
	四　川	Sichuan	6245.8	90.95	54.35	41.96
	贵　州	Guizhou	2531.3	77.14	35.29	16.48
	云　南	Yunnan	3014.0	81.80	53.74	26.71
	西　藏	Tibet				
	陕　西	Shaanxi	2787.0	96.93	40.89	31.27
	甘　肃	Gansu	2003.7	94.95	57.75	17.47
	青　海	Qinghai	331.0	84.98	45.53	8.26
	宁　夏	Ningxia	404.3	96.71	41.83	28.30
	新　疆	Xinjiang	779.7	66.70	42.36	14.02
	新疆兵团	Xinjiang Production & Construction Corps	192.2	96.49	43.02	37.24
	东北小计	**Northeast Total**	**5848.5**	**97.63**	**62.31**	**12.27**
东　北 Northeast	辽　宁	Liaoning	2195.2	96.56	59.14	19.07
	吉　林	Jilin	1506.2	98.13	66.69	6.76
	黑龙江	Heilongjiang	2147.1	98.40	62.85	8.67

资料来源:卫生部。

Source: Ministry of Health.

Rural Environment by Eastern, Central & Western (2007)

附录四、世界主要国家和地区环境统计指标

APPENDIX IV. Main Environmental Indicators of the World's Major Countries and Regions

附录4-1 水资源

国家和地区	Country or Area	降水量 (百万立方米) Precipitation (mio m^3)
阿富汗	Afghanistan	213429
阿尔巴尼亚	Albania	42700
阿尔及利亚	Algeria	211499
安道尔	Andorra	466
安哥拉	Angola	1258793
安提瓜和巴布达	Antigua and Barbuda	500
阿根廷	Argentina	1642104
亚美尼亚	Armenia	17640
澳大利亚	Australia	3630635
奥地利	Austria	98000
阿塞拜疆	Azerbaijan	36978
巴哈马	Bahamas	17934
巴林	Bahrain	71
孟加拉国	Bangladesh	383832
巴巴多斯	Barbados	600
白俄罗斯	Belarus	136186
比利时	Belgium	28887
伯利兹	Belize	39100
贝宁	Benin	117046
百慕大	Bermuda	8
不丹	Bhutan	...
玻利维亚	Bolivia	1258863
波黑	Bosnia and Herzegovina	52562
博茨瓦纳	Botswana	241825
巴西	Brazil	15333391
文莱	Brunei Darussalam	15706
保加利亚	Bulgaria	68220
布基纳法索	Burkina Faso	204925
布隆迪	Burundi	33903
柬埔寨	Cambodia	344628
喀麦隆	Cameroon	...
加拿大	Canada	4930000
佛得角	Cape Verde	900
中非共和国	Central African Republic	836662
乍得	Chad	413191

资料来源：联合国统计司/环境规划署环境统计问卷水部分;经合组织/欧盟统计局国家环境问卷水部分；经合组织环境数据摘要内陆水部分。
联合国粮农组织水统计数据库。
联合国经济社会局人口处，世界人口展望：2008修订版，纽约，2009。

Sources: UNSD/UNEP Questionnaires on Environment Statistics, Water section; OECD/Eurostat Questionnaire on the State of the Environment, Water section;
OECD Environmental Data Compendium, Inland Waters section.AQUASTAT database of the Food and Agriculture Organization of the United Nations (FAO).
United Nations, Department of Economic and Social Affairs, Population Division, World Population Prospects: The 2008 Revision, New York, 2009.

Water Resources

国内径流量 (百万立方米) Internal Flow (mio m³)	地表水与地下水的外部流入量 (百万立方米) Actual External Inflow of Surface and Ground Waters (mio m³)	可更新淡水资源总量 (百万立方米) Total Renewable Fresh Water Resources (mio m³)	人均可更新淡水量 (立方米/人) Renewable Freshwater Resources per capita (m³/person)
55000	10000	65000	2389
26900	14800	41700	13266
13900	420	14320	417
263		263	3116
184000		184000	10210
52		52	600
276000	538000	814000	20410
6317	940	7257	2358
387184		387184	18372
55000	29000	84000	10075
10330	20573	30903	3540
20		20	59
-9		-9	-12
105000	1105644	1210644	7567
80		80	315
52938	23200	76138	7866
12327	7606	19933	1882
16000	2555	18555	61717
10300	14500	24800	2863
7		7	112
...	...	73000	106292
303531	319000	622531	64217
35500	2000	37500	9939
2900	11500	14400	7496
5657230	2768672	8425901	43891
8500		8500	21668
15304	450	15754	2075
12500		12500	821
3600		3600	446
120570	355540	476110	32695
273000	12500	285500	14957
2740000	51500	2791500	83931
300		300	602
141000	3400	144400	33278
15000	28000	43000	3940

国家和地区	Country or Area	降水量（百万立方米）Precipitation (mio m^3)
智利	Chile	1151600
中国	China	6172800
中国香港	China, Hong Kong SAR	2431
哥伦比亚	Colombia	2974605
科摩罗	Comoros	2000
刚果	Congo	562932
哥斯达黎加	Costa Rica	149529
科特迪瓦	Côte d'Ivoire	434676
克罗地亚	Croatia	62912
古巴	Cuba	147965
塞浦路斯	Cyprus	3072
捷克	Czech Republic	54653
刚果民主共和国	Democratic Republic of the Congo	3618119
丹麦	Denmark	38485
吉布提	Djibouti	5100
多米尼加共和国	Dominican Republic	68690
厄瓜多尔	Ecuador	582985
埃及	Egypt	18000
萨尔瓦多	El Salvador	56052
赤道几内亚	Equatorial Guinea	60481
厄立特里亚	Eritrea	45147
爱沙尼亚	Estonia	29018
埃塞俄比亚	Ethiopia	936005
斐济	Fiji	47356
芬兰	Finland	222000
法国	France	485686
法属圭亚那	French Guiana	260550
加蓬	Gabon	489997
冈比亚	Gambia	9099
格鲁吉亚	Georgia	83141
德国	Germany	307000
加纳	Ghana	283195
希腊	Greece	115000
格陵兰	Greenland	759000
危地马拉	Guatemala	217300
几内亚	Guinea	405939
几内亚比绍	Guinea-Bissau	56972
圭亚那	Guyana	513112

continued 1

国内径流量 (百万立方米) Internal Flow (mio m^3)	地表水与地下水的外部流入量 (百万立方米) Actual External Inflow of Surface and Ground Waters (mio m^3)	可更新淡水资源总量 (百万立方米) Total Renewable Fresh Water Resources (mio m^3)	人均可更新淡水量 (立方米/人) Renewable Freshwater Resources per capita (m^3/person)
884000	38000	922000	54868
2840500	21400	2861900	2140
1075	...	1075	154
2112000	20000	2132000	47365
1200		1200	1816
222000	610000	832000	230142
112400		112400	24872
76700	4300	81000	3934
37700	67800	105500	23855
38120		38120	3402
327		327	379
15237	740	15977	1548
900000	383000	1283000	19967
16340		16340	2994
300		300	353
20995		20995	2109
...		264618	19628
1000	55055	56055	688
23212	635	23847	3888
26000		26000	39442
2800	3500	6300	1279
12044	9070	12347	9205
110000		110000	1363
28550		28550	33825
107000	3200	110000	20737
175293	11000	186293	3003
134000		134000	608817
164000		164000	113247
-3423	6279	2856	1720
46845	6931	53776	12486
117000	75000	188000	2285
30300	22900	53200	2278
60000	12000	72000	6465
603000		603000	10522275
109200	2070	111270	8130
226000		226000	22984
16000	15000	31000	19677
241000		241000	315678

国家和地区	Country or Area	降水量 (百万立方米) Precipitation (mio m^3)
海地	Haiti	39966
洪都拉斯	Honduras	221434
匈牙利	Hungary	58000
冰岛	Iceland	200000
印度	India	4000000
印度尼西亚	Indonesia	5146529
伊朗	Iran (Islamic Republic of)	375790
伊拉克	Iraq	94677
爱尔兰	Ireland	80000
以色列	Israel	9157
意大利	Italy	296000
牙买加	Jamaica	22542
日本	Japan	649071
约旦	Jordan	9929
哈萨克斯坦	Kazakhstan	680408
肯尼亚	Kenya	401906
朝鲜	Korea, Dem. People's Rep. of	127000
韩国	Korea, Republic of	124000
科威特	Kuwait	2160
吉尔吉斯斯坦	Kyrgyzstan	106500
老挝	Lao People's Dem. Rep.	434362
拉脱维亚	Latvia	42701
黎巴嫩	Lebanon	6900
莱索托	Lesotho	23928
利比里亚	Liberia	266286
利比亚	Libyan Arab Jamahiriya	98500
立陶宛	Lithuania	44010
卢森堡	Luxembourg	2030
马达加斯加	Madagascar	888192
马拉维	Malawi	139960
马来西亚	Malaysia	948163
马尔代夫	Maldives	592
马里	Mali	349610
马耳他	Malta	181
毛里塔尼亚	Mauritania	94656
毛里求斯	Mauritius	3700

continued 2

国内径流量 (百万立方米) Internal Flow (mio m³)	地表水与地下水的外部流入量 (百万立方米) Actual External Inflow of Surface and Ground Waters (mio m³)	可更新淡水资源总量 (百万立方米) Total Renewable Fresh Water Resources (mio m³)	人均可更新淡水量 (立方米/人) Renewable Freshwater Resources per capita (m³/person)
13010	1015	14025	1420
95929		95929	13107
6000	114000	120000	11985
170000	...	170000	538878
...	...	1869000	1582
2838000		2838000	12483
128500	9010	137510	1876
35200	61220	96420	3204
47500	1287	47500	10706
750	920	1670	237
167000	8000	175000	2936
9404		9404	3473
423571		423571	3328
680	200	880	143
75420	34190	109610	7062
20200	10000	30200	779
67000	10135	77135	3238
72300		72300	1501
	20	20	7
46450		46450	8580
190420	143130	333550	53752
16901	16830	33731	14933
4800	37	4837	1153
5230		5230	2552
200000	32000	232000	61159
600		600	95
15510	8990	24500	7377
905	739	1644	3421
337000		337000	17634
16140	1140	17280	1164
580000		580000	21470
30		30	98
60000	40000	100000	7870
67		67	165
400	11000	11400	3546
2590		2590	2024

国家和地区	Country or Area	降水量 (百万立方米) Precipitation (mio m^3)
墨西哥	Mexico	1515478
蒙古	Mongolia	377370
摩洛哥	Morocco	150000
莫桑比克	Mozambique	827200
缅甸	Myanmar	...
纳米比亚	Namibia	235252
尼泊尔	Nepal	220800
荷兰	Netherlands	29770
新喀里多尼亚	New Caledonia	537000
尼加拉瓜	Nicaragua	310856
尼日尔	Niger	190810
尼日利亚	Nigeria	1062336
挪威	Norway	470671
阿曼	Oman	26600
巴基斯坦	Pakistan	393300
巴勒斯坦	Palestine	120
巴拿马	Panama	203300
巴布亚新几内亚	Papua New Guinea	1454104
巴拉圭	Paraguay	459546
秘鲁	Peru	2233700
菲律宾	Philippines	648420
波兰	Poland	193100
葡萄牙	Portugal	82164
波多黎各	Puerto Rico	18383
卡塔尔	Qatar	811
摩尔多瓦	Republic of Moldova	16959
留尼汪	Réunion	7500
罗马尼亚	Romania	154000
俄罗斯联邦	Russian Federation	7854684
卢旺达	Rwanda	31932
圣基茨和尼维斯	Saint Kitts and Nevis	500
圣多美和普林西比	Sao Tome and Principe	3100
沙特阿拉伯	Saudi Arabia	126800
塞内加尔	Senegal	135048
塞尔维亚	Serbia	56115
塞拉利昂	Sierra Leone	181215

continued 3

国内径流量 (百万立方米) Internal Flow (mio m^3)	地表水与地下水 的外部流入量 (百万立方米) Actual External Inflow of Surface and Ground Waters (mio m^3)	可更新淡水 资源总量 (百万立方米) Total Renewable Fresh Water Resources (mio m^3)	人均可更 新淡水量 (立方米/人) Renewable Freshwater Resources per capita (m^3/person)
422882	49700	472582	4353
34800		34800	13176
29000		29000	918
99000	117110	216110	9655
107400	17900	125300	2528
6160	39300	45460	21344
198200	12000	210200	7296
8480	81200	89680	5426
327000		327000	77305
189740	6950	196690	34706
3500	30150	33650	2288
221000	65200	286200	1893
377290	12152	389442	81703
985		985	354
52400	181370	233770	1321
46	10	56	14
147420	560	147980	43539
801000		801000	121791
94000	242000	336000	53865
1616000	297000	1913000	66339
202819	…	202819	2245
54800	8300	63100	1656
38593	35000	73593	6893
7100		7100	1791
51	2	53	41
1300	11500	12800	3523
5000		5000	6123
39415	2878	42293	1980
4312700	194550	4507250	31877
5200		5200	535
24		24	462
2180		2180	13610
2400		2400	95
26400	13000	39400	3227
12776	162600	175376	17824
160000		160000	28778

国家和地区	Country or Area	降水量 (百万立方米) Precipitation (mio m³)
新加坡	Singapore	1770
斯洛伐克	Slovakia	37352
斯洛文尼亚	Slovenia	31746
所罗门群岛	Solomon Islands	87509
索马里	Somalia	180075
南非	South Africa	524600
西班牙	Spain	346527
斯里兰卡	Sri Lanka	112337
苏丹	Sudan	1043670
苏里南	Suriname	380582
斯威士兰	Swaziland	13678
瑞典	Sweden	313860
瑞士	Switzerland	60100
叙利亚	Syrian Arab Republic	46700
塔吉克斯坦	Tajikistan	98900
泰国	Thailand	832435
马其顿	The Former Yugoslav Rep. of Macedonia	...
多哥	Togo	72336
特立尼达和多巴哥	Trinidad and Tobago	11300
突尼斯	Tunisia	36000
土耳其	Turkey	501000
土库曼斯坦	Turkmenistan	78731
乌干达	Uganda	284500
乌克兰	Ukraine	340970
阿拉伯联合酋长国	United Arab Emirates	6529
英国	United Kingdom	283699
坦桑尼亚	United Rep. of Tanzania	1012191
美国	United States	6440000
乌拉圭	Uruguay	222865
乌兹别克斯坦	Uzbekistan	92299
委内瑞拉	Venezuela	1710094
越南	Viet Nam	604008
也门	Yemen	88329
赞比亚	Zambia	767436
津巴布韦	Zimbabwe	270523

continued 4

国内径流量 (百万立方米) Internal Flow (mio m^3)	地表水与地下水的外部流入量 (百万立方米) Actual External Inflow of Surface and Ground Waters (mio m^3)	可更新淡水资源总量 (百万立方米) Total Renewable Fresh Water Resources (mio m^3)	人均可更新淡水量 (立方米/人) Renewable Freshwater Resources per capita (m^3/person)
890		890	193
13074	67252	80326	14876
18596	13496	32092	15926
44700		44700	87532
6000	7500	13500	1512
...	7273	31738	639
111133		111133	2498
50000		50000	2492
30000	119000	149000	3604
88000	34000	122000	236836
2640	1870	4510	3862
172710	11830	183360	19920
40150	13100	53250	7061
7000	39080	46080	2171
66300	33430	99730	14589
210000	199944	409944	6083
1378	6261	7639	3742
15000	3000	18000	2787
3840		3840	2880
4170	...	4170	410
227400	6900	234300	3170
1360	59500	60860	12067
39000	27000	66000	2085
53100	86450	139550	3034
150		150	33
172502	2841	175342	2864
82000	9000	91000	2142
2460000	18000	2478000	7951
59000	80000	139000	41501
16340	55870	72210	2656
722451	510719	1233170	43853
366500	524710	891210	10233
4100		4100	179
80200	25000	105200	8336
14100	5900	20000	1605

附录4-2 供 水

国家和地区	Country or Area	截止年份 latest year available	淡水供应量(百万立方米) Net Freshwater Delivered by Water Supply Industry (mio m^3)
阿尔及利亚	Algeria	2007	5070
安道尔	Andorra	2007	...
亚美尼亚	Armenia	2007	146
澳大利亚	Australia	2004	11337
奥地利	Austria	2002	549
阿塞拜疆	Azerbaijan	2007	364
巴林	Bahrain	2007	...
白俄罗斯	Belarus	2007	777
比利时	Belgium	2007	574
伯利兹	Belize	2006	6
百慕大	Bermuda	2007	3
玻利维亚	Bolivia	2006	124
波黑	Bosnia and Herzegovina	2007	160
博茨瓦纳	Botswana	2001	...
巴西	Brazil	2000	16060
英属维尔京群岛	British Virgin Islands	2001	...
文莱	Brunei Darussalam	2005	169
保加利亚	Bulgaria	2007	402
加拿大	Canada	1996	5201
智利	Chile	2007	965
中国香港	China, Hong Kong SAR	2006	963
中国澳门	China, Macao SAR	2007	75
哥斯达黎加	Costa Rica	2007	...
克罗地亚	Croatia	2006	318
古巴	Cuba	2000	1685
塞浦路斯	Cyprus	2007	112
捷克	Czech Republic	2007	532
丹麦	Denmark	2004	371

资料来源：联合国统计司/环境规划署环境统计问卷，水部分。
经合组织/欧盟统计局国家环境问卷，水部分。
经合组织环境数据摘要，内陆水部分。
联合国经济社会局人口处，世界人口展望：2008修订版，纽约，2009。

Sources:UNSD/UNEP Questionnaires on Environment Statistics, Water section.
OECD/Eurostat Questionnaire on the State of the Environment, Water section.
OECD Environmental Data Compendium, Inland Waters section.
United Nations, Department of Economic and Social Affairs, Population Division, World Population Prospects: The 2008 Revision, New York, 2009.

Water Supply Industry

人均淡水供应量（立方米/人） Net Freshwater Delivered by Water Supply Industry per capita (m^3/person)	供水受益率（%） % Population Served with Water by Water Supply Industry (%)	受益人口人均淡水供应量（立方米/人） Net Freshwater Delivered by Water Supply Industry per capita Connected (m^3/person)	供生活用淡水（百万立方米） Net Freshwater Delivered by Water Supply Industry to: Households (mio m^3)	供制造业用淡水（百万立方米） Net Freshwater Delivered by Water Supply Industry Delivered to: Manufacturing (mio m^3)
150	95	158	1800	50
...	100	...	...	...
47	89	53	108	13
563	95	592	3411	...
68	90	76	356	...
42	70	60	303	...
...	5	...	...	...
80	...	...	576	...
54	99	55	400	104
22	59	37	...	...
51	10	510	2	
13	77	17	97	3
42	56	...	110	41
...	87	...	...	...
92	80	...	...	...
...	48	...	...	...
456	99	...	142	27
53	99	53	277	48
176	92	...	3272	1928
58	100	58	698	221
139	100	139	322	...
146	100	...	25	20
...	50	...	...	...
72	...	...	182	...
152	96	...	...	...
131	100	131	74	3
52	92	56	342	...
69	97	...	242	...

国家和地区	Country or Area	截止年份 latest year available	淡水供应量（百万立方米） Net Freshwater Delivered by Water Supply Industry (mio m^3)
多米尼加	Dominican Republic	2002	9574
厄瓜多尔	Ecuador	2000	...
埃及	Egypt	2007	5954
爱沙尼亚	Estonia	2004	66
埃塞俄比亚	Ethiopia	2007	...
芬兰	Finland	2001	408
法国	France	2001	5685
法国圭亚那	French Guiana	2004	11
冈比亚	Gambia	2005	...
格鲁吉亚	Georgia	2007	207
德国	Germany	2004	4729
希腊	Greece	2007	626
瓜德卢普	Guadeloupe	2004	31
几内亚	Guinea	2007	30
匈牙利	Hungary	2006	513
冰岛	Iceland	2005	67
印度	India	2000	...
爱尔兰	Ireland	2007	609
以色列	Israel	2006	1959
意大利	Italy	1999	5653
牙买加	Jamaica	2005	94
日本	Japan	2001	85968
约旦	Jordan	2004	...
哈萨克斯坦	Kazakhstan	2002	14930
肯尼亚	Kenya	2007	...
韩国	Korea, Republic of	2003	22275
吉尔吉斯斯坦	Kyrgyzstan	2007	6792
拉脱维亚	Latvia	2007	249
黎巴嫩	Lebanon	2005	...
立陶宛	Lithuania	2007	102
莱索托	Luxembourg	2004	33
马达加斯加	Madagascar	2007	101
马尔代夫	Maldives	2005	2
马里	Mali	2002	...
马耳他	Malta	2007	31
马绍尔群岛	Marshall Islands	2006	...
马提尼克	Martinique	2004	28

continued 1

人均淡水供应量 (立方米/人) Net Freshwater Delivered by Water Supply Industry per capita (m^3/person)	供水受益率 (%) % Population Served with Water by Water Supply Industry (%)	受益人口人均淡水供应量 (立方米/人) Net Freshwater Delivered by Water Supply Industry per capita Connected (m^3/person)	供生活用淡水 (百万立方米) Net Freshwater Delivered by Water Supply Industry to: Households (mio m^3)	供制造业用淡水 (百万立方米) Net Freshwater Delivered by Water Supply Industry Delivered to: Manufacturing (mio m^3)
1051	...	...	1256	144
...	...	...	...	2330
74	...	...	3240	...
49	77	...	...	...
...	...	...	55	...
79	90	87	245	...
96	99	96	3414	...
55	...	...	11	...
...	50	...	...	...
48	80	...	...	...
57	99	58	3752	350
56	94	60	395	...
69	...	...	31	...
3	...	...	9	2
51	94	54	370	30
227	95	238	30	5
...	...	...	4200	8000
140	85	165	...	...
288	...	...	737	114
99	100	99	4212	845
35	70	50	...	...
677	97	...	16279	...
...	...	...	281	38
1000	...	...	...	...
...	31	...	...	...
472	89	531	5597	...
1270	...	...	...	...
110	...	...		59
...	76	...	...	...
30	76	40	66	10
72	100	72	23	13
5	...	...	81	5
6	...	...	1	...
...	66	...	...	...
76	100	76	11	1
...	...	...	...	...
69	...	...	28	...

国家和地区	Country or Area	截止年份 latest year available	淡水供应量（百万立方米） Net Freshwater Delivered by Water Supply Industry (mio m^3)
毛里求斯	Mauritius	2007	201
墨西哥	Mexico	2004	75430
摩纳哥	Monaco	2007	5
摩洛哥	Morocco	2006	...
尼泊尔	Nepal	2004	...
荷兰	Netherlands	2006	1099
新西兰	New Zealand	2001	...
挪威	Norway	2002	808
巴勒斯坦	Palestine	2005	...
巴拿马	Panama	2007	...
秘鲁	Peru	2001	660
菲律宾	Philippines	2004	...
波兰	Poland	2007	1573
葡萄牙	Portugal	2007	726
摩尔多瓦	Republic of Moldova	2007	809
留尼汪岛	Réunion	2004	83
罗马尼亚	Romania	2007	1089
塞尔维亚	Serbia	2006	475
新加坡	Singapore	2007	534
斯洛伐克	Slovakia	2007	322
斯洛文尼亚	Slovenia	2007	122
南非	South Africa	2000	...
西班牙	Spain	2006	4173
苏里南	Suriname	2007	...
瑞典	Sweden	2007	737
瑞士	Switzerland	2006	981
泰国	Thailand	2007	2301
马其顿	The Former Yugoslav Rep. of Macedonia	1998	203
特立尼达和多巴哥	Trinidad and Tobago	2005	...
突尼斯	Tunisia	2005	1025
土耳其	Turkey	2006	...
乌克兰	Ukraine	2004	1955
英国	United Kingdom	2005	6230
美国	United States	2000	...
也门	Yemen	2007	91
津巴布韦	Zimbabwe	2005	...

continued 2

人均淡水供应量(立方米/人) Net Freshwater Delivered by Water Supply Industry per capita (m³/person)	供水受益率(%) % Population Served with Water by Water Supply Industry (%)	受益人口人均淡水供应量(立方米/人) Net Freshwater Delivered by Water Supply Industry per capita Connected (m³/person)	供生活用淡水(百万立方米) Net Freshwater Delivered by Water Supply Industry to: Households (mio m³)	供制造业用淡水(百万立方米) Net Freshwater Delivered by Water Supply Industry Delivered to: Manufacturing (mio m³)
158	99	...	201	...
724	90	804	10670	...
159	100	159	2	...
...	72	...	693	79
...	...	...	94	...
67	100	67	729	214
...	87	...	...	...
178	91	...	363	192
...	91	...	176	...
...	88	...	...	...
...	...	...	295	9
...	80	...	...	...
41	87	48	1200	19
68	92	74	585	48
221	...	...	125	21
107	...	...	83	...
51	49	103	603	...
48	78	62	358	88
119	100	119	264	270
60	87	69	166	...
61	91	...	88	12
...	68	...	3610	...
96	...	...	2615	433
...	...	...	15	...
80	85	94	478	102
131	...	...	624	...
34	...	...	...	...
102	94	...	75	31
...	76	...	179	36
104	81	...	252	31
...	82	...	...	50
41	...	...	...	...
103	99	...	...	...
...	85	...	...	...
4	17	24	91	...
...	...	...	224	...

附录4-3 废 水
Waste Water

国家和地区	Country or Area	截止年份 Latest Year Available	废水收集系统受益人口比重(%) Population Connected to Waste Water Collection System (%)	废水处理厂受益人口比重(%) Population Connected to Waste Water Treatment Plants (%)
阿尔及利亚	Algeria	2007	87.0	48.0
安道尔	Andorra	2007	100.0	98.0
阿根廷	Argentina	2001	42.5	42.5
亚美尼亚	Armenia	2006	83.1	34.2
澳大利亚	Australia	2004	87.0	...
奥地利	Austria	2006	92.0	92.0
阿塞拜疆	Azerbaijan	2007	50.0	30.0
巴林	Bahrain	2007	88.0	88.0
白俄罗斯	Belarus	2007	94.9	94.9
比利时	Belgium	2007	86.0	60.0
伯利兹	Belize	2000	15.1	15.1
百慕大	Bermuda	2007	5.0	5.0
玻利维亚	Bolivia	2006	31.9	...
波黑	Bosnia and Herzegovina	1990	38.0	...
巴西	Brazil	2006	48.0	26.0
英属维尔京群岛	British Virgin Islands	2001	24.5	24.5
保加利亚	Bulgaria	2007	70.0	42.0
加拿大	Canada	1999	74.3	71.7
智利	Chile	2007	95.2	82.2
中国	China	2004	45.7	32.5
中国香港	China, Hong Kong SAR	2007	93.2	93.2
中国澳门	China, Macao SAR	1996	99.9	...
哥斯达黎加	Costa Rica	2000	24.8	2.4
克罗地亚	Croatia	2007	43.4	28.5
古巴	Cuba	2005	38.8	...
塞浦路斯	Cyprus	2005	30.0	30.0
捷克	Czech Republic	2007	81.0	78.0
丹麦	Denmark	2002	87.9	87.9
多米尼加	Dominica	2005	23.0	13.0
多米尼加共和国	Dominican Republic	2000	31.4	12.0
爱沙尼亚	Estonia	2007	74.0	75.0
芬兰	Finland	2002	81.0	81.0
法国	France	2004	82.0	80.0
法属圭亚那	French Guiana	2004	46.9	44.0
德国	Germany	2005	97.0	94.0
希腊	Greece	2007	85.0	85.0
瓜德卢普	Guadeloupe	2004	39.3	38.9
几内亚	Guinea	2007	10.0	10.0
匈牙利	Hungary	2002	62.0	62.0
冰岛	Iceland	2005	90.0	57.0
印尼	Indonesia	2005	...	2.8

资料来源：联合国统计司/环境规划署环境统计问卷，水部分。
经合组织/欧盟统计局国家环境问卷，水部分。
经合组织环境数据摘要，内陆水部分。

Sources:UNSD/UNEP Questionnaires on Environment Statistics, Water section.
OECD/Eurostat Questionnaire on the State of the Environment, Water section.
OECD Environmental Data Compendium, Inland Waters section.

附录4-3　续表　continued

国家和地区	Country or Area	截止年份 Latest Year Available	废水收集系统受益人口比重(%) Population Connected to Waste Water Collection System (%)	废水处理厂受益人口比重(%) Population Connected to Waste Water Treatment Plants (%)
伊拉克	Iraq	2005	25.7	25.7
爱尔兰	Ireland	2005	95.0	84.0
以色列	Israel	1999	100.0	89.0
意大利	Italy	2005	94.0	69.0
日本	Japan	2003	67.0	67.0
约旦	Jordan	2004	97.7	52.0
肯尼亚	Kenya	2007	4.9	4.9
韩国	Korea, Republic of	2003	78.8	78.8
吉尔吉斯斯坦	Kyrgyzstan	2004	27.0	...
拉脱维亚	Latvia	2007	71.0	67.0
黎巴嫩	Lebanon	2004	67.4	...
立陶宛	Lithuania	2007	62.0	70.0
卢森堡	Luxembourg	2003	94.8	95.0
马达加斯加	Madagascar	2005	...	
马尔代夫	Maldives	2005	100.0	...
马耳他	Malta	2007	100.0	13.0
马绍尔群岛	Marshall Islands	2007	43.3	
马提尼克	Martinique	2004	48.2	48.2
毛里求斯	Mauritius	2007	25.0	25.0
墨西哥	Mexico	2005	67.6	35.0
摩纳哥	Monaco	2007	100.0	100.0
摩洛哥	Morocco	2005	87.2	80.0
荷兰	Netherlands	2006	99.0	99.0
新西兰	New Zealand	1999	80.0	80.0
挪威	Norway	2007	83.0	78.0
巴勒斯坦	Palestine	2006	45.3	...
巴拿马	Panama	2007	...	55.0
巴拉圭	Paraguay	2007	14.7	...
秘鲁	Peru	2004	74.0	...
波兰	Poland	2007	60.0	62.0
葡萄牙	Portugal	2005	74.0	68.0
摩尔多瓦	Republic of Moldova	2004	60.0	60.0
留尼汪	Réunion	2004	39.4	35.9
罗马尼亚	Romania	2007	43.0	28.0
塞内加尔	Senegal	2002	23.0	...
新加坡	Singapore	2007	100.0	99.9
斯洛伐克	Slovakia	2007	58.0	57.0
斯洛文尼亚	Slovenia	2007	63.0	51.0
南非	South Africa	2007	60.0	57.0
西班牙	Spain	2007	100.0	100.0
瑞典	Sweden	2006	86.0	86.0
瑞士	Switzerland	2005	97.0	97.0
叙利亚	Syrian Arab Republic	1994	59.0	10.0
马其顿	The Former Yugoslav Rep. of	2000	49.0	5.0
特立尼达和多巴哥	Trinidad and Tobago	2007	25.2	25.2
突尼斯	Tunisia	2007	55.3	51.8
土耳其	Turkey	2006	72.0	42.0
英国	United Kingdom	2002	97.7	97.5
美国	United States	1996	71.4	...
也门	Yemen	2007	31.9	3.3

附录4-4 NO_x排放量

NO_x Emissions

国家和地区	Country or Area	截止年份 Latest Year Available	NO_x 排放量 (千吨) NO_x Emissions (1000 tonnes)	比1990年增减 (%) % Change since 1990 (%)	人均NO_x排放量 (千克) NO_x Emissions per Capita (kg)
阿尔巴尼亚	Albania	1994	18.01	...	5.68
阿尔及利亚	Algeria	1994	247.00	...	8.91
安道尔	Andorra	1997	0.71	...	10.77
阿根廷	Argentina	2000	675.79	31.13	18.29
亚美尼亚	Armenia	1990	73.12	...	20.63
澳大利亚	Australia	2006	2484.58	37.73	120.45
奥地利	Austria	2006	225.16	17.02	27.22
阿塞拜疆	Azerbaijan	2002	49.10	...	5.96
巴林	Bahrain	1994	57.46	...	102.32
巴巴多斯	Barbados	1997	0.05	-97.90	0.20
白俄罗斯	Belarus	2006	152.13	-54.74	15.57
比利时	Belgium	2006	230.32	-48.18	21.99
伯利兹	Belize	1994	5.60	...	26.16
贝宁	Benin	1995	54.26	...	9.48
不丹	Bhutan	1994	0.72	...	1.40
玻利维亚	Bolivia	2000	77.13	55.77	9.27
巴西	Brazil	1994	2301.30	10.81	14.45
保加利亚	Bulgaria	2006	159.04	-34.35	20.68
布基纳法索	Burkina Faso	1994	9.37	...	0.95
布隆迪	Burundi	1998	12.44	...	1.97
柬埔寨	Cambodia	1994	37.97	...	3.43
喀麦隆	Cameroon	1994	252.22	...	18.42
佛得角	Cape Verde	1995	0.80	...	2.01
中非共和国	Central African Republic	1994	51.25	...	15.77
乍得	Chad	1993	78.35	...	11.70
智利	Chile	1994	196.35	...	13.85
哥伦比亚	Colombia	1994	276.05	18.38	7.71
科摩罗	Comoros	1994	0.47	...	0.97
刚果	Congo	1994	17.21	...	6.32
哥斯达黎加	Costa Rica	1996	27.90	-16.69	7.82
科特迪瓦	Cote d'Ivoire	1994	157.80	...	10.88
克罗地亚	Croatia	2006	69.42	-17.58	15.65

资料来源：联合国气候变化框架公约成果。
联合国统计司/联合国环境规划署2004年环境统计问卷，大气部分。
联合国经济社会局人口处，世界人口展望：2008修订版，纽约，2009。

Sources:UN Framework Convention on Climate Change (UNFCCC) Secretatiat.
UNSD/UNEP 2004 Questionnaire on Environment Statistics, Air section.
United Nations, Department of Economic and Social Affairs, Population Division, World Population Prospects: The 2008 Revision, New York, 2009.

附录4-4 续表 1 continued

国家和地区	Country or Arca	截止年份 Latest Year Available	NO_x 排放量 (千吨) NO_x Emissions (1000 tonnes)	比1990年增减 (%) % Change since 1990 (%)	人均NO_x排放量 (千克) NO_x Emissions per Capita (kg)
古巴	Cuba	1996	101.54	-28.35	9.27
捷克	Czech Republic	2006	283.08	-61.84	27.69
刚果民主共和国	Dem. Rep. of the Congo	1994	301.96	…	6.95
丹麦	Denmark	2006	191.24	-30.28	35.21
吉布提	Djibouti	1994	2.29	...	3.74
多米尼加	Dominica	1994	0.43	...	6.31
多米尼加共和国	Dominican Republic	1994	79.27	43.32	9.94
厄瓜多尔	Ecuador	1990	103.69	...	10.09
萨尔瓦多	El Salvador	1994	34.02	...	6.01
厄立特里亚	Eritrea	1994	0.30	...	0.09
爱沙尼亚	Estonia	2006	51.57	-48.57	38.35
埃塞俄比亚	Ethiopia	1995	166.00	3.75	2.91
斐济	Fiji	1994	4.80	...	6.33
芬兰	Finland	2006	192.97	-34.61	36.67
法国	France	2006	1392.26	-25.08	22.69
加蓬	Gabon	1994	3839.04	...	3646.61
冈比亚	Gambia	1993	2.78	...	2.77
格鲁吉亚	Georgia	2002	19.00	-83.98	4.11
德国	Germany	2006	1394.31	-51.28	16.92
希腊	Greece	2006	315.62	12.61	28.47
危地马拉	Guatemala	1990	43.79	...	4.91
几内亚	Guinea	1994	70.42	...	9.74
几内亚比绍	Guinea-Bissau	1994	4.88	...	4.29
圭亚那	Guyana	1998	19.00	280.00	25.09
海地	Haiti	1994	7.74	...	1.00
洪都拉斯	Honduras	1995	64.07	...	11.47
匈牙利	Hungary	2006	202.49	61.20	20.14
冰岛	Iceland	2006	32.48	2.88	107.77
印度尼西亚	Indonesia	1994	928.33	670.40	4.92
伊朗	Iran (Islamic Republic of)	1994	1203.09	...	19.65
爱尔兰	Ireland	2006	119.00	-4.37	27.86
以色列	Israel	2005	204.81	...	30.61
意大利	Italy	2006	1061.60	-45.36	18.00
牙买加	Jamaica	1994	30.90	...	12.64
日本	Japan	2006	1943.63	-4.71	15.25
约旦	Jordan	1994	74.65	...	18.13
哈萨克斯坦	Kazakhstan	2002	176.10	...	11.80
肯尼亚	Kenya	1994	49.98	...	1.87
基里巴斯	Kiribati	1994	...	...	...

附录4-4　续表 2　continued

国家和地区	Country or Area	截止年份 Latest Year Available	NO_x 排放量 (千吨) NO_x Emissions (1000 tonnes)	比1990年增减 (%) % Change since 1990 (%)	人均NO_x排放量 (千克) NO_x Emissions per Capita (kg)
朝鲜	Korea, Dem. People's Rep.	1990	431.98	...	21.45
韩国	Korea, Republic of	1990	850.60	...	19.79
吉尔吉斯斯坦	Kyrgyzstan	2000	75.57	-43.54	15.25
老挝	Lao People's Dem. Rep.	1990	11.48	...	2.73
拉脱维亚	Latvia	2006	43.83	-34.53	19.23
黎巴嫩	Lebanon	1994	54.17	...	15.97
莱索托	Lesotho	1998	5.05	...	2.77
立陶宛	Lithuania	2006	61.29	-55.00	18.09
卢森堡	Luxembourg	2006	0.42	-97.01	0.89
马达加斯加	Madagascar	1994	30.59	...	2.40
马拉维	Malawi	1994	26.31	-8.99	2.64
马里	Mali	1995	22.93	...	2.40
马耳他	Malta	2000	10.22	3.54	26.27
毛里塔尼亚	Mauritania	1995	6.87	...	3.03
毛里求斯	Mauritius	2002	14.50	...	11.89
墨西哥	Mexico	2002	1444.41	16.30	14.15
密克罗尼西亚联邦	Micronesia, Federated States of	1994	2.25	...	21.30
摩纳哥	Monaco	2006	0.31	-31.64	9.51
蒙古	Mongolia	1998	2.98	29.57	1.28
摩洛哥	Morocco	1994	152.00	...	5.73
莫桑比克	Mozambique	1994	93.81	22.08	6.09
纳米比亚	Namibia	1994	0.08	...	0.05
荷兰	Netherlands	2006	316.51	-41.89	19.31
新西兰	New Zealand	2006	167.52	56.08	40.33
尼加拉瓜	Nicaragua	1994	37.15	...	8.15
尼日利亚	Nigeria	1994	474.94	...	4.41
纽埃岛	Niue	1994	26.30	...	12215.70
挪威	Norway	2006	190.75	-8.16	40.79
巴基斯坦	Pakistan	1994	410.26	...	3.22
帕劳	Palau	1994	0.18	...	10.89
巴拿马	Panama	2002	39.42	...	12.87
巴拉圭	Paraguay	1994	6919.57	6184.81	1474.86
秘鲁	Peru	1994	181.66	...	7.72
菲律宾	Philippines	1994	345.23	...	5.04
波兰	Poland	2006	879.48	-31.29	23.05
葡萄牙	Portugal	2006	249.93	1.40	23.58
摩尔多瓦	Republic of Moldova	1998	39.58	-71.40	9.38
罗马尼亚	Romania	2006	347.84	-24.68	16.15
俄罗斯联邦	Russian Federation	2006	4808.03	-47.60	33.73

附录4-4 续表 3 continued

国家和地区	Country or Area	截止年份 Latest Year Available	NO_x 排放量 (千吨) NO_x Emissions (1000 tonnes)	比1990年增减 (%) % Change since 1990 (%)	人均NO_x排放量 (千克) NO_x Emissions per Capita (kg)
卢旺达	Rwanda	2002	0.55	...	0.06
圣卢西亚	Saint Lucia	1994	1.41	...	9.72
萨摩亚	Samoa	1994	0.97	...	5.82
圣多美和普林西	Sao Tome and Principe	1998	1.02	...	7.57
塞内加尔	Senegal	1995	8.84	...	1.02
塞舌尔	Seychelles	1995	0.59	...	7.79
斯洛伐克	Slovakia	2006	86.58	-61.00	16.06
斯洛文尼亚	Slovenia	2006	46.85	-19.22	23.36
西班牙	Spain	2006	1466.08	19.06	33.64
斯里兰卡	Sri Lanka	1995	62.00	...	3.40
圣文森特和格林纳丁斯	St. Vincent and the Grenadines	1997	27.87	-3.20	258.18
苏丹	Sudan	1995	96.00	...	3.11
苏里南	Suriname	2003	10.00	...	20.52
斯威士兰	Swaziland	1994	19.93	...	21.01
瑞典	Sweden	2006	174.61	-44.34	19.16
瑞士	Switzerland	2006	83.79	-48.40	11.20
塔吉克斯坦	Tajikistan	1998	9.20	-86.91	1.53
泰国	Thailand	1994	286.65	...	4.81
多哥	Togo	1998	19.80	...	4.03
汤加	Tonga	1994	0.49	...	5.05
特立尼达和多巴哥	Trinidad and Tobago	1990	37.20	...	30.52
突尼斯	Tunisia	1994	72.62	...	8.24
土耳其	Turkey	2006	1120.26	72.37	15.54
土库曼斯坦	Turkmenistan	1994	83.81	...	20.46
图瓦卢	Tuvalu	1994	0.00	...	0.00
乌干达	Uganda	1994	1200.64	...	59.16
乌克兰	Ukraine	2006	928.56	-57.42	19.92
阿拉伯联合酋长国	United Arab Emirates	1994	163.00	...	70.87
英国	United Kingdom	2006	1594.65	-46.26	26.33
坦桑尼亚	United Rep. of Tanzania	1994	979.07	524.88	33.67
美国	United States	2006	15159.55	-30.13	49.59
乌拉圭	Uruguay	2000	45.20	48.77	13.61
乌兹别克斯坦	Uzbekistan	1994	242.00	-29.24	10.77
瓦努阿图	Vanuatu	1994	0.08	...	0.50
委内瑞拉	Venezuela	1999	395.79	...	16.53
越南	Viet Nam	1994	223.99	...	3.13
也门	Yemen	1995	89.06	...	5.74
赞比亚	Zambia	1994	1197.85	...	135.28
津巴布韦	Zimbabwe	1994	77.40	...	6.73

附录4-5 SO_2排放量
SO_2 Emissions

国家和地区	Country or Area	截止年份 Latest Year Available	SO_2排放量（千吨） SO_2 Emissions (1000 tonnes)	比1990年增减（%） % Change since 1990 (%)	人均SO_2排放量（千克） SO_2 Emissions per Capita (kg)
阿尔及利亚	Algeria	1994	39.69	...	1.43
安道尔	Andorra	1997	0.69	...	10.51
安提瓜和巴布达	Antigua and Barbuda	1990	2.83	...	45.70
阿根廷	Argentina	1997	24.00	50.00	0.67
澳大利亚	Australia	2006	904.55	-43.26	43.85
奥地利	Austria	2006	28.46	-61.71	3.44
阿塞拜疆	Azerbaijan	1994	48.00	-18.64	6.25
巴巴多斯	Barbados	1997	0.05	...	0.20
白俄罗斯	Belarus	2006	169.74	-84.29	17.37
比利时	Belgium	2006	112.09	-64.86	10.70
伯利兹	Belize	1994	0.53	...	2.48
贝宁	Benin	1995	0.17	...	0.03
不丹	Bhutan	1994	0.05	...	0.10
玻利维亚	Bolivia	2000	12.11	8.51	1.46
保加利亚	Bulgaria	2006	1029.90	-32.12	133.93
柬埔寨	Cambodia	1994	25.69	...	2.32
喀麦隆	Cameroon	1994	2.53	...	0.18
智利	Chile	1994	1968.10	...	138.83
哥伦比亚	Colombia	1994	170.27	20.09	4.76
科摩罗	Comoros	1994	0.36	...	0.74
哥斯达黎加	Costa Rica	1996	2.10	...	0.59
克罗地亚	Croatia	2006	67.20	-61.90	15.15
古巴	Cuba	1996	432.38	-0.10	39.47
捷克	Czech Republic	2006	211.23	-88.74	20.66
刚果民主共和国	Dem. Rep. of the Congo	1994	0.12	51.22	0.00
丹麦	Denmark	2006	25.05	-85.90	4.61
多米尼加	Dominica	1994	0.15	...	2.24
多米尼加共和国	Dominican Republic	1994	116.34	50.97	14.59
爱沙尼亚	Estonia	2006	123.53	-51.92	91.87
埃塞俄比亚	Ethiopia	1995	13.20	18.92	0.23

资料来源：联合国气候变化框架公约成果。
联合国统计司/联合国环境规划署2004年环境统计问卷，大气部分。
联合国经济社会局人口处，世界人口展望：2008修订版，纽约，2009。

Sources:UN Framework Convention on Climate Change (UNFCCC) Secretatiat.
UNSD/UNEP 2004 Questionnaire on Environment Statistics, Air section.
United Nations, Department of Economic and Social Affairs, Population Division, World Population Prospects: The 2008 Revision, New York, 2009.

附录4-5 续表 1 continued 1

国家和地区	Country or Area	截止年份 Latest Year Available	SO_2 排放量 (千吨) SO_2 Emissions (1000 tonnes)	比1990年增减 (%) % Change since 1990 (%)	人均SO_2排放量 (千克) SO_2 Emissions per Capita (kg)
芬兰	Finland	2006	84.06	-66.21	15.97
法国	France	2006	514.36	-62.59	8.38
加蓬	Gabon	1994	1.00	...	0.95
格鲁吉亚	Georgia	2002	5.21	-97.91	1.12
德国	Germany	2006	558.37	-89.57	6.78
希腊	Greece	2006	535.62	13.57	48.31
危地马拉	Guatemala	1990	74.50	...	8.36
几内亚	Guinea	1994	0.44	...	0.06
海地	Haiti	1994	9.45	...	1.23
洪都拉斯	Honduras	1995	0.30	...	0.05
匈牙利	Hungary	2006	123.11	-71.70	12.24
冰岛	Iceland	2006	43.79	118.49	145.28
伊朗	Iran (Islamic Republic of)	1994	29.13	...	0.48
爱尔兰	Ireland	2006	59.63	67.35	13.96
以色列	Israel	2000	320.17	...	52.62
意大利	Italy	2006	388.74	-78.34	6.59
牙买加	Jamaica	1994	99.70	...	40.79
日本	Japan	2006	839.55	-17.10	6.59
吉尔吉斯斯坦	Kazakhstan	2002	1132.20	-23.68	75.85
韩国	Korea, Dem. People's Rep.	1990	4170.00	...	207.02
吉尔吉斯斯坦	Kyrgyzstan	2000	31.79	-71.92	6.42
拉脱维亚	Latvia	2006	3.25	-96.79	1.43
黎巴嫩	Lebanon	1994	82.99	...	24.46
莱索托	Lesotho	1998		...	...
立陶宛	Lithuania	2006	41.62	-80.56	12.28
卢森堡	Luxembourg	2006	0.04	-99.72	0.09
马达加斯加	Madagascar	1994	34.65	...	2.72
马里	Mali	1995	...	...	...
马耳他	Malta	2000	26.48	41.37	68.09
毛利塔尼亚	Mauritania	1995	0.19	...	0.08
毛里求斯	Mauritius	2002	30.60	...	25.10
密克罗尼西亚联邦	Micronesia, Federated States of	1994	0.53	...	4.97
摩纳哥	Monaco	2006	0.05	-33.97	1.50
摩洛哥	Morocco	1994	295.00	...	11.11
荷兰	Netherlands	2006	64.43	-66.09	3.93
新西兰	New Zealand	2006	81.27	49.78	19.57
尼加拉瓜	Nicaragua	1994	4.59	...	1.01

附录4-5 续表 2 continued 2

国家和地区	Country or Area	截止年份 Latest Year Available	SO_2 排放量 (千吨) SO_2 Emissions (1000 tonnes)	比1990年增减 (%) % Change since 1990 (%)	人均SO_2排放量 (千克) SO_2 Emissions per Capita (kg)
纽埃岛	Niue	1994	2211.18	...	1027022.76
挪威	Norway	2006	20.94	-60.03	4.48
巴基斯坦	Pakistan	1994	775.46	...	6.09
巴拿马	Panama	1994	1.85	...	0.71
巴拉圭	Paraguay	1994	0.28	-6.61	0.06
秘鲁	Peru	1994	123.26	...	5.24
菲律宾	Philippines	1994	458.53	...	6.70
波兰	Poland	2006	1202.89	-62.53	31.52
葡萄牙	Portugal	2006	190.82	-40.36	18.01
摩尔多瓦	Republic of Moldova	1998	31.83	-88.04	7.55
罗马尼亚	Romania	2006	497.23	-29.71	23.08
俄罗斯联邦	Russian Federation	2006	619.74	-23.68	4.35
圣卢西亚	Saint Lucia	1994	0.61	...	4.18
斯洛伐克	Slovakia	2006	87.75	-83.32	16.28
斯洛文尼亚	Slovenia	2006	17.92	-92.90	8.94
西班牙	Spain	2006	1169.66	-46.07	26.84
斯里兰卡	Sri Lanka	1995	43.00	...	2.36
圣文森特和格林纳丁斯	St. Vincent and the Grenadines	1997	0.32	26.77	2.98
苏丹	Sudan	1995	1.00	...	0.03
斯威士兰	Swaziland	1994	1.97	...	2.08
瑞典	Sweden	2006	39.28	-63.67	4.31
瑞士	Switzerland	2006	17.60	-58.16	2.35
塔吉克斯坦	Tajikistan	1998	2.90	-91.64	0.48
多哥	Togo	1995	0.13	...	0.03
特立尼达和多巴哥	Trinidad and Tobago	1996	8.60	-1.67	6.76
突尼斯	Tunisia	1994	77.86	...	8.84
土耳其	Turkey	2006	974.27	16.65	13.52
土库曼斯坦	Turkmenistan	1994	22.89	...	5.59
乌克兰	Ukraine	2006	1601.45	-69.78	34.36
英国	United Kingdom	2006	675.63	-81.82	11.15
坦桑尼亚	United Rep. of Tanzania	1994	175.74	8.40	6.04
美国	United States	2006	12257.93	-41.45	40.10
乌拉圭	Uruguay	1998	54.48	28.77	16.55
乌兹别克斯坦	Uzbekistan	1994	276.00	-51.49	12.28
越南	Viet Nam	1994	1911.10	...	26.66
也门	Yemen	1995	7.69	...	0.50
赞比亚	Zambia	1994	6.42	...	0.72

附录4-6　CO_2排放量(2006年)
CO_2 Emissions (2006)

国家和地区	Country or Area	CO_2 排放量 (百万吨) CO_2 Emissions (mio. tonnes)	比1990年增减 (%) % Change since 1990 (%)	人均CO_2排放量 (吨/人) CO_2 Emissions per Capita (tonne / person)	每平方公里CO_2排放量 (吨/平方公里) CO_2 Emissions per km^2 (tonne / km^2)
阿富汗	Afghanistan	0.70	-73.96	0.03	1.07
阿尔巴尼亚	Albania	4.30	-42.55	1.36	149.61
阿尔及利亚	Algeria	132.72	68.23	3.98	55.72
安哥拉	Angola	10.58	138.93	0.64	8.49
安圭拉	Anguilla	0.05	...	4.12	560.44
安提瓜和巴布达	Antigua and Barbuda	0.43	41.37	5.06	961.54
阿根廷	Argentina	173.54	54.11	4.43	62.41
亚美尼亚	Armenia	4.37	...	1.45	146.96
阿鲁巴	Aruba	2.31	25.48	22.26	12833.33
澳大利亚	Australia	390.44	40.54	19.00	50.76
奥地利	Austria	77.28	24.48	9.30	921.45
阿塞拜疆	Azerbaijan	35.05	...	4.17	404.73
巴哈马	Bahamas	2.14	9.58	6.53	153.34
巴林	Bahrain	21.29	79.17	28.82	28389.33
孟加拉国	Bangladesh	41.61	167.96	0.27	288.96
巴巴多斯	Barbados	1.34	24.58	4.57	3111.63
白俄罗斯	Belarus	59.20	-41.93	6.10	285.18
比利时	Belgium	119.11	0.24	11.40	3901.57
伯利兹	Belize	0.82	162.49	2.90	35.62
贝宁	Benin	3.11	334.87	0.36	27.61
百慕大	Bermuda	0.57	-5.52	8.77	10462.96
不丹	Bhutan	0.38	196.91	0.59	9.92
玻利维亚	Bolivia	11.40	107.18	1.22	10.38
波黑	Bosnia and Herzegovina	27.44	...	6.99	535.80
博茨瓦纳	Botswana	4.77	119.71	2.57	8.20
巴西	Brazil	352.52	68.77	1.86	41.40
英属维尔京群岛	British Virgin Islands	0.10	107.71	4.44	655.63
文莱	Brunei Darussalam	5.91	-7.93	15.47	1025.33
保加利亚	Bulgaria	55.07	-36.17	7.20	496.64
布基纳法索	Burkina Faso	0.79	34.24	0.05	2.87

资料来源：联合国统计司千年发展目标数据库。
　　　　联合国统计司人口统计年鉴。

Sources:UNSD Millennium Development Goals Indicators database.
　　UNSD Demographic Yearbook.

附录4-6 续表 1 continued 1

国家和地区	Country or Area	CO_2 排放量 (百万吨) CO_2 Emissions (mio. tonnes)	比1990年增减 (%) % Change since 1990 (%)	人均CO_2 排放量 (吨/人) CO_2 Emissions per Capita (tonne / person)	每平方公里 CO_2排放量 (吨/平方公里) CO_2 Emissions per km^2 (tonne / km^2)
布隆迪	Burundi	0.20	-34.87	0.02	7.11
柬埔寨	Cambodia	4.07	803.42	0.29	22.50
喀麦隆	Cameroon	3.65	109.72	0.20	7.67
加拿大	Canada	560.39	22.89	17.20	56.12
佛得角	Cape Verde	0.31	250.04	0.59	76.37
开曼群岛	Cayman Islands	0.52	104.35	11.13	1958.33
中非共和国	Central African Republic	0.25	25.77	0.06	0.40
乍得	Chad	0.40	169.39	0.04	0.31
智利	Chile	60.10	69.36	3.65	79.49
中国	China	6103.49	152.76	4.62	635.98
中国香港	China, Hong Kong SAR	39.04	41.13	5.47	35361.41
中国澳门	China, Macao SAR	2.24	116.34	4.68	77137.93
哥伦比亚	Colombia	63.42	10.61	1.39	55.55
科摩罗	Comoros	0.09	14.29	0.11	39.37
刚果	Congo	1.46	23.15	0.40	4.28
库克群岛	Cook Islands	0.07	200.03	4.84	279.66
哥斯达黎加	Costa Rica	7.85	165.79	1.79	153.70
科特迪瓦	Cote d'Ivoire	6.88	18.72	0.36	21.34
克罗地亚	Croatia	23.70	-1.54	5.20	418.75
古巴	Cuba	29.63	-11.13	2.63	269.62
塞浦路斯	Cyprus	7.79	67.38	9.21	841.85
捷克	Czech Republic	127.92	-21.94	12.60	1621.95
刚果民主共和国	Dem. Rep. of the Congo	2.20	-45.95	0.04	0.94
丹麦	Denmark	58.93	9.14	10.60	1367.36
吉布提	Djibouti	0.49	22.00	0.60	21.03
多米尼加	Dominica	0.12	99.45	1.74	155.79
多米尼加共和国	Dominican Republic	20.36	112.72	2.12	418.26
厄瓜多尔	Ecuador	31.33	86.10	2.37	122.20
埃及	Egypt	166.80	119.65	2.25	166.47
萨尔瓦多	El Salvador	6.46	146.82	0.96	307.07
赤道几内亚	Equatorial Guinea	4.36	3500.00	8.79	155.29
厄立特里亚	Eritrea	0.55	...	0.12	4.71
爱沙尼亚	Estonia	15.97	-56.07	11.90	353.15
埃塞俄比亚	Ethiopia	6.01	99.01	0.07	5.44
法罗群岛	Faeroe Islands	0.68	8.83	13.97	486.72
福克兰群岛(马尔维纳斯群岛)	Falkland Islands (Malvinas)	0.05	39.11	17.18	4.19
斐济	Fiji	1.61	96.82	1.93	88.11

附录4-6　续表 2　continued 2

国家和地区	Country or Area	CO_2 排放量 (百万吨) CO_2 Emissions (mio. tonnes)	比1990年增减 (%) % Change since 1990 (%)	人均CO_2 排放量 (吨/人) CO_2 Emissions per Capita (tonne / person)	每平方公里CO_2排放量 (吨/平方公里) CO_2 Emissions per km^2 (tonne / km^2)
芬兰	Finland	68.10	20.08	12.90	201.22
法国	France	408.69	3.31	6.70	741.04
法属圭亚那	French Guiana	0.88	7.62	4.44	9.73
法属波利尼西亚	French Polynesia	0.82	30.11	3.17	205.25
加蓬	Gabon	2.06	-66.21	1.57	7.68
冈比亚	Gambia	0.33	75.19	0.20	29.57
格鲁吉亚	Georgia	5.52	...	1.24	79.17
德国	Germany	880.25	-14.72	10.70	2464.91
加纳	Ghana	9.24	135.05	0.40	38.74
直布罗陀	Gibraltar	0.39	305.26	13.16	64166.67
希腊	Greece	109.67	33.05	9.90	831.07
格陵兰	Greenland	0.57	1.44	9.77	0.26
格林纳达	Grenada	0.24	100.02	2.29	703.49
瓜德鲁普	Guadeloupe	2.14	65.46	4.85	1255.72
危地马拉	Guatemala	11.77	131.34	0.90	108.05
几内亚	Guinea	1.36	28.79	0.15	5.53
几内亚比绍	Guinea-Bissau	0.28	10.28	0.17	7.72
圭亚那	Guyana	1.51	32.19	2.04	7.01
海地	Haiti	1.81	82.27	0.19	65.26
洪都拉斯	Honduras	7.19	177.54	1.03	63.95
匈牙利	Hungary	60.39	-17.65	6.00	649.15
冰岛	Iceland	3.04	40.51	10.20	29.47
印度	India	1510.35	118.70	1.31	459.46
印度尼西亚	Indonesia	333.48	121.66	1.46	179.26
伊朗	Iran (Islamic Republic of)	466.98	105.57	6.65	286.71
伊拉克	Iraq	92.57	76.16	3.25	211.20
爱尔兰	Ireland	47.32	45.40	11.20	673.37
以色列	Israel	70.44	110.07	10.34	3191.37
意大利	Italy	488.04	12.25	8.30	1619.58
牙买加	Jamaica	12.15	52.57	4.50	1105.59
日本	Japan	1273.60	11.31	10.00	3369.92
约旦	Jordan	20.72	99.23	3.62	231.96
哈萨克斯坦	Kazakhstan	193.51	...	12.64	71.01
肯尼亚	Kenya	12.15	108.67	0.33	20.94
基里巴斯	Kiribati	0.03	31.83	0.31	39.94
朝鲜	Korea, Dem. People's Rep.	84.80	-65.36	3.58	703.50
韩国	Korea, Republic of	475.25	96.68	9.89	4767.83

附录4-6　续表 3　continued 3

国家和地区	Country or Area	CO_2 排放量 (百万吨) CO_2 Emissions (mio. tonnes)	比1990年增减 (%) % Change since 1990 (%)	人均CO_2排放量 (吨/人) CO_2 Emissions per Capita (tonne / person)	每平方公里CO_2排放量 (吨/平方公里) CO_2 Emissions per km^2 (tonne / km^2)
科威特	Kuwait	86.60	112.51	31.17	4860.20
吉尔吉斯斯坦	Kyrgyzstan	5.57	...	1.06	27.84
老挝	Lao People's Dem. Rep.	1.43	506.81	0.25	6.02
拉脱维亚	Latvia	8.26	-56.88	3.60	127.94
黎巴嫩	Lebanon	15.33	68.52	3.78	1466.70
利比里亚	Liberia	0.79	62.19	0.22	7.05
利比亚	Libyan Arab Jamahiriya	55.50	37.65	9.19	31.54
列支敦士登	Liechtenstein	0.24	19.21	6.90	1512.50
立陶宛	Lithuania	14.52	-59.84	4.30	222.42
卢森堡	Luxembourg	12.11	-0.91	26.20	4682.13
马达加斯加	Madagascar	2.83	187.42	0.15	4.83
马拉维	Malawi	1.05	71.41	0.08	8.85
马来西亚	Malaysia	187.87	231.99	7.19	567.91
马尔代夫	Maldives	0.87	464.35	2.89	2896.67
马里	Mali	0.57	34.72	0.05	0.46
马耳他	Malta	2.55	12.79	6.30	8063.29
马提尼克	Marshall Islands	0.09	91.67	1.58	508.29
毛里塔尼亚	Martinique	1.87	-9.57	4.71	1696.91
毛里求斯	Mauritania	1.67	-37.55	0.55	1.62
墨西哥	Mauritius	3.85	163.19	3.08	1887.25
摩纳哥	Mexico	436.15	13.39	4.14	222.03
蒙古	Monaco	0.09	-14.50	2.70	45000.00
黑山	Mongolia	9.44	-6.02	3.63	6.04
蒙特塞拉特	Montserrat	0.07	112.14	12.03	686.27
摩洛哥	Morocco	45.32	92.51	1.47	101.48
莫桑比克	Mozambique	2.04	103.70	0.10	2.54
缅甸	Myanmar	10.03	134.50	0.21	14.82
纳米比亚	Namibia	2.83	38508.62	1.38	3.44
瑙鲁	Nauru	0.14	8.34	14.12	6809.52
尼泊尔	Nepal	3.24	411.20	0.12	22.02
荷兰	Netherlands	172.22	8.07	10.50	4610.42
荷属安的列斯	Netherlands Antilles	4.31	-30.62	22.83	5390.00
新喀里多尼亚	New Caledonia	2.94	81.10	12.36	158.33
新西兰	New Zealand	36.39	43.36	8.80	134.54
尼加拉瓜	Nicaragua	4.33	63.92	0.78	33.24
尼日尔	Niger	0.94	-11.12	0.07	0.74

附录4-6 续表 4 continued 4

国家和地区	Country or Area	CO_2 排放量 (百万吨) CO_2 Emissions (mio. tonnes)	比1990年增减 (%) % Change since 1990 (%)	人均CO_2排放量 (吨/人) CO_2 Emissions per Capita (tonne / person)	每平方公里CO_2排放量 (吨/平方公里) CO_2 Emissions per km^2 (tonne / km^2)
尼日利亚	Nigeria	97.26	114.37	0.67	105.29
纽埃	Niue	...	9.10	2.30	15.38
挪威	Norway	43.26	24.40	9.30	133.60
阿曼	Oman	41.38	299.75	16.25	133.69
巴基斯坦	Pakistan	142.66	108.08	0.89	179.20
帕劳	Palau	0.12	-50.14	5.80	254.90
巴勒斯坦	Palestine	2.99	...	0.77	495.85
巴拿马	Panama	6.43	105.04	1.96	85.12
巴布亚新几内亚	Papua New Guinea	4.62	115.79	0.75	9.98
巴拉圭	Paraguay	3.99	76.21	0.66	9.80
秘鲁	Peru	38.64	82.59	1.40	30.07
菲律宾	Philippines	68.33	53.45	0.79	227.76
波兰	Poland	330.52	-10.35	8.70	1057.05
葡萄牙	Portugal	63.99	47.30	6.00	694.90
卡塔尔	Qatar	46.19	292.33	56.24	3986.97
摩尔多瓦	Republic of Moldova	7.82	...	2.04	231.08
留尼汪	Réunion	2.52	73.76	3.17	1005.18
罗马尼亚	Romania	111.01	-35.46	5.20	465.67
俄罗斯联邦	Russian Federation	1577.69	-36.82	11.00	92.27
卢旺达	Rwanda	0.80	16.72	0.08	30.22
圣赫勒拿	Saint Helena	0.01	50.02	1.70	35.71
圣基茨和尼维斯	Saint Kitts and Nevis	0.14	106.08	2.73	521.07
圣卢西亚	Saint Lucia	0.38	130.91	2.34	706.86
圣皮埃尔岛和密克隆	Saint Pierre and Miquelon	0.07	-27.99	10.39	272.73
萨摩亚	Samoa	0.16	26.75	0.85	55.81
圣多美和普林西比	Sao Tome and Principe	0.10	56.08	0.66	106.85
沙特阿拉伯	Saudi Arabia	381.56	77.44	15.78	177.50
塞内加尔	Senegal	4.26	33.87	0.35	21.66
塞尔维亚	Serbia and Montenegro	53.27	...	5.10	521.33
塞舌尔	Seychelles	0.74	554.61	8.64	1635.16
塞拉利昂	Sierra Leone	0.99	155.53	0.17	13.86
新加坡	Singapore	56.22	19.77	12.83	79729.12
斯洛伐克	Slovakia	39.98	-35.34	7.40	815.42
斯洛文尼亚	Slovenia	16.88	14.42	8.40	832.54
所罗门群岛	Solomon Islands	0.18	11.58	0.37	6.23
索马里	Somalia	0.17	838.28	0.02	0.27

附录4-6　续表 5　continued 5

国家和地区	Country or Area	CO_2 排放量（百万吨）CO_2 Emissions (mio. tonnes)	比1990年增减（%）% Change since 1990 (%)	人均CO_2排放量（吨/人）CO_2 Emissions per Capita (tonne / person)	每平方公里CO_2排放量（吨/平方公里）CO_2 Emissions per km^2 (tonne / km^2)
南非	South Africa	414.65	24.32	8.59	340.13
西班牙	Spain	359.63	57.38	8.20	710.74
斯里兰卡	Sri Lanka	11.88	214.76	0.62	181.01
圣文森特和格林纳丁	St. Vincent and the Grenadines	0.20	145.48	1.65	509.00
苏丹	Sudan	10.81	94.51	0.29	4.32
苏里南	Suriname	2.44	34.61	5.36	14.88
斯威士兰	Swaziland	1.02	138.90	0.90	58.51
瑞典	Sweden	51.52	-8.50	5.70	116.72
瑞士	Switzerland	45.56	2.25	6.10	1103.79
叙利亚	Syrian Arab Republic	68.46	82.81	3.53	369.69
塔吉克斯坦	Tajikistan	6.39	...	0.96	44.66
泰国	Thailand	272.52	184.39	4.30	531.11
马其顿	The Former Yugoslav Rep. of Macedonia	10.88	...	5.34	422.94
东帝汶	Timor-Leste	0.18	...	0.16	11.83
多哥	Togo	1.22	57.75	0.19	21.50
汤加	Tonga	0.13	71.45	1.32	176.71
特立尼达和多巴哥	Trinidad and Tobago	33.60	98.14	25.29	6549.90
突尼斯	Tunisia	23.13	74.33	2.26	141.35
土耳其	Turkey	273.71	96.07	3.70	349.31
土库曼斯坦	Turkmenistan	44.10	...	9.00	90.36
乌干达	Uganda	2.71	230.81	0.09	11.23
乌克兰	Ukraine	344.53	-51.79	7.40	570.88
阿拉伯联合酋长国	United Arab Emirates	139.55	154.62	32.85	1669.29
英国	United Kingdom	557.86	-5.55	9.20	2296.64
坦桑尼亚	United Rep. of Tanzania	5.37	126.48	0.14	5.68
美国	United States	5975.10	18.05	19.70	620.53
乌拉圭	Uruguay	6.86	71.90	2.06	38.95
乌兹别克斯坦	Uzbekistan	115.67	...	4.29	258.54
瓦努阿图	Vanuatu	0.09	31.43	0.42	7.55
委内瑞拉	Venezuela	171.59	40.48	6.31	188.14
越南	Viet Nam	106.13	395.80	1.23	320.44
瓦利斯群岛和富图纳	Wallis and Futuna Islands	0.03	...	1.94	204.23
西撒哈拉	Western Sahara	0.24	20.21	0.52	0.89
也门	Yemen	21.20	120.97	0.98	40.16
赞比亚	Zambia	2.47	1.02	0.21	3.28
津巴布韦	Zimbabwe	11.08	-33.48	0.84	28.36

附录4-7 温室气体排放量
Greenhouse Gas Emissions

国家和地区	Country or Area	截止年份 Latest Year Available	温室气体排放总量（百万吨二氧化碳当量） Total GHG Emissions (mio. tonnes of CO_2 equivalent)	比1990年增减（%） % Change since 1990 (%)	人均温室气体排放量（吨二氧化碳当量/人） GHG Emissions per Capita (tonnes of CO_2 equivalent/person)
阿尔巴尼亚	Albania	1994	5.53	-22.48	1.74
阿尔及利亚	Algeria	1994	91.76	...	3.31
安提瓜和巴布达	Antigua and Barbuda	1990	0.39	...	6.30
阿根廷	Argentina	2000	282.00	22.05	7.63
亚美尼亚	Armenia	1990	25.31	...	7.14
澳大利亚	Australia	2006	536.07	28.81	25.99
奥地利	Austria	2006	91.09	15.05	11.01
阿塞拜疆	Azerbaijan	1994	43.17	-28.98	5.62
巴哈马	Bahamas	1994	2.20	14.88	7.97
巴林	Bahrain	1994	19.60	...	34.90
孟加拉国	Bangladesh	1994	45.93	...	0.37
巴巴多斯	Barbados	1997	4.06	24.77	15.90
白俄罗斯	Belarus	2006	81.00	-36.40	8.29
比利时	Belgium	2006	136.97	-5.23	13.08
伯利兹	Belize	1994	6.34	...	29.63
贝宁	Benin	1995	39.35	...	6.88
不丹	Bhutan	1994	1.29	...	2.51
玻利维亚	Bolivia	2000	21.46	40.12	2.58
博茨瓦纳	Botswana	1994	9.29	...	6.15
巴西	Brazil	1994	658.65	11.07	4.14
保加利亚	Bulgaria	2006	71.34	-38.87	9.28
布基纳法索	Burkina Faso	1994	5.97	...	0.61
布隆迪	Burundi	1998	2.00	...	0.32
柬埔寨	Cambodia	1994	12.76	...	1.15
喀麦隆	Cameroon	1994	165.73	...	12.11
加拿大	Canada	2006	720.63	21.67	22.09
佛得角	Cape Verde	1995	0.29	...	0.73
中非共和国	Central African Republic	1994	37.74	...	11.61
乍得	Chad	1993	8.02	...	1.20

资料来源：联合国气候变化框架公约成果。
联合国经济社会局人口处，世界人口展望：2008修订版，纽约，2009。

Sources:UN Framework Convention on Climate Change (UNFCCC) Secretatiat.
United Nations, Department of Economic and Social Affairs, Population Division, World Population Prospects: The 2008 Revision, New York, 2009.

附录4-7　续表 1　continued 1

国家和地区	Country or Area	截止年份 Latest Year Available	温室气体排放总量（百万吨二氧化碳当量）Total GHG Emissions (mio. tonnes of CO_2 equivalent)	比1990年增减(%) % Change since 1990 (%)	人均温室气体排放量（吨二氧化碳当量／人）GHG Emissions per Capita (tonnes of CO_2 equivalent/person)
智利	Chile	1994	54.89	...	3.87
中国	China	1994	4057.62	...	3.39
哥伦比亚	Colombia	1994	137.49	22.90	3.84
科摩罗	Comoros	1994	0.52	...	1.08
刚果	Congo	1994	1.38	...	0.51
库克群岛	Cook Islands	1994	0.08	...	4.33
哥斯达黎加	Costa Rica	1996	10.79	76.94	3.03
科特迪瓦	Cote d'Ivoire	1994	24.73	...	1.71
克罗地亚	Croatia	2006	30.83	-5.21	6.95
古巴	Cuba	1996	40.19	-36.76	3.67
捷克	Czech Republic	2006	148.20	-23.70	14.49
刚果民主共和国	Dem. Rep. of the Congo	1994	44.64	...	1.03
丹麦	Denmark	2006	71.91	2.23	13.24
吉布提	Djibouti	1994	0.51	...	0.84
多米尼加	Dominica	1994	0.15	-98.81	2.18
多米尼加共和国	Dominican Republic	1994	20.44	61.71	2.56
厄瓜多尔	Ecuador	1990	30.77	...	2.99
埃及	Egypt	1990	116.74	...	2.02
萨尔瓦多	El Salvador	1994	11.72	...	2.07
厄立特里亚	Eritrea	2000	0.76	...	0.21
爱沙尼亚	Estonia	2006	18.88	-54.62	14.04
埃塞俄比亚	Ethiopia	1995	47.74	10.98	0.84
斐济	Fiji	1994	1.39	...	1.83
芬兰	Finland	2006	80.29	13.17	15.26
法国	France	2006	546.53	-3.51	8.90
加蓬	Gabon	1994	6.52	...	6.19
冈比亚	Gambia	1993	4.26	...	4.24
格鲁吉亚	Georgia	1997	12.89	-71.57	2.62
德国	Germany	2006	1004.79	-18.16	12.20
加纳	Ghana	1996	13.14	17.76	0.74
希腊	Greece	2006	133.11	27.26	12.01
格林纳达	Grenada	1994	1.61	...	16.21
危地马拉	Guatemala	1990	14.74	...	1.65
几内亚	Guinea	1994	5.06	...	0.70
几内亚比绍	Guinea-Bissau	1994	1.69	...	1.49
圭亚那	Guyana	1998	3.07	40.83	4.05

附录4-7 续表 2 continued 2

国家和地区	Country or Area	截止年份 Latest Year Available	温室气体排放总量(百万吨二氧化碳当量) Total GHG Emissions (mio. tonnes of CO_2 equivalent)	比1990年增减(%) % Change since 1990 (%)	人均温室气体排放量(吨二氧化碳当量/人) GHG Emissions per Capita (tonnes of CO_2 equivalent/person)
海地	Haiti	1994	5.13	...	0.67
洪都拉斯	Honduras	1995	10.83	...	1.94
匈牙利	Hungary	2006	78.62	-19.96	7.82
冰岛	Iceland	2006	4.23	24.22	14.05
印度	India	1994	1214.25	...	1.30
印度尼西亚	Indonesia	1994	334.19	25.25	1.77
伊朗	Iran (Islamic Republic of)	1994	385.43	...	6.30
爱尔兰	Ireland	2006	69.76	25.64	16.33
以色列	Israel	2005	73.41	...	10.97
意大利	Italy	2006	567.92	9.87	9.63
牙买加	Jamaica	1994	116.31	...	47.58
日本	Japan	2006	1340.08	5.34	10.51
约旦	Jordan	1994	21.94	...	5.33
哈萨克斯坦	Kazakhstan	2004	210.21	-34.74	13.93
肯尼亚	Kenya	1994	21.47	...	0.80
基里巴斯	Kiribati	1994	0.03	...	0.39
朝鲜	Korea, Dem. People's Rep.	1990	201.93	...	10.02
韩国	Korea, Republic of	2001	542.89	87.55	11.62
吉尔吉斯斯坦	Kyrgyzstan	2000	15.05	-58.34	3.04
老挝	Lao People's Dem. Rep.	1990	6.87	...	1.63
拉脱维亚	Latvia	2006	11.62	-56.07	5.10
黎巴嫩	Lebanon	1994	15.70	...	4.63
莱索托	Lesotho	1994	1.82	...	1.07
列支敦士登	Liechtenstein	2006	0.27	18.96	7.79
立陶宛	Lithuania	2006	23.22	-52.96	6.85
卢森堡	Luxembourg	2006	13.32	1.03	28.37
马达加斯加	Madagascar	1994	21.93	...	1.72
马拉维	Malawi	1994	7.07	-12.06	0.71
马来西亚	Malaysia	1994	136.68	...	6.81
马尔代夫	Maldives	1994	0.15	...	0.62
马里	Mali	1995	8.67	...	0.91
马耳他	Malta	2000	2.85	28.38	7.33
毛里塔尼亚	Mauritania	1995	4.33	...	1.91
毛里求斯	Mauritius	1995	2.06	...	1.83
墨西哥	Mexico	2002	548.50	29.19	5.38
密克罗尼西亚联邦	Micronesia, Federated States	1994	0.25	...	2.36

附录4-7 续表 3 continued 3

国家和地区	Country or Area	截止年份 Latest Year Available	温室气体排放总量（百万吨二氧化碳当量） Total GHG Emissions (mio. tonnes of CO_2 equivalent)	比1990年增减（%） % Change since 1990 (%)	人均温室气体排放量（吨二氧化碳当量/人） GHG Emissions per Capita (tonnes of CO_2 equivalent/person)
摩纳哥	Monaco	2006	0.09	-12.98	2.88
蒙古	Mongolia	1998	15.90	-17.70	6.82
摩洛哥	Morocco	1994	44.37	...	1.67
莫桑比克	Mozambique	1994	8.19	20.80	0.53
纳米比亚	Namibia	1994	5.60	...	3.54
瑙鲁	Nauru	1994	0.04	...	4.06
尼泊尔	Nepal	1994	31.19	...	1.48
荷兰	Netherlands	2006	207.48	-1.97	12.66
新西兰	New Zealand	2006	77.87	25.70	18.75
尼加拉瓜	Nicaragua	1994	7.65	...	1.68
尼日尔	Niger	1990	4.86	...	0.61
尼日利亚	Nigeria	1994	242.63	...	2.25
纽埃	Niue	1994	4.42	...	2052.95
挪威	Norway	2006	53.51	7.67	11.44
巴基斯坦	Pakistan	1994	160.60	...	1.26
帕劳	Palau	2000	0.09	...	4.67
巴拿马	Panama	1994	10.69	...	4.08
巴布亚新几内亚	Papua New Guinea	1994	5.01	...	1.09
巴拉圭	Paraguay	1994	140.46	149.93	29.94
秘鲁	Peru	1994	57.58	...	2.45
菲律宾	Philippines	1994	100.87	...	1.47
波兰	Poland	2006	400.46	-11.71	10.49
葡萄牙	Portugal	2006	82.74	39.98	7.81
摩尔多瓦	Republic of Moldova	1998	10.51	-68.41	2.49
罗马尼亚	Romania	2006	156.68	-36.75	7.27
俄罗斯联邦	Russian Federation	2006	2190.24	-34.16	15.37
卢旺达	Rwanda	2002	2.38	...	0.28
圣基茨和尼维斯	Saint Kitts and Nevis	1994	0.16	...	3.77
圣卢西亚	Saint Lucia	1994	0.89	...	6.12
萨摩亚	Samoa	1994	0.56	...	3.36
圣多美和普林西	Sao Tome and Principe	1998	0.12	...	0.89
沙特阿拉伯	Saudi Arabia	1990	165.27	...	10.16
塞内加尔	Senegal	1995	9.57	...	1.11
塞舌尔	Seychelles	1995	0.26	...	3.43
新加坡	Singapore	1994	26.86	...	7.96
斯洛伐克	Slovakia	2006	48.90	-33.63	9.07

附录4-7　续表 4　continued 4

国家和地区	Country or Area	截止年份 Latest Year Available	温室气体排放总量（百万吨二氧化碳当量） Total GHG Emissions (mio. tonnes of CO_2 equivalent)	比1990年增减(%) % Change since 1990 (%)	人均温室气体排放量（吨二氧化碳当量/人） GHG Emissions per Capita (tonnes of CO_2 equivalent/person)
斯洛文尼亚	Slovenia	2006	20.59	10.84	10.27
所罗门群岛	Solomon Islands	1994	0.29	...	0.82
南非	South Africa	1994	379.84	9.35	9.38
西班牙	Spain	2006	433.34	50.63	9.94
斯里兰卡	Sri Lanka	1995	29.13	...	1.60
圣文森特和格林纳丁斯	St. Vincent and the Grenadines	1997	0.41	4.59	3.80
苏丹	Sudan	1995	54.24	...	1.76
苏里南	Suriname	2003	3.34	...	6.85
斯威士兰	Swaziland	1994	2.64	...	2.78
瑞典	Sweden	2006	65.75	-8.74	7.21
瑞士	Switzerland	2006	53.21	0.73	7.11
塔吉克斯坦	Tajikistan	1998	4.29	-81.88	0.71
泰国	Thailand	1994	223.98	...	3.76
马其顿	The Former Yugoslav Rep. of Macedonia	1998	15.07	-2.37	7.56
多哥	Togo	1998	6.28	...	1.28
汤加	Tonga	1994	0.23	...	2.37
特立尼达和多巴哥	Trinidad and Tobago	1990	16.01	...	13.14
突尼斯	Tunisia	1994	25.14	...	2.85
土耳其	Turkey	2006	331.76	95.09	4.60
土库曼斯坦	Turkmenistan	1994	52.31	...	12.77
图瓦卢	Tuvalu	1994	0.01	...	1.09
乌干达	Uganda	1994	41.55	...	2.05
乌克兰	Ukraine	2006	443.18	-51.93	9.51
阿拉伯联合酋长国	United Arab Emirates	1994	130.44	...	56.71
英国	United Kingdom	2006	655.79	-15.05	10.83
坦桑尼亚	United Rep. of Tanzania	1994	39.24	0.64	1.35
美国	United States	2006	7017.32	14.38	22.96
乌拉圭	Uruguay	2000	29.73	7.51	8.95
乌兹别克斯坦	Uzbekistan	1994	153.89	-5.68	6.85
瓦努阿图	Vanuatu	1994	0.30	...	1.79
委内瑞拉	Venezuela	1999	192.19	...	8.03
越南	Viet Nam	1994	84.45	...	1.18
也门	Yemen	1995	17.87	...	1.15
赞比亚	Zambia	1994	32.77	...	3.70
津巴布韦	Zimbabwe	1994	27.59	...	2.40

附录4-8 消耗臭氧层物质

国家和地区	Country or Area	氟氯化碳消耗臭氧量 Consumption of CFCs	
		消耗臭氧潜力基数 Baseline ODP tonnes	2007年消耗臭氧潜力 2007 ODP tonnes
阿富汗	Afghanistan	380.0	55.2
阿尔巴尼亚	Albania	40.8	4.1
阿尔及利亚	Algeria	2119.5	200.0
安哥拉	Angola	114.8	17.0
安提瓜和巴布达	Antigua and Barbuda	10.7	
阿根廷	Argentina	4697.2	529.0
亚美尼亚	Armenia	196.5	25.0
澳大利亚	Australia	14290.4	-55.0
阿塞拜疆	Azerbaijan	480.6	
巴哈马	Bahamas	64.9	
巴林	Bahrain	135.4	14.7
孟加拉国	Bangladesh	581.6	154.9
巴巴多斯	Barbados	21.5	1.9
白俄罗斯	Belarus	2510.9	
伯利兹	Belize	24.4	2.2
贝宁	Benin	59.9	7.9
不丹	Bhutan	0.2	
玻利维亚	Bolivia	75.7	2.4
波黑	Bosnia and Herzegovina	24.2	22.1
博茨瓦纳	Botswana	6.9	0.6
巴西	Brazil	10525.8	318.1
文莱	Brunei Darussalam	78.2	9.9
布基纳法索	Burkina Faso	36.3	4.2
布隆迪	Burundi	59.0	3.1
柬埔寨	Cambodia	94.2	11.6
喀麦隆	Cameroon	256.9	25.0
加拿大	Canada	19958.2	

资料来源：联合国环境规划署臭氧处数据存取中心。
联合国统计司千年发展目标数据库。

Sources:UNEP Ozone Secretariat Data Access Centre.
UNSD Millennium Development Goals Database.

Consumption of Ozone-Depleting Substances(ODS)

比基数减少 (%) Reduction from Baseline (%)	全部消耗臭氧层物质消耗臭氧量 Consumption of All ODS 2002年消耗 臭氧潜力 2002 ODP tonnes	2007年消耗 臭氧潜力 2007 ODP tonnes	比2002年 减少(%) Reduction from 2002 (%)
85.5	181.5	61.3	66.2
90.0	50.5	6.6	86.9
90.6	1966.1	281.7	85.7
85.2	110.0	17.0	84.5
100.0	4.0	0.9	77.5
88.7	2386.0	1199.7	49.7
87.3	174.4	29.4	83.1
100.4	389.5	82.7	78.8
100.0	12.1	0.8	93.4
100.0	58.4	5.8	90.1
89.1	138.1	43.4	68.6
73.4	350.1	192.7	45.0
91.2	12.1	4.8	60.3
100.0	2.7	0.8	70.4
91.0	21.7	3.2	85.3
86.8	36.0	8.2	77.2
100.0	0.1	0.1	
96.8	67.4	6.6	90.2
8.7	259.2	27.6	89.4
91.3	10.2	11.1	-8.8
97.0	3589.4	1915.2	46.6
87.3	46.3	10.4	77.5
88.4	16.3	8.2	49.7
94.7	19.2	4.3	77.6
87.7	97.0	19.9	79.5
90.3	261.7	41.3	84.2
100.0	923.1	559.4	39.4

国家和地区	Country or Area	氟氯化碳消耗臭氧量 Consumption of CFCs	
		消耗臭氧潜力基数 Baseline ODP tonnes	2007年消耗臭氧潜力 2007 ODP tonnes
佛得角	Cape Verde	2.3	
中非共和国	Central African Republic	11.2	1.3
乍得	Chad	34.6	5.1
智利	Chile	828.7	19.2
中国	China	57818.7	5832.1
哥伦比亚	Colombia	2208.2	263.1
科摩罗	Comoros	2.5	0.3
刚果	Congo	11.9	1.5
库克群岛	Cook Islands	1.7	
哥斯达黎加	Costa Rica	250.2	27.9
科特迪瓦	Cote d'Ivoire	294.2	35.5
克罗地亚	Croatia	219.3	-5.0
古巴	Cuba	625.1	83.5
刚果民主共和国	Dem. Rep. of the Congo	665.7	48.9
吉布提	Djibouti	21.0	2.2
多米尼加	Dominica	1.5	
多米尼加共和国	Dominican Republic	539.8	24.4
厄瓜多尔	Ecuador	301.4	28.3
埃及	Egypt	1668.0	241.6
萨尔瓦多	El Salvador	306.5	34.7
赤道几内亚	Equatorial Guinea	31.5	4.6
厄立特里亚	Eritrea	41.1	3.1
爱沙尼亚	Ethiopia	33.8	4.9
欧盟	European Union (EU)	301930.2	-106.7
斐济	Fiji	33.4	
加蓬	Gabon	10.3	
冈比亚	Gambia	23.8	0.6
格鲁吉亚	Georgia	22.5	2.7
加纳	Ghana	35.8	4.2
格林纳达	Grenada	6.0	
危地马拉	Guatemala	224.6	5.9
几内亚	Guinea	42.4	2.9
几内亚比绍	Guinea-Bissau	26.3	2.9
圭亚那	Guyana	53.2	0.1

continued 1

	全部消耗臭氧层物质消耗臭氧量 Consumption of All ODS		
比基数减少 (%) Reduction from Baseline (%)	2002年消耗 臭氧潜力 2002 ODP tonnes	2007年消耗 臭氧潜力 2007 ODP tonnes	比2002年 减少(%) Reduction from 2002 (%)
100.0	1.8	0.1	94.4
88.4	4.6	1.6	65.2
85.3	27.3	5.2	81.0
97.7	591.9	270.2	54.4
89.9	47804.1	25189.9	47.3
88.1	1002.2	469.9	53.1
88.0	1.9	0.4	78.9
87.4	7.0	1.9	72.9
100.0			
88.8	425.4	281.8	33.8
87.9	121.2	41.8	65.5
102.3	172.3	2.2	98.7
86.6	518.0	103.5	80.0
92.7	1081.3	60.9	94.4
89.5	15.8	2.6	83.5
100.0	3.1		100.0
95.5	406.9	97.8	76.0
90.6	273.4	150.7	44.9
85.5	1944.1	860.8	55.7
88.7	108.1	51.4	52.5
85.4	27.9	6.0	78.5
92.5	32.2	3.8	88.2
85.5	86.6	5.0	94.2
100.0	-6754.6	-5460.6	
100.0	5.3	4.5	15.1
100.0	6.9	4.1	40.6
97.5	4.9	0.7	85.7
88.0	64.3	6.3	90.2
88.3	24.0	23.6	1.7
100.0	2.3	0.2	91.3
97.4	952.5	302.8	68.2
93.2	31.4	3.9	87.6
89.0	27.2	3.1	88.6
99.8	15.6	0.6	96.2

国家和地区	Country or Area	氟氯化碳消耗臭氧量 Consumption of CFCs	
		消耗臭氧潜力基数 Baseline ODP tonnes	2007年消耗臭氧潜力 2007 ODP tonnes
海地	Haiti	169.0	9.0
洪都拉斯	Honduras	331.6	39.7
冰岛	Iceland	195.1	
印度	India	6681.0	998.2
印度尼西亚	Indonesia	8332.7	202.6
伊朗	Iran (Islamic Republic of)	4571.7	549.5
伊拉克	Iraq	1517.0	1686.1
以色列	Israel	4141.6	
牙买加	Jamaica	93.2	
日本	Japan	118134.0	-5.0
约旦	Jordan	673.3	24.0
哈萨克斯坦	Kazakhstan	1206.2	
肯尼亚	Kenya	239.5	22.7
基里巴斯	Kiribati	0.7	
朝鲜	Korea, Dem. People's Rep.	441.7	40.7
韩国	Korea, Republic of	9159.8	1209.6
科威特	Kuwait	480.4	68.0
吉尔吉斯斯坦	Kyrgyzstan	72.8	4.2
老挝	Lao People's Dem. Rep.	43.3	6.4
黎巴嫩	Lebanon	725.5	74.5
莱索托	Lesotho	5.1	
利比里亚	Liberia	56.1	1.8
阿拉伯利比亚民众国	Libyan Arab Jamahiriya	716.7	57.5
列支敦士登	Liechtenstein	37.2	
马达加斯加	Madagascar	47.9	2.1
马拉维	Malawi	57.7	2.3
马来西亚	Malaysia	3271.1	234.2
马尔代夫	Maldives	4.6	
马里	Mali	108.1	11.0
马绍尔群岛	Marshall Islands	1.1	
毛里塔尼亚	Mauritania	15.7	1.3
毛里求斯	Mauritius	29.1	
墨西哥	Mexico	4624.9	-480.6
密克罗尼西亚联邦	Micronesia, Federated States of	1.2	0.5

continued 2

比基数减少 (%) Reduction from Baseline (%)	全部消耗臭氧层物质消耗臭氧量 Consumption of All ODS		
	2002年消耗臭氧潜力 2002 ODP tonnes	2007年消耗臭氧潜力 2007 ODP tonnes	比2002年减少(%) Reduction from 2002 (%)
94.7	197.7	9.4	95.2
88.0	555.7	305.1	45.1
100.0	2.6	2.2	15.4
85.1	15026.9	2971.0	80.2
97.6	5787.4	500.1	91.4
88.0	8572.9	745.6	91.3
-11.1	1580.6	1836.3	-16.2
100.0	1241.3	503.3	59.5
100.0	39.2	2.9	92.6
100.0	2466.8	996.6	59.6
96.4	267.0	119.5	55.2
100.0	146.9	120.9	17.7
90.5	322.0	88.8	72.4
100.0		0.1	-100.0
90.8	2326.3	126.0	94.6
86.8	11745.9	4552.7	61.2
85.8	515.7	427.9	17.0
94.2	50.2	5.8	88.4
85.2	42.9	8.0	81.4
89.7	710.8	112.4	84.2
100.0	4.6	7.7	-67.4
96.8	54.0	3.7	93.1
92.0	1596.5	453.1	71.6
100.0	0.1		100.0
95.6	8.8	4.2	52.3
96.0	75.4	5.1	93.2
92.8	1966.3	664.2	66.2
100.0	4.0	4.4	-10.0
89.8	28.3	12.4	56.2
100.0	0.3	0.2	33.3
91.7	16.5	2.7	83.6
100.0	14.4	8.6	40.3
110.4	3954.7	1917.9	51.5
58.3	2.2	0.5	77.3

国家和地区	Country or Area	氟氯化碳消耗臭氧量 Consumption of CFCs	
		消耗臭氧潜力基数 Baseline ODP tonnes	2007年消耗臭氧潜力 2007 ODP tonnes
摩纳哥	Monaco	6.2	
蒙古	Mongolia	10.6	1.0
黑山	Montenegro	104.9	3.5
摩洛哥	Morocco	802.3	24.1
莫桑比克	Mozambique	18.2	2.3
缅甸	Myanmar	54.3	
纳米比亚	Namibia	21.9	
瑙鲁	Nauru	0.5	
尼泊尔	Nepal	27.0	
新西兰	New Zealand	2088.0	
尼加拉瓜	Nicaragua	82.8	3.7
尼日尔	Niger	32.0	4.3
尼日利亚	Nigeria	3650.0	17.5
纽埃	Niue	0.1	
挪威	Norway	1313.0	-64.2
阿曼	Oman	248.4	10.1
巴基斯坦	Pakistan	1679.4	170.3
帕劳	Palau	1.6	0.1
巴拿马	Panama	384.1	28.4
巴布亚新几内亚	Papua New Guinea	36.3	4.5
巴拉圭	Paraguay	210.6	12.3
秘鲁	Peru	289.5	
菲律宾	Philippines	3055.8	143.1
卡塔尔	Qatar	101.4	13.0
摩尔多瓦	Republic of Moldova	73.3	9.2
俄罗斯联邦	Russian Federation	100352.0	363.0
卢旺达	Rwanda	30.4	4.1
圣基茨和尼维斯	Saint Kitts and Nevis	3.7	0.1
圣卢西亚	Saint Lucia	8.3	
圣文森特和格林纳丁斯	St. Vincent and the Grenadines	1.8	0.2
萨摩亚	Samoa	4.5	
圣多美和普林西	Sao Tome and Principe	4.7	0.4
沙特阿拉伯	Saudi Arabia	1798.5	657.8
塞内加尔	Senegal	155.8	15.0
塞尔维亚	Serbia	849.2	53.5

continued 3

	全部消耗臭氧层物质消耗臭氧量 Consumption of All ODS		
比基数减少 (%) Reduction from Baseline (%)	2002年消耗 臭氧潜力 2002 ODP tonnes	2007年消耗 臭氧潜力 2007 ODP tonnes	比2002年 减少(%) Reduction from 2002 (%)
100.0	0.1	0.1	
90.6	7.3	1.7	76.7
96.7	15.4	4.2	72.7
97.0	1070.0	321.1	70.0
87.4	14.4	4.0	72.2
100.0	45.7	2.4	94.7
100.0	20.0	11.8	41.0
100.0			
100.0	2.6	1.2	53.8
100.0	42.8	27.4	36.0
95.5	64.9	3.9	94.0
86.6	27.6	5.3	80.8
99.5	3933.3	113.5	97.1
100.0			
104.9	-42.8	-46.7	-9.1
95.9	201.5	29.6	85.3
89.9	2347.2	354.0	84.9
93.8	0.2	0.1	50.0
92.6	204.7	43.5	78.7
87.6	39.7	9.5	76.1
94.2	105.5	27.1	74.3
100.0	203.6	43.4	78.7
95.3	1795.1	325.7	81.9
87.2	105.4	36.5	65.4
87.4	29.6	11.3	61.8
99.6	892.3	1391.3	-55.9
86.5	30.4	5.5	81.9
97.3	6.3	0.6	90.5
100.0	7.7		100.0
88.9	6.4	0.2	96.9
100.0	2.6	0.2	92.3
91.5	4.4	0.4	90.9
63.4	1926.4	1615.8	16.1
90.4	82.3	24.5	70.2
93.7	384.9	63.8	83.4

国家和地区	Country or Area	氟氯化碳消耗臭氧量 Consumption of CFCs	
		消耗臭氧潜力基数 Baseline ODP tonnes	2007年消耗臭氧潜力 2007 ODP tonnes
塞舌尔	Seychelles	2.9	
塞拉利昂	Sierra Leone	78.6	10.4
新加坡	Singapore	210.5	
所罗门群岛	Solomon Islands	2.1	
索马里	Somalia	241.4	79.5
南非	South Africa	592.6	
斯里兰卡	Sri Lanka	445.6	62.2
苏丹	Sudan	456.8	61.0
苏里南	Suriname	41.3	0.1
斯威士兰	Swaziland	24.6	
瑞士	Switzerland	7960.0	
阿拉伯叙利亚共和国	Syrian Arab Republic	2224.6	282.0
塔吉克斯坦	Tajikistan	211.0	
泰国	Thailand	6082.1	321.6
马其顿	The Former Yugoslav Rep. of Macedonia	519.7	
多哥	Togo	39.8	5.0
汤加	Tonga	1.3	
特立尼达和多巴哥	Trinidad and Tobago	120.0	
突尼斯	Tunisia	870.1	17.7
土耳其	Turkey	3805.7	
土库曼斯坦	Turkmenistan	37.3	5.6
图瓦卢	Tuvalu	0.3	
乌干达	Uganda	12.8	
乌克兰	Ukraine	4725.2	
阿拉伯联合酋长国	United Arab Emirates	529.3	79.4
坦桑尼亚	United Rep. of Tanzania	253.9	26.5
美国	United States	305963.6	-68.6
乌拉圭	Uruguay	199.1	29.3
乌兹别克斯坦	Uzbekistan	1779.2	
瓦努阿图	Vanuatu		0.3
委内瑞拉	Venezuela (Bolivarian Republic of)	3322.4	-114.4
越南	Viet Nam	500.0	37.8
也门	Yemen	1796.1	268.7
赞比亚	Zambia	27.4	4.1
津巴布韦	Zimbabwe	451.4	54.3

continued 4

	全部消耗臭氧层物质消耗臭氧量 Consumption of All ODS		
比基数减少 (%) Reduction from Baseline (%)	2002年消耗 臭氧潜力 2002 ODP tonnes	2007年消耗 臭氧潜力 2007 ODP tonnes	比2002年 减少(%) Reduction from 2002 (%)
100.0	166.1	2.3	98.6
86.8	84.4	12.0	85.8
100.0	126.4	153.0	-21.0
100.0	5.7	0.9	84.2
67.1	124.1	94.6	23.8
100.0	848.8	415.0	51.1
86.0	227.4	77.6	65.9
86.6	258.2	71.4	72.3
99.8	51.0	2.7	94.7
100.0	2.4	5.6	-133.3
100.0	26.2	9.5	63.7
87.3	1754.1	372.3	78.8
100.0	12.6	3.8	69.8
94.7	3612.5	1316.6	63.6
100.0	43.3	1.2	97.2
87.4	35.3	9.9	72.0
100.0	1.0	0.1	90.0
100.0	93.9	45.8	51.2
98.0	552.5	55.6	89.9
100.0	1336.4	937.2	29.9
85.0	10.9	8.3	23.9
100.0			
100.0	44.9		100.0
100.0	145.5	93.5	35.7
85.0	624.2	512.8	17.8
89.6	71.5	28.5	60.1
100.0	16206.4	8516.5	47.4
85.3	100.9	55.7	44.8
100.0	0.8	0.1	87.5
-100.0		16.6	-100.0
103.4	1653.0	62.2	96.2
92.4	447.4	298.2	33.3
85.0	1135.8	427.5	62.4
85.0	24.0	10.8	55.0
88.0	345.8	92.3	73.3

附录4-9 危险废物产生量

Hazardous Waste Generation

单位：千吨

国家和地区	Country or Area	1995	2001	2002	2003	2004	2005	2006	2007
阿尔巴尼亚	Albania	...	...	...	...	...	12.0	...	...
阿尔及利亚	Algeria	185.0	...	...	325.0	...	...	...	...
安道尔	Andorra	...	...	0.3	0.5	0.4	0.6	0.9	...
亚美尼亚	Armenia	...	1.6	1.2	420.4	544.7	330.9	343.4	...
澳大利亚	Australia	...	649.1	642.4	...	...	...	...	...
奥地利	Austria	594.9	1025.7	920.2	...	1014.0	...	...	961.9
阿塞拜疆	Azerbaijan	27.0	16.4	9.8	26.9	11.2	12.8	29.5	10.4
巴林	Bahrain	136.0	140.0	140.0	33.6	33.0	38.2	38.7	35.0
孟加拉国	Bangladesh	...	...	...	...	74.0	75.9	...	...
白俄罗斯	Belarus	90.3	99.1	116.9	123.9	154.2	192.0	238.8	322.5
比利时	Belgium	1113.5	...	...	...	...	...	...	4039.1
伯利兹	Belize	...	0.8	...	...	...	...	...	...
贝宁	Benin	...	...	1.7	...	...	...	...	...
保加利亚	Bulgaria	...	...	...	...	...	...	...	785.0
布基纳法索	Burkina Faso	...	4.2	7.9	...	...	...	...	...
中国	China	...	9520.0	10010.0	11700.0	9950.0	11620.0	10840.0	...
中国香港	China, Hong Kong SAR	97.1	77.1	64.1	59.2	47.6	47.1	59.0	60.7
中国澳门	China, Macao SAR	...	4.5	5.2	5.9	5.9	5.9	6.5	6.4
克罗地亚	Croatia	...	58.3	47.4	48.1	42.3	39.5	40.0	...
塞浦路斯	Cyprus	...	...	...	...	...	...	...	48.3
捷克	Czech Republic	6005.0	2817.0	1311.0	1219.0	1447.0	1372.0	...	1307.1
丹麦	Denmark	179.0	200.1	247.5	328.3	342.0	340.5	...	493.1
多米尼加	Dominica	...	...	0.6	...	...	...	...	...
埃及	Egypt	...	...	...	...	...	...	...	639.1
爱沙尼亚	Estonia	...	...	...	...	...	...	...	6618.8
芬兰	Finland	...	827.0	1188.0	...	2349.0	...	...	2710.9
法国	France	...	...	...	...	...	...	...	9621.6
格鲁吉亚	Georgia	...	...	...	...	...	...	...	909.0
德国	Germany	...	15830.0	19636.0	19515.0	18401.0	...	...	21705.4
希腊	Greece	350.0	326.4	352.7	353.8	...	...	...	275.0
瓜德罗普岛	Guadeloupe	...	...	...	...	...	...	10.1	...
危地马拉	Guatemala	...	...	8.5	...	...	...	...	...
匈牙利	Hungary	2274.3	892.7	543.2	...	...	...	...	1300.1
冰岛	Iceland	6.0	8.0	8.0	8.0	8.0	...	...	...
印度	India	...	...	...	...	...	...	8140.0	...
印尼	Indonesia	...	...	...	...	0.5	0.5	...	5.8
爱尔兰	Ireland	247.8	491.7	...	...	673.6	...	...	708.8
以色列	Israel	...	290.2	253.9	251.7	299.0	316.1	...	...
意大利	Italy	2708.0	4279.2	5024.5	5439.7	5365.4	...	...	7464.7
日本	Japan	2883.0	...	...	...	...	...	...	...

资料来源：联合国统计司/环境规划署环境统计问卷，废物部分。
经合组织/欧盟统计局国家环境问卷，废物部分。
经合组织环境统计数据网站。

Sources:UNSD/UNEP Questionnaires on Environment Statistics, Waste section.
OECD/Eurostat Questionnaire on the State of the Environment, Waste section.
Eurostat environment statistics data website.

附录4-9 续表 continued

单位：千吨

国家和地区	Country or Area	1995	2001	2002	2003	2004	2005	2006	2007
约旦	Jordan	...	...	...	73.6	33.4	71.4	...	...
哈萨克斯坦	Kazakhstan	72.2	130.0	137.1	141.9	146.1	100.4	...	...
韩国	Korea, Republic of	1622.4	2858.0	2914.5	2913.0	...	...	...	...
吉尔吉斯斯坦	Kyrgyzstan	30.5	56.4	62.9	69.3	75.7	81.9	87.8	85.4
拉脱维亚	Latvia	...	...	...	...	...	...	...	65.3
黎巴嫩	Lebanon	...	108.2	100.5	...	...	...	...	...
立陶宛	Lithuania	...	...	...	...	...	...	...	127.3
卢森堡	Luxembourg	200.0	202.0	227.5	...	...	...	...	233.9
马达加斯加	Madagascar	...	...	1.9	...	...	...	...	46.0
马来西亚	Malaysia	...	420.2	363.0	460.9	469.6	548.9	1103.5	1138.8
马耳他	Malta	...	...	...	...	...	...	...	50.7
马提尼克	Martinique	...	...	...	...	...	...	10.2	...
毛里求斯	Mauritius	...	...	...	0.9	...	...	...	4.2
墨西哥	Mexico	...	3706.8	...	...	...	...	...	...
摩纳哥	Monaco	0.3	0.3	0.6	0.8	0.6	0.5	0.5	0.6
摩洛哥	Morocco	...	...	...	...	...	...	...	...
荷兰	Netherlands	1004.0	...	2159.9	...	...	...	...	4949.3
尼日尔	Niger	...	...	...	...	503.0	554.0	...	...
挪威	Norway	650.0	655.0	...	825.0	940.0	939.0	...	756.7
巴勒斯坦	Palestine	...	16.4	...	12.5	15.1	11.0	29.7	4.5
巴拿马	Panama	0.2	0.8	1.5	1.9	1.7	1.7	1.9	1.3
菲律宾	Philippines	...	278.4	...	2265.3	707.4	1670.2	11786.1	...
波兰	Poland	3866.0	1308.0	1029.0	1339.0	1349.3	1778.9	...	2380.7
葡萄牙	Portugal	668.0	253.6	204.9	...	...	...	...	6062.8
摩尔多瓦	Republic of Moldova	2.7	1.9	2.2	2.0	0.9	0.8	0.6	0.6
留尼汪	Réunion	...	...	...	...	...	...	7.9	...
罗马尼亚	Romania	...	...	...	...	...	...	...	1041.3
俄罗斯联邦	Russian Federation	83330.3	139193.5	...	...	...	...	...	...
塞尔维亚	Serbia	...	...	...	0.3	0.5	0.9	...	...
新加坡	Singapore	23.8	38.4	42.4	43.0	38.2	37.1	63.1	65.9
斯洛伐克	Slovakia	1352.7	1662.8	1441.1	1257.6	1021.2	...	...	532.9
斯洛文尼亚	Slovenia	...	...	...	...	...	...	...	116.4
西班牙	Spain	...	3222.9	3222.9	3222.9	3534.3	...	...	4028.2
圣文森特和格林纳丁斯	St. Vincent and the Grenadines	...	...	...	...	...	...	...	...
瑞典	Sweden	...	...	...	...	1353.7	...	...	2654.1
瑞士	Switzerland	830.8	1134.1	1112.0	...	...	...	...	...
叙利亚	Syrian Arab Republic	...	...	...	...	...	...	...	...
泰国	Thailand	...	1650.0	1780.0	1800.0	1808.0	1814.0	1832.0	...
多哥	Togo	...	...	...	...	...	...	...	1.9
特立尼达和多巴哥	Trinidad and Tobago	...	...	...	11.5	...	...	...	...
突尼斯	Tunisia	...	151.0	150.2	...	...	...	...	...
土耳其	Turkey	...	1166.0	...	...	1196.0	...	...	10.8
乌克兰	Ukraine	129645.3	77513.5	77604.9	79000.9	62910.7	...	...	...
英国	United Kingdom	2160.0	5526.4	5370.0	4991.0	5285.5	...	...	8448.5
美国	United States	194224.7	37033.2	...	27375.8	...	34788.4	...	...
也门	Yemen	38.2	...	...	...	...	...	...	...
赞比亚	Zambia	...	...	...	53.8	...	80.0	...	...
津巴布韦	Zimbabwe	...	22.2	34.3	25.8	37.8	27.4	...	29.4

附录4-10　城市垃圾收集
Municipal Waste Collection

国家和地区	Country or Area	截止年份 Latest Year Available	城市垃圾收集量（千吨） Municipal Waste Collected (1000 tonnes)	城市垃圾收集受益率（%） Population Served by Municipal Waste Collection (%)	人均城市垃圾收集量（千克/人） Municipal Waste Collected per Capita Served (kg/person)
阿尔巴尼亚	Albania	2005	634	77	265
阿尔及利亚	Algeria	2003	8500	80	333
安道尔	Andorra	2007	32	100	387
安圭拉	Anguilla	2007	12	100	853
安提瓜和巴布达	Antigua and Barbuda	2007	112	95	1374
亚美尼亚	Armenia	2007	392	80	160
澳大利亚	Australia	2003	8903	...	...
奥地利	Austria	2007	4950	100	596
阿塞拜疆	Azerbaijan	2007	1631	...	...
白俄罗斯	Belarus	2007	3220	100	331
比利时	Belgium	2007	5211	100	495
伯利兹	Belize	2005	120	50	847
贝宁	Benin	2002	986	23	603
玻利维亚	Bolivia	2007	849	...	...
波黑	Bosnia and Herzegovina	1999	1765	...	...
巴西	Brazil	2007	51432	83	326
英属维尔京群岛	British Virgin Islands	2005	37	...	...
文莱	Brunei Darussalam	2002	196	...	...
保加利亚	Bulgaria	2007	3593	81	468
加拿大	Canada	2004	13375	99	422
智利	Chile	2006	5333	...	...
中国	China	2003	148565	...	...
中国香港	China, Hong Kong SAR	2007	6252	100	900
中国澳门	China, Macao SAR	2007	289	100	564
哥伦比亚	Colombia	2005	20776	95	508
哥斯达黎加	Costa Rica	2002	1280	73	428
克罗地亚	Croatia	2006	1894	92	464
古巴	Cuba	2005	4416	76	522
塞浦路斯	Cyprus	2007	587	...	754
捷克	Czech Republic	2007	3025	100	295

资料来源：联合国统计司/环境规划署环境统计问卷，废物部分。
经合组织/欧盟统计局国家环境问卷，废物部分。
经合组织环境统计数据网站。
联合国经济社会局人口处，世界人口展望：2008修订版，纽约，2009。

Sources:UNSD/UNEP Questionnaires on Environment Statistics, Waste section.
OECD/Eurostat Questionnaire on the State of the Environment, Waste section.
United Nations, Department of Economic and Social Affairs, Population Division, World Population Prospects: The 2008 Revision, New York, 2009. Eurostat environment statistics data website.

附录4-10 续表 1 continued 1

国家和地区	Country or Area	截止年份 Latest Year Available	城市垃圾收集量(千吨) Municipal Waste Collected (1000 tonnes)	城市垃圾收集受益率(%) Population Served by Municipal Waste Collection (%)	人均城市垃圾收集量(千克/人) Municipal Waste Collected per Capita Served (kg/person)
丹麦	Denmark	2007	4364	100	801
多米尼加	Dominica	2005	21	94	330
多米尼加共和国	Dominican Republic	2005	1016	...	...
埃及	Egypt	2001	14500	...	...
爱沙尼亚	Estonia	2007	719	79	536
芬兰	Finland	2007	2675	100	506
法国	France	2007	35233	100	571
法属圭亚那	French Guiana	2006	66	...	...
格鲁吉亚	Georgia	2007	855	60	327
德国	Germany	2007	46448	100	564
希腊	Greece	2007	5002	100	450
瓜德鲁普	Guadeloupe	2005	175	100	383
危地马拉	Guatemala	2002	604	31	168
圭亚那	Guyana	2007	210	87	316
匈牙利	Hungary	2007	4594	90	456
冰岛	Iceland	2007	174	100	565
印度	India	2001	17569	...	...
伊拉克	Iraq	2005	5446	56	347
爱尔兰	Ireland	2007	3391	76	788
以色列	Israel	2007	4321	...	...
意大利	Italy	2007	32776	100	553
牙买加	Jamaica	2004	709	...	...
日本	Japan	2003	54367	100	428
约旦	Jordan	2006	2310	...	...
韩国	Korea, Republic of	2004	18252	99	388
科威特	Kuwait	2005	837	...	...
吉尔吉斯斯坦	Kyrgyzstan	2007	1659	...	...
拉脱维亚	Latvia	2007	861	50	377
黎巴嫩	Lebanon	2005	1474	...	...
立陶宛	Lithuania	2007	1354	...	...
卢森堡	Luxembourg	2007	331	100	697
马达加斯加	Madagascar	2007	419	18	127
马尔代夫	Maldives	2005	19	...	...
马耳他	Malta	2007	263	100	648
马绍尔群岛	Marshall Islands	2007	26	60	731
马提尼克	Martinique	2006	325	100	812
毛里求斯	Mauritius	2007	432	98	347
墨西哥	Mexico	2006	36088	90	377
摩纳哥	Monaco	2007	41	100	1260

附录4-10 续表 2 continued 2

国家和地区	Country or Area	截止年份 Latest Year Available	城市垃圾收集量 （千吨） Municipal Waste Collected (1000 tonnes)	城市垃圾收集受益率 （%） Population Served by Municipal Waste Collection (%)	人均城市垃圾收集量 （千克/人） Municipal Waste Collected per Capita Served (kg/person)
摩洛哥	Morocco	2000	6500	...	...
尼泊尔	Nepal	2002	418	...	...
荷兰	Netherlands	2007	10332	100	628
新西兰	New Zealand	1999	1541	...	...
尼日尔	Niger	2005	9750	...	...
挪威	Norway	2007	3859	99	826
巴勒斯坦	Palestine	2001	1350	...	...
巴拿马	Panama	1998	379	...	...
秘鲁	Peru	2001	4740	75	239
波兰	Poland	2007	12264	...	322
葡萄牙	Portugal	2007	5007	100	472
摩尔多瓦	Republic of Moldova	2007	1820	...	...
留尼汪	Réunion	2006	572	...	...
罗马尼亚	Romania	2007	8183	90	379
俄罗斯联邦	Russian Federation	2000	207400	...	...
塞内加尔	Senegal	2005	465	21	193
塞尔维亚	Serbia	2005	2890	...	...
新加坡	Singapore	2007	4823	100	1075
斯洛伐克	Slovakia	2007	1669	100	309
斯洛文尼亚	Slovenia	2007	886	93	441
西班牙	Spain	2007	26154	...	588
斯里兰卡	Sri Lanka	2004	1036	...	...
圣文森特和格林纳丁斯	St. Vincent and the Grenadines	2002	38	100	350
瑞典	Sweden	2007	4717	100	515
瑞士	Switzerland	2007	5460	99	734
叙利亚	Syrian Arab Republic	2003	7500	...	...
泰国	Thailand	2000	13972	...	...
马其顿	The Former Yugoslav Rep. of Macedonia	2005	2526	...	...
特立尼达和多巴哥	Trinidad and Tobago	2002	425	...	...
突尼斯	Tunisia	2004	1316	...	...
土耳其	Turkey	2007	30000	73	430
乌干达	Uganda	2006	224	...	...
乌克兰	Ukraine	2007	4388	...	...
英国	United Kingdom	2007	34780	100	571
美国	United States	2005	222863	100	736
乌拉圭	Uruguay	2000	910	...	...
也门	Yemen	2007	1447	...	...
赞比亚	Zambia	2005	389	20	166

附录4-11　城市垃圾处理

Municipal Waste Treatment

国家和地区	Country or Area	截止年份 Latest Year Available	城市垃圾收集量(千吨) Municipal Waste Collected (1000 tonnes)	填埋 Municipal Waste Landfilled (%)	焚烧 Municipal Waste Incinerated (%)	回收利用 Municipal Waste Recycled (%)	堆肥 Municipal Waste Composted (%)
阿尔及利亚	Algeria	2003	8500	99.9	...	0.1	...
安道尔	Andorra	2007	32	...	116.1		
安圭拉	Anguilla	2007	12	100.0	...	...	...
安提瓜和巴布达	Antigua and Barbuda	2007	112	99.0	...	1.0	...
亚美尼亚	Armenia	2007	392	100.0	...	...	...
澳大利亚	Australia	2003	8903	69.7	...	30.3	...
奥地利	Austria	2007	4950	16.1	28.2	...	...
白俄罗斯	Belarus	2007	3220	100.0	...	...	...
比利时	Belgium	2007	5211	4.3	32.9	...	...
伯利兹	Belize	2005	120	100.0	...	...	...
贝宁	Benin	2002	986			...	...
英属维尔京群岛	British Virgin Islands	2005	37		80.3		
保加利亚	Bulgaria	2007	3593	82.9		...	...
加拿大	Canada	2004	13375	73.3	...	26.8	...
智利	Chile	2006	5333	100.0	...	...	...
中国	China	2003	148565	43.1	2.5	...	4.8
中国香港	China, Hong Kong SAR	2007	6252	55.0	...	45.0	...
中国澳门	China, Macao SAR	2007	289	20.5	99.6	...	...
哥伦比亚	Colombia	2005	20776	80.4	...	0.9	...
克罗地亚	Croatia	2006	1894	69.5	...	2.4	0.9
古巴	Cuba	2005	4416	100.0		4.8	11.1
塞浦路斯	Cyprus	2007	587	87.2		...	...
捷克	Czech Republic	2007	3025	82.6	12.4	...	...
丹麦	Denmark	2007	4364	5.1	53.3	...	...
多米尼加	Dominica	2005	21	100.0	...	...	...
爱沙尼亚	Estonia	2007	719	54.2	0.1	...	...
芬兰	Finland	2007	2675	52.7	11.6	...	...
法国	France	2007	35233	33.3	35.0	...	...
德国	Germany	2007	46448	0.6	34.0	...	...
希腊	Greece	2007	5002	84.1		...	...
匈牙利	Hungary	2007	4594	74.6	8.3	...	...
冰岛	Iceland	2007	174	67.2	8.6	...	...
爱尔兰	Ireland	2007	3391	59.5		...	...
以色列	Israel	2007	4321	...		...	...
意大利	Italy	2007	32776	48.9	11.8	...	...

资料来源：联合国统计司/环境规划署环境统计问卷，废物部分。
经合组织/欧盟统计局国家环境问卷，废物部分。
经合组织环境统计数据网站。

Sources:UNSD/UNEP Questionnaires on Environment Statistics, Waste section.
OECD/Eurostat Questionnaire on the State of the Environment, Waste section.
Eurostat environment statistics data website.

附录4-11　续表　continued

国家和地区	Country or Area	截止年份 Latest Year Available	城市垃圾收集量(千吨) Municipal Waste Collected (1000 tonnes)	填埋 Municipal Waste Landfilled (%)	焚烧 Municipal Waste Incinerated (%)	回收利用 Municipal Waste Recycled (%)	堆肥 Municipal Waste Composted (%)
牙买加	Jamaica	2004	709	...	...	...	...
日本	Japan	2003	54367	3.4	74.0	16.8	...
韩国	Korea, Republic of	2004	18252	36.4	14.4	49.2	
吉尔吉斯斯坦	Kyrgyzstan	2007	1659	100.0	...	...	...
拉脱维亚	Latvia	2007	861	85.4	0.3	...	...
立陶宛	Lithuania	2007	1354	91.9		...	...
卢森堡	Luxembourg	2007	331	18.7	35.3	...	...
马达加斯加	Madagascar	2007	419	96.7			3.5
马耳他	Malta	2007	263	87.5		...	...
马绍尔群岛	Marshall Islands	2007	26	...		30.8	6.0
马提尼克	Martinique	2006	325	60.2	35.7	1.0	2.5
毛里求斯	Mauritius	2007	432	91.2	...	2.0	...
墨西哥	Mexico	2006	36088	96.7		3.3	
摩纳哥	Monaco	2007	41	27.1	131.5	4.3	...
摩洛哥	Morocco	2000	6500	98.0		2.0	
荷兰	Netherlands	2007	10332	2.2	31.9	...	...
新西兰	New Zealand	1999	1541	84.7	...	15.3	...
尼日尔	Niger	2005	9750	64.0	12.0	4.0	...
挪威	Norway	2007	3859	31.8	16.0	...	...
巴勒斯坦	Palestine	2001	1350	100.0	...	...	...
巴拿马	Panama	1998	379	100.0	...	...	...
秘鲁	Peru	2001	4740	65.7	...	14.7	...
波兰	Poland	2007	12264	74.2	0.3	...	...
葡萄牙	Portugal	2007	5007	62.9	19.3	...	...
留尼汪	Réunion	2006	572	86.6		6.8	6.5
罗马尼亚	Romania	2007	8183	74.8		...	...
新加坡	Singapore	2007	4823	15.3	49.3	47.2	
斯洛伐克	Slovakia	2007	1669	77.6	10.8	...	...
斯洛文尼亚	Slovenia	2007	886	77.7		...	...
西班牙	Spain	2007	26154	59.5	9.9	...	...
圣文森特和格林纳丁斯	St. Vincent and the Grenadines	2002	38	84.9		15.1	...
瑞典	Sweden	2007	4717	4.0	46.4	...	...
瑞士	Switzerland	2007	5460		49.1	...	...
叙利亚	Syrian Arab Republic	2003	7500	93.9	5.3	1.1	...
泰国	Thailand	2000	13972	...	0.8	14.3	...
突尼斯	Tunisia	2004	1316	99.9	...	...	0.1
土耳其	Turkey	2007	30000	83.3		...	...
乌干达	Uganda	2006	224	100.0		...	
英国	United Kingdom	2007	34780	56.6	9.3	...	...
美国	United States	2005	222863	54.3	13.6	23.8	8.4
乌拉圭	Uruguay	2000	910	...	...		
也门	Yemen	2007	1447	100.0	...	...	...

附录4-12　森林面积

Forest Area

国家和地区	Country or Area	1990年森林面积(平方公里) Forest Area in 1990 (km²)	2007年森林面积(平方公里) Forest Area in 2007 (km²)	比1990年增减(%) % Change since 1990 (%)	1990年森林覆盖率(%) % of Land Area Covered by Forest in 1990 (%)	2007年森林覆盖率(%) % of Land Area Covered by Forest in 2007 (%)
阿富汗	Afghanistan	13090	8078	-38.3	2.0	1.2
阿尔巴尼亚	Albania	7890	8040	1.9	28.8	29.3
阿尔及利亚	Algeria	17898	23299	30.2	0.8	1.0
美属萨摩亚	American Samoa	184	178	-3.3	91.9	89.0
安道尔	Andorra	160	160		35.6	34.0
安哥拉	Angola	609760	588544	-3.5	48.9	47.2
安圭拉	Anguilla	55	55		71.4	61.1
安提瓜和巴布达	Antigua and Barbuda	94	94		21.4	21.4
阿根廷	Argentina	352620	327214	-7.2	12.9	12.0
亚美尼亚	Armenia	3460	2742	-20.8	12.3	9.7
阿鲁巴	Aruba	4	4		2.2	2.2
澳大利亚	Australia	1679040	1632912	-2.7	21.9	21.3
奥地利	Austria	37760	38716	2.5	45.6	47.0
阿塞拜疆	Azerbaijan	9360	9360		11.3	11.3
巴哈马	Bahamas	5150	5150		51.5	51.4
巴林	Bahrain	2	5	150.0	0.3	0.7
孟加拉国	Bangladesh	8820	8664	-1.8	6.8	6.7
巴巴多斯	Barbados	17	17		4.0	4.0
白俄罗斯	Belarus	73760	79124	7.3	35.6	39.0
比利时	Belgium	6770	6670	-1.5	22.4	22.0
伯利兹	Belize	16530	16530		72.5	72.5
贝宁	Benin	33220	22214	-33.1	30.0	20.1
百慕大	Bermuda	10	10		20.0	20.0
不丹	Bhutan	30350	32166	6.0	64.6	83.8
玻利维亚	Bolivia	627950	581996	-7.3	57.9	53.7
波黑	Bosnia and Herzegovina	22100	21850	-1.1	43.6	42.7
博茨瓦纳	Botswana	137180	117062	-14.7	24.2	20.7
巴西	Brazil	5200270	4714920	-9.3	62.2	55.7
英属维尔京群岛	British Virgin Islands	37	37		24.7	24.7
文莱	Brunei Darussalam	3130	2740	-12.5	59.4	52.0
保加利亚	Bulgaria	33270	37250	12.0	30.1	34.3
布基纳法索	Burkina Faso	71542	67464	-5.7	30.6	24.7
布隆迪	Burundi	2890	1336	-53.8	11.3	5.2

资料来源：联合国粮农组织。
Sources:Food and Agriculture Organization of the United Nations (FAO).

附录4-12 续表 1 continued 1

国家和地区	Country or Area	1990年森林面积(平方公里) Forest Area in 1990 (km^2)	2007年森林面积(平方公里) Forest Area in 2007 (km^2)	比1990年增减(%) % Change since 1990 (%)	1990年森林覆盖率(%) % of Land Area Covered by Forest in 1990 (%)	2007年森林覆盖率(%) % of Land Area Covered by Forest in 2007 (%)
柬埔寨	Cambodia	129460	100094	-22.7	73.3	56.7
喀麦隆	Cameroon	245450	208050	-15.2	52.7	44.0
加拿大	Canada	3101340	3101340		33.6	34.1
佛得角	Cape Verde	578	845	46.2	14.3	21.0
开曼群岛	Cayman Islands	124	124		48.4	47.7
中非共和国	Central African Republic	232030	226958	-2.2	37.2	36.4
乍得	Chad	131097	117626	-10.3	10.4	9.3
海峡群岛	Channel Islands	8	8		4.1	4.2
智利	Chile	152630	162358	6.4	20.4	21.8
中国	China	1571410	2054056	30.7	16.8	22.0
哥伦比亚	Colombia	614390	606340	-1.3	59.1	54.6
科摩罗	Comoros	120	44	-63.3	6.5	2.4
刚果	Congo	227263	224373	-1.3	66.5	65.7
库克群岛	Cook Islands	149	155	4.0	63.9	64.6
哥斯达黎加	Costa Rica	25640	23970	-6.5	50.2	46.9
科特迪瓦	Cote d'Ivoire	102220	104358	2.1	32.1	32.8
克罗地亚	Croatia	21160	21374	1.0	37.8	39.6
古巴	Cuba	20580	28242	37.2	18.7	25.7
塞浦路斯	Cyprus	1611	1750	8.6	17.4	18.9
捷克	Czech Republic	26300	26524	0.9	34.0	34.3
刚果民主共和国	Dem. Rep. of the Congo	1405305	1329707	-5.4	62.0	58.7
丹麦	Denmark	4450	5056	13.6	10.5	11.9
吉布提	Djibouti	56	56		0.2	0.2
多米尼加	Dominica	500	455	-9.0	66.7	60.7
多米尼加共和国	Dominican Republic	13760	13760		28.4	28.5
厄瓜多尔	Ecuador	138170	104582	-24.3	49.9	37.8
埃及	Egypt	440	702	59.5		0.1
萨尔瓦多	El Salvador	3750	2876	-23.3	18.1	13.9
赤道几内亚	Equatorial Guinea	18600	16015	-13.9	66.3	57.1
厄立特里亚	Eritrea	16210	15496	-4.4	16.0	15.3
爱沙尼亚	Estonia	21630	23004	6.4	51.0	54.3
埃塞俄比亚	Ethiopia	151140	127180	-15.9	13.8	12.7
法罗群岛	Faeroe Islands	1	1		0.1	0.1
福克兰群岛(马尔维纳斯群岛)	Falkland Islands (Malvinas)					

附录4-12 续表 2 continued 2

国家和地区	Country or Area	1990年森林面积(平方公里) Forest Area in 1990 (km²)	2007年森林面积(平方公里) Forest Area in 2007 (km²)	比1990年增减(%) % Change since 1990 (%)	1990年森林覆盖率(%) % of Land Area Covered by Forest in 1990 (%)	2007年森林覆盖率(%) % of Land Area Covered by Forest in 2007 (%)
斐济	Fiji	9790	10000	2.1	53.6	54.7
芬兰	Finland	221940	225100	1.4	72.9	74.0
法国	France	145380	156352	7.5	26.4	28.5
法属圭亚那	French Guiana	80910	80630	-0.3	91.8	91.5
法属波利尼西亚	French Polynesia	1050	1050		28.7	28.7
加蓬	Gabon	219270	217546	-0.8	85.1	84.4
冈比亚	Gambia	4420	4750	7.5	39.1	47.5
格鲁吉亚	Georgia	27600	27601	0.0	39.7	39.7
德国	Germany	107410	110760	3.1	30.8	31.8
加纳	Ghana	74480	52862	-29.0	32.7	23.2
直布罗陀	Gibraltar					
希腊	Greece	32990	38124	15.6	25.6	29.6
格陵兰	Greenland	2	2			0.0
格林纳达	Grenada	42	41	-2.4	12.2	12.1
瓜德鲁普	Guadeloupe	835	793	-5.0	49.4	46.9
关岛	Guam	259	259		47.1	48.0
危地马拉	Guatemala	47480	38300	-19.3	43.8	35.7
几内亚	Guinea	74080	66522	-10.2	30.1	27.1
几内亚比绍	Guinea-Bissau	22164	20523	-7.4	78.8	73.0
圭亚那	Guyana	151040	151035	0.0	76.7	76.7
海地	Haiti	1160	1034	-10.9	4.2	3.8
罗马教廷	Holy See		...	...	...	...
洪都拉斯	Honduras	73850	43352	-41.3	66.0	38.7
匈牙利	Hungary	18010	20036	11.2	19.6	22.4
冰岛	Iceland	250	492	96.8	0.2	0.5
印度	India	639390	677598	6.0	21.5	22.8
印度尼西亚	Indonesia	1165670	847522	-27.3	64.3	46.8
伊朗	Iran (Islamic Republic of)	110750	110750		6.8	6.8
伊拉克	Iraq	8040	8236	2.4	1.8	1.9
爱尔兰	Ireland	4410	6930	57.1	6.4	10.1
曼岛	Isle of Man	35	35		6.1	6.1
以色列	Israel	1540	1738	12.9	7.5	8.0
意大利	Italy	83830	101918	21.6	28.5	34.6

附录4-12 续表 3 continued 3

国家和地区	Country or Area	1990年森林面积(平方公里) Forest Area in 1990 (km^2)	2007年森林面积(平方公里) Forest Area in 2007 (km^2)	比1990年增减(%) % Change since 1990 (%)	1990年森林覆盖率(%) % of Land Area Covered by Forest in 1990 (%)	2007年森林覆盖率(%) % of Land Area Covered by Forest in 2007 (%)
牙买加	Jamaica	3450	3382	-2.0	31.9	31.2
日本	Japan	249500	248648	-0.3	68.4	68.2
约旦	Jordan	830	830		0.9	0.9
哈萨克斯坦	Kazakhstan	34220	33258	-2.8	1.3	1.2
肯尼亚	Kenya	37080	34980	-5.7	6.5	6.1
基里巴斯	Kiribati	22	22		3.0	2.7
朝鲜	Korea, Dem. People's Rep.	82010	59334	-27.7	68.1	49.3
韩国	Korea, Republic of	63710	62510	-1.9	64.5	64.5
科威特	Kuwait	35	58	65.7	0.2	0.3
吉尔吉斯斯坦	Kyrgyzstan	8360	8737	4.5	4.4	4.6
老挝	Lao People's Dem. Rep.	173140	159860	-7.7	75.0	69.3
拉脱维亚	Latvia	27750	29634	6.8	44.7	47.6
黎巴嫩	Lebanon	1210	1387	14.6	11.7	13.6
莱索托	Lesotho	50	84	68.0	0.2	0.3
利比里亚	Liberia	40580	30336	-25.2	42.1	31.5
利比亚	Libyan Arab Jamahiriya	2170	2170		0.1	0.1
列支敦士登	Liechtenstein	65	69	6.2	40.6	43.1
立陶宛	Lithuania	19450	21306	9.5	31.0	34.0
卢森堡	Luxembourg	860	868	0.9	33.2	33.5
马达加斯加	Madagascar	136919	127637	-6.8	23.5	21.9
马拉维	Malawi	38960	33360	-14.4	41.4	35.5
马来西亚	Malaysia	223760	206096	-7.9	68.1	62.7
马尔代夫	Maldives	9	9		3.0	3.0
马里	Mali	140715	123715	-12.1	11.5	10.1
马耳他	Malta	3	3		1.1	0.9
马绍尔群岛	Marshall Islands		...	...		...
马提尼克	Martinique	465	465		43.9	43.9
毛里塔尼亚	Mauritania	4150	2470	-40.5	0.4	0.2
毛里求斯	Mauritius	390	366	-6.2	19.2	18.0
马约特	Mayotte	58	54	-6.9	15.5	14.4
墨西哥	Mexico	690160	637172	-7.7	36.2	32.8
密克罗尼西亚联邦	Micronesia, Federated States of	630	634	0.6	90.6	90.6

附录4-12　续表 4　continued 4

国家和地区	Country or Area	1990年森林面积(平方公里) Forest Area in 1990 (km²)	2007年森林面积(平方公里) Forest Area in 2007 (km²)	比1990年增减(%) % Change since 1990 (%)	1990年森林覆盖率(%) % of Land Area Covered by Forest in 1990 (%)	2007年森林覆盖率(%) % of Land Area Covered by Forest in 2007 (%)
摩纳哥	Monaco		...	...		...
蒙古	Mongolia	114920	100868	-12.2	7.3	6.5
黑山	Montenegro	...	6252	...	...	46.5
蒙特塞拉特	Montserrat	35	35		35.0	35.0
摩洛哥	Morocco	42890	43784	2.1	9.6	9.8
莫桑比克	Mozambique	200120	191620	-4.2	25.5	24.4
缅甸	Myanmar	392190	312892	-20.2	59.6	47.9
纳米比亚	Namibia	87620	75122	-14.3	10.6	9.1
瑙鲁	Nauru					
尼泊尔	Nepal	48170	35304	-26.7	33.7	24.6
荷兰	Netherlands	3450	3670	6.4	10.2	10.9
荷属安的列斯	Netherlands Antilles	12	12		1.5	1.5
新喀里多尼亚	New Caledonia	7170	7170		39.2	39.2
新西兰	New Zealand	77200	83422	8.1	28.8	31.2
尼加拉瓜	Nicaragua	65380	49790	-23.8	53.9	41.5
尼日尔	Niger	19450	12411	-36.2	1.5	1.0
尼日利亚	Nigeria	172340	102698	-40.4	18.9	11.3
纽埃	Niue	172	137	-20.3	66.2	52.7
北马里亚纳群岛	Northern Mariana Islands	350	332	-5.1	75.3	72.2
挪威	Norway	91300	94214	3.2	29.8	31.0
阿曼	Oman	20	20			...
巴基斯坦	Pakistan	25270	18164	-28.1	3.3	2.4
帕劳	Palau	380	406	6.8	82.9	88.3
巴勒斯坦	Palestine	90	90		...	1.5
巴拿马	Panama	43760	42888	-2.0	58.8	57.7
巴布亚新几内亚	Papua New Guinea	315230	291588	-7.5	69.6	64.4
巴拉圭	Paraguay	211570	181178	-14.4	53.3	45.6
秘鲁	Peru	701560	685536	-2.3	54.8	53.6
菲律宾	Philippines	105740	68472	-35.2	35.5	23.0
皮特凯恩	Pitcairn	35	35		74.5	74.5
波兰	Poland	88810	92452	4.1	29.2	30.4
葡萄牙	Portugal	30990	38630	24.7	33.9	42.2
波多黎各	Puerto Rico	4040	4084	1.1	45.5	46.0

附录4-12　续表 5　continued 5

国家和地区	Country or Area	1990年森林面积(平方公里) Forest Area in 1990 (km²)	2007年森林面积(平方公里) Forest Area in 2007 (km²)	比1990年增减(%) % Change since 1990 (%)	1990年森林覆盖率(%) % of Land Area Covered by Forest in 1990 (%)	2007年森林覆盖率(%) % of Land Area Covered by Forest in 2007 (%)
卡塔尔	Qatar					
摩尔多瓦	Republic of Moldova	3190	3302	3.5	9.7	10.0
留尼汪	Réunion	873	829	-5.0	34.9	33.2
罗马尼亚	Romania	63710	63716	…	27.8	27.7
俄罗斯联邦	Russian Federation	8089500	8085986	…	47.9	49.4
卢旺达	Rwanda	3180	5344	68.1	12.9	21.7
圣赫勒拿	Saint Helena	20	20		5.1	5.1
圣基茨和尼维斯	Saint Kitts and Nevis	53	53		14.7	20.4
圣卢西亚	Saint Lucia	170	170		27.9	27.9
圣皮埃尔岛和密克隆	Saint Pierre and Miquelon	30	30		13.0	13.0
萨摩亚	Samoa	1300	1710	31.5	45.9	60.4
圣马力诺	San Marino	1	1		1.6	1.7
圣多美和普林西比	Sao Tome and Principe	274	274		28.4	28.5
沙特阿拉伯	Saudi Arabia	27280	27280		1.3	1.3
塞内加尔	Senegal	93482	85832	-8.2	48.6	44.6
塞尔维亚	Serbia	…	20868	…	...	23.6
塞舌尔	Seychelles	400	400		88.9	87.0
塞拉利昂	Sierra Leone	30443	27158	-10.8	42.5	37.9
新加坡	Singapore	23	23		3.4	3.3
斯洛伐克	Slovakia	19220	19322	0.5	40.0	40.2
斯洛文尼亚	Slovenia	11880	12745	7.3	59.0	63.3
所罗门群岛	Solomon Islands	27680	20924	-24.4	98.9	74.8
索马里	Somalia	82820	69774	-15.8	13.2	11.1
南非	South Africa	92030	92030		7.6	7.6
西班牙	Spain	134790	185066	37.3	27.0	37.1
斯里兰卡	Sri Lanka	23500	18734	-20.3	36.4	29.0
圣文森特和格林纳丁斯	St. Vincent and the Grenadines	95	109	14.7	24.2	27.9
苏丹	Sudan	763814	663677	-13.1	32.1	27.9
苏里南	Suriname	147760	147760		94.7	94.7
斯威士兰	Swaziland	4720	5504	16.6	27.4	32.0
瑞典	Sweden	273670	275496	0.7	66.5	67.1
瑞士	Switzerland	11550	12298	6.5	29.2	30.7

附录4-12　续表 6　continued 6

国家和地区	Country or Area	1990年森林面积(平方公里) Forest Area in 1990 (km²)	2007年森林面积(平方公里) Forest Area in 2007 (km²)	比1990年增减(%) % Change since 1990 (%)	1990年森林覆盖率(%) % of Land Area Covered by Forest in 1990 (%)	2007年森林覆盖率(%) % of Land Area Covered by Forest in 2007 (%)
叙利亚	Syrian Arab Republic	3720	4726	27.0	2.0	2.6
塔吉克斯坦	Tajikistan	4080	4100	0.5	2.9	2.9
泰国	Thailand	159650	144024	-9.8	31.2	28.2
马其顿	The Former Yugoslav Rep. of Macedonia	9060	9060		35.8	35.6
东帝汶	Timor-Leste	9660	7756	-19.7	65.0	52.2
多哥	Togo	6850	3460	-49.5	12.6	6.4
托克劳	Tokelau					
汤加	Tonga	36	36		5.0	5.0
特立尼达和多巴哥	Trinidad and Tobago	2350	2252	-4.2	45.8	43.9
突尼斯	Tunisia	6430	10948	70.3	4.1	7.0
土耳其	Turkey	96800	102242	5.6	12.6	13.3
土库曼斯坦	Turkmenistan	41270	41270		8.8	8.8
特克斯和凯科斯群岛	Turks and Caicos Islands	344	344		80.0	36.2
图瓦卢	Tuvalu	10	10		33.3	33.3
乌干达	Uganda	49240	34542	-29.8	25.0	17.5
乌克兰	Ukraine	92740	96010	3.5	16.0	16.6
阿拉伯联合酋长国	United Arab Emirates	2450	3128	27.7	2.9	3.7
英国	United Kingdom	26110	28658	9.8	10.8	11.8
坦桑尼亚	United Rep. of Tanzania	414410	344326	-16.9	46.9	38.9
美国	United States	2986480	3034070	1.6	32.6	33.1
美属维尔京群岛	United States Virgin Islands	119	91	-23.5	35.0	26.0
乌拉圭	Uruguay	9050	15448	70.7	5.2	8.8
乌兹别克斯坦	Uzbekistan	30450	33282	9.3	7.4	7.8
瓦努阿图	Vanuatu	4395	4395		36.1	36.1
委内瑞拉	Venezuela	520260	471378	-9.4	59.0	53.4
越南	Viet Nam	93630	134134	43.3	28.8	43.3
瓦利斯和富图纳群岛	Wallis and Futuna Islands	59	47	-20.3	42.1	33.6
西撒哈拉	Western Sahara	10110	10110		3.8	3.8
也门	Yemen	5490	5490		1.0	1.0
赞比亚	Zambia	491240	415624	-15.4	66.1	55.9
津巴布韦	Zimbabwe	222340	169140	-23.9	57.5	43.7

附录4-13　农业用地

国家和地区	Country or Area	2007年 农业用地 (平方公里) Agricultural Area in 2007 (km²)	比1990年 增减 (%) % Change since 1990 (%)
阿富汗	Afghanistan	386610	1.6
阿尔巴尼亚	Albania	11190	-0.2
阿尔及利亚	Algeria	412520	6.7
美属萨摩亚	American Samoa	50	25.0
安道尔	Andorra	260	
安哥拉	Angola	575900	0.3
安提瓜和巴布达	Antigua and Barbuda	130	
阿根廷	Argentina	1333500	4.7
亚美尼亚	Armenia	16150	...
阿鲁巴	Aruba	20	
澳大利亚	Australia	4254490	-8.4
奥地利	Austria	32400	-7.4
阿塞拜疆	Azerbaijan	47565	...
巴哈马	Bahamas	140	16.7
巴林	Bahrain	100	25.0
孟加拉国	Bangladesh	90500	-9.8
巴巴多斯	Barbados	190	
白俄罗斯	Belarus	89500	...
比利时	Belgium	13700	...
伯利兹	Belize	1520	20.6
贝宁	Benin	35200	55.1
百慕大	Bermuda	10	
不丹	Bhutan	5620	23.8
玻利维亚	Bolivia	368280	3.9
波黑	Bosnia and Herzegovina	21490	...
博茨瓦纳	Botswana	258520	-0.6
巴西	Brazil	2635000	9.1
英属维尔京群岛	British Virgin Islands	80	-11.1
文莱	Brunei Darussalam	114	3.6
保加利亚	Bulgaria	51160	-16.9
布基纳法索	Burkina Faso	112600	17.6
布隆迪	Burundi	22950	8.0
柬埔寨	Cambodia	54550	22.4
喀麦隆	Cameroon	91600	-0.1
加拿大	Canada	676000	-0.2
佛得角	Cape Verde	780	14.7
开曼群岛	Cayman Islands	30	

资料来源：联合国粮农组织。

Sources:Food and Agriculture Organization of the United Nations (FAO).

Agricultural Land

2007年农业用地占土地总面积比重(%) % of Total Land Area in 2007 (%)	2007年耕地面积(平方公里) Arable Land in 2007 (km^2)	2007年农用地面积(平方公里) Land Under Permanent Crops in 2007 (km^2)	2007年牧草地面积(平方公里) Land under Permanent Meadows and Pastures in 2007 (km^2)	2007年农业灌溉面积(平方公里) Agricultural Area Irrigated in 2007 (km^2)
59.3	85310	1300	300000	22520
40.8	5780	1200	4210	...
17.3	74690	9210	328620	9050
25.0	20	30	...	...
55.3	10	...	250	...
46.2	33000	2900	540000	...
29.5	80	10	40	...
48.7	325000	10000	998500	...
57.3	4060	540	11550	...
11.1	20	...	...	...
55.4	441800	3500	3809190	...
39.3	13820	680	17900	...
57.6	18540	2247	26778	14296
1.4	80	40	20	...
14.1	20	40	40	...
69.5	79700	4800	6000	...
44.2	160	10	20	...
44.1	55350	1200	32950	...
45.2	8400	230	5070	230
6.7	700	320	500	...
31.8	27000	2700	5500	...
20.0	10	...	...	...
14.6	1280	270	4070	388
34.0	36090	2190	330000	...
42.0	10220	950	10320	...
45.6	2500	20	256000	...
31.1	595000	70000	1970000	...
53.3	20	10	50	...
2.2	30	50	34	1
47.1	30860	1950	18350	...
41.2	52000	600	60000	...
89.4	9950	3500	9500	...
30.9	38000	1550	15000	...
19.4	59600	12000	20000	...
7.4	451000	70500	154500	...
19.4	500	30	250	...
11.5	10	...	20	...

国家和地区	Country or Area	2007年 农业用地 (平方公里) Agricultural Area in 2007 (km²)	比1990年 增减 (%) % Change since 1990 (%)
中非共和国	Central African Republic	52050	4.0
乍得	Chad	493300	2.1
海峡群岛	Channel Islands	72	-15.3
智利	Chile	157620	-0.9
中国	China	5528320	4.0
中国香港	China, Hong Kong SAR	70	-12.5
中国澳门	Colombia	424360	-5.9
科摩罗	Comoros	1500	17.2
刚果	Congo	105450	0.2
库克群岛	Cook Islands	40	-33.3
哥斯达黎加	Costa Rica	27500	-0.4
科特迪瓦	Cote d'Ivoire	202000	6.7
克罗地亚	Croatia	12010	...
古巴	Cuba	66200	-1.8
塞浦路斯	Cyprus	1570	-3.1
捷克	Czech Republic	42490	...
刚果民主共和国	Dem. Rep. of the Congo	226500	-0.9
丹麦	Denmark	26630	-4.5
吉布提	Djibouti	17013	31.0
多米尼加	Dominica	230	27.8
多米尼加共和国	Dominican Republic	25170	-1.3
厄瓜多尔	Ecuador	74120	-5.5
埃及	Egypt	35380	33.6
萨尔瓦多	El Salvador	15560	10.4
赤道几内亚	Equatorial Guinea	3240	-3.0
厄立特里亚	Eritrea	75420	...
爱沙尼亚	Estonia	8230	...
埃塞俄比亚	Ethiopia	350770	...
法罗群岛	Faeroe Islands	30	
福克兰群岛(马尔维纳斯群	Falkland Islands (Malvinas)	11180	-6.1
斐济	Fiji	4280	4.4
芬兰	Finland	22950	-4.3
法国	France	294180	-3.8
法属圭亚那	French Guiana	230	9.5
法属波利尼西亚	French Polynesia	450	4.7
加蓬	Gabon	51600	0.1
冈比亚	Gambia	8130	27.6
格鲁吉亚	Georgia	25170	...

continued 1

2007年农业用地占土地总面积比重(%) % of Total Land Area in 2007 (%)	2007年耕地面积(平方公里) Arable Land in 2007 (km^2)	2007年农用地面积(平方公里) Land Under Permanent Crops in 2007 (km^2)	2007年牧草地面积(平方公里) Land under Permanent Meadows and Pastures in 2007 (km^2)	2007年农业灌溉面积(平方公里) Agricultural Area Irrigated in 2007 (km^2)
8.4	19250	800	32000	...
39.2	43000	300	450000	...
37.9	34	...	38	...
21.2	12940	4590	140090	9600
59.3	1406300	122010	4000010	...
6.7	50	10	10	...
38.2	19980	15720	388660	...
80.6	800	550	150	...
30.9	4950	500	100000	...
16.7	30	10	...	...
53.9	2000	3000	22500	...
63.5	28000	42000	132000	...
22.3	8520	800	2690	30
60.3	35730	4180	26290	...
17.0	1150	410	10	320
55.0	30320	2390	9780	200
10.0	67000	9500	150000	...
62.8	23060	70	3500	2540
73.4	13	...	17000	...
30.7	50	160	20	...
52.1	8200	5000	11970	...
26.8	11950	12200	49970	7970
3.6	30180	5200	...	...
75.1	6820	2370	6370	322
11.6	1300	900	1040	...
74.7	6400	20	69000	...
19.4	5980	90	2160	...
35.1	140380	10390	200000	1640
2.1	30	...	...	...
91.9	...	...	11180	...
23.4	1700	830	1750	...
7.5	22530	80	340	...
53.7	184330	10860	98990	...
0.3	121	39	70	...
12.3	30	220	200	...
20.0	3250	1700	46650	...
81.3	3480	60	4590	...
36.2	4630	1140	19400	...

国家和地区	Country or Area	2007年农业用地(平方公里) Agricultural Area in 2007 (km^2)	比1990年增减(%) % Change since 1990 (%)
德国	Germany	169500	-6.0
加纳	Ghana	148500	17.8
希腊	Greece	82800	-10.2
格陵兰	Greenland	2350	
格林纳达	Grenada	130	
瓜德鲁普	Guadeloupe	440	-17.0
关岛	Guam	190	-5.0
危地马拉	Guatemala	44640	4.2
几内亚	Guinea	135700	12.2
几内亚比绍	Guinea-Bissau	16300	8.9
圭亚那	Guyana	16800	-3.0
海地	Haiti	16900	5.8
洪都拉斯	Honduras	31280	-5.8
匈牙利	Hungary	58070	-10.3
冰岛	Iceland	22810	
印度	India	1799000	-0.6
印度尼西亚	Indonesia	485000	7.6
伊朗	Iran (Islamic Republic of)	480730	-21.8
伊拉克	Iraq	94500	-6.3
爱尔兰	Ireland	42760	-24.3
曼岛	Isle of Man	260	-8.8
以色列	Israel	5010	-13.5
意大利	Italy	138880	-17.5
牙买加	Jamaica	5130	7.8
日本	Japan	46500	-18.3
约旦	Jordan	9643	-7.3
哈萨克斯坦	Kazakhstan	2078980	...
肯尼亚	Kenya	270000	0.9
基里巴斯	Kiribati	370	-5.1
朝鲜	Korea, Dem. People's Rep.	30500	21.1
韩国	Korea, Republic of	18400	-15.6
科威特	Kuwait	1540	9.2
吉尔吉斯斯坦	Kyrgyzstan	107286	...
老挝	Lao People's Dem. Rep.	21290	28.3
拉脱维亚	Latvia	18390	...
黎巴嫩	Lebanon	6871	13.6
莱索托	Lesotho	23040	-0.7
利比里亚	Liberia	26000	4.3

continued 2

2007年农业用地占土地总面积比重(%) % of Total Land Area in 2007 (%)	2007年耕地面积(平方公里) Arable Land in 2007 (km^2)	2007年农用地面积(平方公里) Land Under Permanent Crops in 2007 (km^2)	2007年牧草地面积(平方公里) Land under Permanent Meadows and Pastures in 2007 (km^2)	2007年农业灌溉面积(平方公里) Agricultural Area Irrigated in 2007 (km^2)
48.6	118770	1980	48750	...
65.3	41000	24000	83500	...
64.2	25480	11320	46000	...
0.6	...	...	2350	...
38.2	20	100	10	...
26.0	210	30	200	31
35.2	10	100	80	...
41.7	15760	9380	19500	...
55.2	22000	6700	107000	...
58.0	3000	2500	10800	...
8.5	4200	300	12300	...
61.3	9000	3000	4900	...
28.0	10680	3600	17000	...
64.8	45920	1980	10170	1210
22.8	70	...	22740	...
60.5	1586500	108500	104000	...
26.8	220000	155000	110000	...
29.5	168690	16800	295240	88560
21.6	52000	2500	40000	...
62.1	10600	30	32130	...
45.6	70	...	190	...
23.2	3070	690	1250	...
47.2	71710	25310	41860	...
47.4	1740	1100	2290	...
12.8	43260	3240	...	16690
10.9	1403	810	7430	810
77.0	227000	1000	1850980	...
47.4	52000	5000	213000	...
45.7	20	350	...	...
25.3	28000	2000	500	...
19.0	15970	1850	580	9500
8.6	150	30	1360	...
55.9	12800	734	93752	...
9.2	11700	810	8780	...
29.5	11880	100	6410	...
67.2	1442	1429	4000	1371
75.9	3000	40	20000	...
27.0	3850	2150	20000	...

国家和地区	Country or Area	2007年 农业用地 (平方公里) Agricultural Area in 2007 (km^2)	比1990年 增减 (%) % Change since 1990 (%)
利比亚	Libyan Arab Jamahiriya	155500	0.6
列支敦士登	Liechtenstein	60	-14.3
立陶宛	Lithuania	26950	...
卢森堡	Luxembourg	1310	...
马达加斯加	Madagascar	408430	12.4
马拉维	Malawi	49700	17.8
马来西亚	Malaysia	78700	8.9
马尔代夫	Maldives	130	44.4
马里	Mali	396190	23.3
马耳他	Malta	93	-28.5
马绍尔群岛	Marshall Islands	140	...
马提尼克	Martinique	280	-28.2
毛里塔尼亚	Mauritania	397120	0.1
毛里求斯	Mauritius	1010	-10.6
马约特	Mayotte	200	11.1
墨西哥	Mexico	1068000	2.9
密克罗尼西亚联邦	Micronesia, Federated States of	235	...
蒙古	Mongolia	1159960	-7.7
黑山	Montenegro	5140	...
蒙特塞拉特	Montserrat	30	
摩洛哥	Morocco	299600	-1.3
莫桑比克	Mozambique	488000	2.3
缅甸	Myanmar	119840	14.9
纳米比亚	Namibia	388050	0.4
尼泊尔	Nepal	42100	1.4
荷兰	Netherlands	19140	-4.6
荷属安的列斯	Netherlands Antilles	80	
新喀里多尼亚	New Caledonia	2520	8.6
新西兰	New Zealand	122860	-24.1
尼加拉瓜	Nicaragua	52000	29.2
尼日尔	Niger	435150	31.7
尼日利亚	Nigeria	785000	8.9
纽埃	Niue	70	
诺福克岛	Norfolk Island	10	
北马里亚纳群岛	Northern Mariana Islands	30	...
挪威	Norway	10330	5.8
阿曼	Oman	17990	66.6

continued 3

2007年农业用地占土地总面积比重(%) % of Total Land Area in 2007 (%)	2007年耕地面积(平方公里) Arable Land in 2007 (km^2)	2007年农用地面积(平方公里) Land Under Permanent Crops in 2007 (km^2)	2007年牧草地面积(平方公里) Land under Permanent Meadows and Pastures in 2007 (km^2)	2007年农业灌溉面积(平方公里) Agricultural Area Irrigated in 2007 (km^2)
8.8	17500	3000	135000	...
37.5	40	...	20	...
43.0	18350	300	8300	...
50.6	610	20	680	...
70.2	29500	6000	372930	8900
52.8	30000	1200	18500	...
24.0	18000	57850	2850	...
43.3	40	80	10	...
32.5	48500	1300	346390	...
29.1	80	13	...	28
77.8	20	80	40	...
26.4	110	70	100	50
38.5	4500	120	392500	...
49.8	900	40	70	210
53.5	70	130	...	...
54.9	245000	24000	799000	...
33.6	25	180	30	...
74.7	8510	20	1151430	...
38.2	1740	160	3240	...
30.0	20	...	10	...
67.1	80650	8950	210000	15177
62.1	44500	3500	440000	...
18.3	105770	11010	3060	29670
47.1	8000	50	380000	...
29.4	23570	1180	17350	11680
56.7	10590	340	8210	...
10.0	80	...	...	...
13.8	90	40	2390	...
45.9	8660	660	113540	...
43.3	19500	2340	30160	...
34.4	147200	150	287800	...
86.2	365000	30000	390000	...
26.9	30	30	10	...
25.0	...	...	10	...
6.5	10	10	10	...
3.4	8540	50	1740	...
5.8	600	390	17000	...

国家和地区	Country or Area	2007年 农业用地 (平方公里) Agricultural Area in 2007 (km^2)	比1990年 增减 (%) % Change since 1990 (%)
巴基斯坦	Pakistan	273000	5.2
帕劳	Palau	60	...
巴勒斯坦	Palestine	3730	-1.1
巴拿马	Panama	22300	5.0
巴布亚新几内亚	Papua New Guinea	10400	18.6
巴拉圭	Paraguay	204000	18.9
秘鲁	Peru	215600	-1.3
菲律宾	Philippines	115000	3.2
波兰	Poland	161770	-13.9
葡萄牙	Portugal	34960	-11.8
波多黎各	Puerto Rico	1890	-56.6
卡塔尔	Qatar	710	16.4
摩尔多瓦	Republic of Moldova	24830	...
留尼汪	Réunion	470	-26.6
罗马尼亚	Romania	135460	-8.3
俄罗斯联邦	Russian Federation	2154630	...
卢旺达	Rwanda	19250	2.4
圣赫勒拿	Saint Helena	120	20.0
圣基茨和尼维斯	Saint Kitts and Nevis	50	-58.3
圣卢西亚	Saint Lucia	110	-47.6
圣皮埃尔岛和密克隆	Saint Pierre and Miquelon	30	
萨摩亚	Samoa	860	-12.2
圣马力诺	San Marino	10	
圣多美和普林西比	Sao Tome and Principe	570	35.7
沙特阿拉伯	Saudi Arabia	1736250	40.6
塞内加尔	Senegal	86370	-2.6
塞尔维亚	Serbia	50530	...
塞舌尔	Seychelles	60	
塞拉利昂	Sierra Leone	31800	15.9
新加坡	Singapore	8	-60.0
斯洛伐克	Slovakia	19300	...
斯洛文尼亚	Slovenia	5000	...
所罗门群岛	Solomon Islands	840	23.5
索马里	Somalia	440270	...
南非	South Africa	993780	2.7
西班牙	Spain	286600	-5.9
斯里兰卡	Sri Lanka	23600	0.9

continued 4

2007年农业用地占土地总面积比重(%) % of Total Land Area in 2007 (%)	2007年耕地面积(平方公里) Arable Land in 2007 (km^2)	2007年农用地面积(平方公里) Land Under Permanent Crops in 2007 (km^2)	2007年牧草地面积(平方公里) Land under Permanent Meadows and Pastures in 2007 (km^2)	2007年农业灌溉面积(平方公里) Agricultural Area Irrigated in 2007 (km^2)
35.4	215000	8000	50000	...
13.0	10	20	30	...
62.0	1090	1140	1500	...
30.0	5480	1470	15350	...
2.3	2500	6000	1900	...
51.3	43000	1000	160000	...
16.8	37000	8600	170000	...
38.6	51000	49000	15000	...
53.2	125020	4040	32710	720
38.2	10830	5890	18240	4210
21.3	620	370	900	162
6.1	180	30	500	...
75.5	18200	3030	3600	2280
18.8	330	30	110	...
58.9	85530	4600	45330	3200
13.2	1215740	17940	920950	43510
78.0	12000	2750	4500	...
30.8	40	...	80	...
19.2	40		10	
18.0	30	70	10	...
13.0	30	...	...	...
30.4	250	580	30	...
16.7	10	...	...	...
59.4	90	470	10	...
80.8	34000	2250	1700000	...
44.9	29850	520	56000	...
57.2	32990	2990	14550	260
13.0	10	50	...	...
44.4	9000	800	22000	...
1.1	6	2	...	...
40.1	13770	250	5280	250
24.8	1770	260	2970	40
3.0	160	600	80	...
70.2	10000	270	430000	...
81.8	145000	9500	839280	...
57.4	127000	48600	111000	...
36.5	9700	9500	4400	...

国家和地区	Country or Area	2007年农业用地(平方公里) Agricultural Area in 2007 (km²)	比1990年增减(%) % Change since 1990 (%)
圣文森特和格林纳丁斯	St. Vincent and the Grenadines	140	16.7
苏丹	Sudan	1367730	11.3
苏里南	Suriname	830	-5.7
斯威士兰	Swaziland	13420	5.8
瑞典	Sweden	31360	-8.1
瑞士	Switzerland	15610	-22.8
叙利亚	Syrian Arab Republic	138970	3.0
塔吉克斯坦	Tajikistan	45810	...
泰国	Thailand	197500	-7.6
马其顿	The Former Yugoslav Rep. of Macedonia	10760	...
东帝汶	Timor-Leste	3880	22.0
多哥	Togo	36300	13.8
汤加	Tonga	310	-3.1
特立尼达和多巴哥	Trinidad and Tobago	540	-29.9
突尼斯	Tunisia	98260	13.7
土耳其	Turkey	394540	-0.6
土库曼斯坦	Turkmenistan	326130	...
特克斯和凯科斯群岛	Turks and Caicos Islands	10	
图瓦卢	Tuvalu	20	
乌干达	Uganda	128120	7.1
乌克兰	Ukraine	412660	...
阿拉伯联合酋长国	United Arab Emirates	5950	108.8
英国	United Kingdom	176470	-3.1
坦桑尼亚	United Rep. of Tanzania	342000	0.6
美国	United States	4111580	-3.7
美属维尔京群岛	United States Virgin Islands	40	-63.6
乌拉圭	Uruguay	146830	-1.0
乌兹别克斯坦	Uzbekistan	266400	...
瓦努阿图	Vanuatu	1470	5.0
委内瑞拉	Venezuela	213500	-2.3
越南	Viet Nam	100720	49.7
瓦利斯和富图纳群岛	Wallis and Futuna Islands	60	
西撒哈拉	Western Sahara	50040	
也门	Yemen	236250	...
赞比亚	Zambia	255890	10.4
津巴布韦	Zimbabwe	154500	18.8

continued 5

2007年农业用地占土地总面积比重(%) % of Total Land Area in 2007 (%)	2007年耕地面积(平方公里) Arable Land in 2007 (km^2)	2007年农用地面积(平方公里) Land Under Permanent Crops in 2007 (km^2)	2007年牧草地面积(平方公里) Land under Permanent Meadows and Pastures in 2007 (km^2)	2007年农业灌溉面积(平方公里) Agricultural Area Irrigated in 2007 (km^2)
35.9	70	50	20	...
57.6	193210	2250	1172270	11530
0.5	580	70	180	...
78.0	1780	140	11500	...
7.6	26430	50	4880	...
39.0	4080	230	11300	...
75.7	47360	9470	82140	13960
32.7	7100	1010	37700	...
38.7	152000	37500	8000	...
42.3	4310	360	6090	290
26.1	1700	680	1500	...
66.7	24600	1700	10000	...
43.1	150	120	40	...
10.5	250	220	70	...
63.2	27570	21740	48950	...
51.3	219290	29080	146170	52150
69.4	18500	630	307000	...
1.1	10	...	...	...
66.7	...	20	...	...
65.0	55000	22000	51120	...
71.2	324340	8990	79330	21740
7.1	700	2200	3050	...
72.9	60850	460	115160	...
38.6	90000	12000	240000	...
44.9	1704280	27300	2380000	...
11.4	10	10	20	...
83.9	13500	330	133000	...
62.6	43000	3400	220000	...
12.1	200	850	420	...
24.2	26500	7000	180000	...
32.5	63500	30800	6420	...
42.9	10	50	...	...
18.8	40	...	50000	...
44.7	13750	2500	220000	...
34.4	52600	290	203000	...
...	32300	1200	121000	...

附录五、2010 年上半年各省、自治区、直辖市主要污染物排放量指标公报

APPENDIX V. The Main Pollutants Emission Indicators Communiqué of the Provinces, Autonomous Regions, Municipality Directly under the Central Government in the First Half of 2010

2010年上半年各省、自治区、直辖市主要污染物排放量指标公报

The Main Pollutants Emission Indicators Communiqué of the Provinces, Autonomous Regions, Municipality Directly under the Central Government in the First Half of 2010

单位:万吨　(10000 tons)

地　区	Region	化学需氧量排放量 COD Discharge			二氧化硫排放量 Volume of Sulphur Dioxide Emission		
		2009年上半年 the First Half of 2009	2010年上半年 the First Half of 2010	2010年比上年增减(%) Increase or Decrease in 2010 over 2009 (%)	2009年上半年 the First Half of 2009	2010年上半年 the First Half of 2010	2010年比上年增减(%) Increase or Decrease in 2010 over 2009 (%)
全　国	**National Total**	**657.6**	**641.9**	**-2.39**	**1147.8**	**1150.3**	**0.22**
北　京	Beijing	5.03	4.89	-2.86	7.17	7.01	-2.29
天　津	Tianjin	7.16	7.19	0.42	12.56	12.40	-1.32
河　北	Hebei	27.05	26.68	-1.39	70.27	72.57	3.27
山　西	Shanxi	18.28	17.74	-2.98	66.48	66.92	0.66
内蒙古	Inner Mongolia	12.82	12.66	-1.24	69.54	69.16	-0.55
辽　宁	Liaoning	29.67	29.37	-1.01	52.42	51.61	-1.55
吉　林	Jilin	16.65	16.22	-2.60	17.71	17.30	-2.30
黑龙江	Heilongjiang	25.80	25.25	-2.16	25.80	25.22	-2.24
上　海	Shanghai	12.99	12.85	-1.05	20.75	20.17	-2.79
江　苏	Jiangsu	45.05	43.53	-3.38	54.16	53.78	-0.69
浙　江	Zhejiang	28.43	27.57	-3.03	39.94	39.45	-1.22
安　徽	Anhui	21.52	20.95	-2.67	26.57	26.41	-0.60
福　建	Fujian	19.75	19.56	-0.95	19.29	18.02	-6.58
江　西	Jiangxi	21.33	20.79	-2.54	24.39	24.37	-0.06
山　东	Shandong	31.38	30.90	-1.51	85.61	84.74	-1.02
河　南	Henan	32.50	32.43	-0.19	67.81	67.22	-0.87
湖　北	Hubei	29.92	29.65	-0.91	31.60	31.39	-0.69
湖　南	Hunan	43.82	41.12	-6.17	41.07	41.55	1.17
广　东	Guangdong	48.76	46.13	-5.40	52.69	51.64	-2.00
广　西	Guangxi	53.44	51.83	-3.01	52.69	59.90	13.68
海　南	Hainan	4.70	4.36	-7.25	1.07	1.21	13.25
重　庆	Chongqing	11.45	11.26	-1.61	37.59	36.44	-3.05
四　川	Sichuan	37.41	37.21	-0.53	54.35	54.49	0.27
贵　州	Guizhou	10.82	10.52	-2.82	68.24	67.07	-1.72
云　南	Yunnan	14.56	14.44	-0.86	25.97	29.12	12.14
西　藏	Tibet	0.70	0.70		0.09	0.09	
陕　西	Shaanxi	16.26	15.85	-2.48	42.20	40.21	-4.71
甘　肃	Gansu	8.41	8.39	-0.24	25.32	25.77	1.76
青　海	Qinghai	3.56	3.61	1.22	5.77	6.31	9.40
宁　夏	Ningxia	4.83	4.81	-0.26	13.26	13.24	-0.13
新　疆	Xinjiang	12.58	12.49	-0.74	34.17	34.30	0.38
新疆兵团	Xinjiang Production & Construction Corps	0.95	0.93	-2.01	1.26	1.24	-1.34

注：公报不含香港特别行政区、澳门特别行政区和台湾省。

Note: Statistics in this Communique not include Hong kong SAR, Macao SAR and Taiwan Province.

2010年上半年各省、自治区、直辖市主要污染物排放量指标公报

The Main Pollutants Emission Indicators Communique of the Provinces, Autonomous Regions, Municipality Directly under the Central Government in the First Half of 2010

(10000 tons)

Regions	COD Discharge: the First Half of 2009	COD Discharge: the First Half of 2010	COD Discharge: Increase or Decrease in the First Half of 2010 over 2009 (%)	Volume of Sulphur Dioxide Emission: the First Half of 2009	Volume of Sulphur Dioxide Emission: the First Half of 2010	Volume of Sulphur Dioxide Emission: Increase or Decrease in the First Half of 2010 over 2009 (%)
National Total	[illegible]	[illegible]	[illegible]	[illegible]	[illegible]	[illegible]
Beijing	[illegible]	[illegible]	[illegible]	[illegible]	[illegible]	[illegible]
Tianjin	[illegible]	[illegible]	[illegible]	[illegible]	[illegible]	[illegible]
Hebei	[illegible]	[illegible]	[illegible]	[illegible]	[illegible]	[illegible]
Shanxi	[illegible]	[illegible]	[illegible]	[illegible]	[illegible]	[illegible]
Inner Mongolia	[illegible]	[illegible]	[illegible]	[illegible]	[illegible]	[illegible]
Liaoning	[illegible]	[illegible]	[illegible]	[illegible]	[illegible]	[illegible]
Jilin	[illegible]	[illegible]	[illegible]	[illegible]	[illegible]	[illegible]
Heilongjiang	[illegible]	[illegible]	[illegible]	[illegible]	[illegible]	[illegible]
Shanghai	[illegible]	[illegible]	[illegible]	[illegible]	[illegible]	[illegible]
Jiangsu	[illegible]	[illegible]	[illegible]	[illegible]	[illegible]	[illegible]
Zhejiang	[illegible]	[illegible]	[illegible]	[illegible]	[illegible]	[illegible]
Anhui	[illegible]	[illegible]	[illegible]	[illegible]	[illegible]	[illegible]
Fujian	[illegible]	[illegible]	[illegible]	[illegible]	[illegible]	[illegible]
Jiangxi	[illegible]	[illegible]	[illegible]	[illegible]	[illegible]	[illegible]
Shandong	[illegible]	[illegible]	[illegible]	[illegible]	[illegible]	[illegible]
Henan	[illegible]	[illegible]	[illegible]	[illegible]	[illegible]	[illegible]
Hubei	[illegible]	[illegible]	[illegible]	[illegible]	[illegible]	[illegible]
Hunan	[illegible]	[illegible]	[illegible]	[illegible]	[illegible]	[illegible]
Guangdong	[illegible]	[illegible]	[illegible]	[illegible]	[illegible]	[illegible]
Guangxi	[illegible]	[illegible]	[illegible]	[illegible]	[illegible]	[illegible]
Hainan	[illegible]	[illegible]	[illegible]	[illegible]	[illegible]	[illegible]
Chongqing	[illegible]	[illegible]	[illegible]	[illegible]	[illegible]	[illegible]
Sichuan	[illegible]	[illegible]	[illegible]	[illegible]	[illegible]	[illegible]
Guizhou	[illegible]	[illegible]	[illegible]	[illegible]	[illegible]	[illegible]
Yunnan	[illegible]	[illegible]	[illegible]	[illegible]	[illegible]	[illegible]
Tibet	[illegible]	[illegible]	[illegible]	[illegible]	[illegible]	[illegible]
Shaanxi	[illegible]	[illegible]	[illegible]	[illegible]	[illegible]	[illegible]
Gansu	[illegible]	[illegible]	[illegible]	[illegible]	[illegible]	[illegible]
Qinghai	[illegible]	[illegible]	[illegible]	[illegible]	[illegible]	[illegible]
Ningxia	[illegible]	[illegible]	[illegible]	[illegible]	[illegible]	[illegible]
Xinjiang	[illegible]	[illegible]	[illegible]	[illegible]	[illegible]	[illegible]
Xinjiang Production & Construction Corps	[illegible]	[illegible]	[illegible]	[illegible]	[illegible]	[illegible]

Note: Statistics in this Communique do not include Hong Kong SAR, Macao SAR and Taiwan Province.

附录六、主要统计指标解释

APPENDIX VI.
Explanatory Notes on Main Statistical Indicators

主要统计指标解释

一、自然状况

平均气温 气温指空气的温度，我国一般以摄氏度为单位表示。气象观测的温度表是放在离地面约 1.5 米处通风良好的百叶箱里测量的，因此，通常说的气温指的是离地面 1.5 米处百叶箱中的温度。计算方法：月平均气温是将全月各日的平均气温相加，除以该月的天数而得。年平均气温是将 12 个月的月平均气温累加后除以 12 而得。

年平均相对湿度 相对湿度指空气中实际水气压与当时气温下的饱和水气压之比，通常以(%)为单位表示。其统计方法与气温相同。

全年日照时数 日照时数指太阳实际照射地面的时数，通常以小时为单位表示。其统计方法与降水量相同。

全年降水量 降水量指从天空降落到地面的液态或固态(经融化后)水，未经蒸发、渗透、流失而在地面上积聚的深度，通常以毫米为单位表示。计算方法：月降水量是将该全月各日的降水量累加而得。年降水量是将该年 12 个月的月降水量累加而得。

二、水环境

水资源总量 一定区域内的水资源总量指当地降水形成的地表和地下产水量，即地表径流量与降水入渗补给量之和，不包括过境水量。

地表水资源量 指河流、湖泊、冰川等地表水体中由当地降水形成的、可以逐年更新的动态水量，即天然河川径流量。

地下水资源量 指当地降水和地表水对饱水岩土层的补给量。

地表水与地下水资源重复计算量 指地表水和地下水相互转化的部分，即在河川径流量中包括一部分地下水排泄量，地下水补给量中包括一部分来源于地表水的入渗量。

供水总量 指各种水源工程为用户提供的包括输水损失在内的毛供水量。

地表水源供水量 指地表水体工程的取水量，按蓄、引、提、调四种形式统计。从水库、塘坝中引水或提水，均属蓄水工程供水量；从河道或湖泊中自流引水的，无论有闸或无闸，均属引水工程供水量；利用扬水站从河道或湖泊中直接取水的，属提水工程供水量；跨流域调水指水资源一级区或独立流域之间的跨流域调配水量，不包括在蓄、引、提水量中。

地下水源供水量 指水井工程的开采量，按浅层淡水、深层承压水和微咸水分别统计。城市地下水源供水量包括自来水厂的开采量和工矿企业自备井的开采量。

其他水源供水量 包括污水处理再利用、集雨工程、海水淡化等水源工程的供水量。

用水总量 指分配给用户的包括输水损失在内的毛用水量。按用户特性分为农业、工业、生活和生态用水四大类。

农业用水 包括农田灌溉和林牧渔业用水。林牧渔业用水指林果地灌溉、草地灌溉和鱼塘补水。

工业用水 按新水取用量计，不包括企业内部的重复利用水量。

生活用水 包括城镇生活用水和农村生活用水。城镇生活用水由居民用水和公共用水（含服务业、餐饮业、货运邮电业及建筑业等用水）组成；农村生活用水除居民生活用水外，还包括畜用水在内。

生态用水 仅包括城市环境用水和部分河湖、湿地的人工补水。

工业废水排放量 指报告期内经过企业厂区所有排放口排到企业外部的工业废水量。包括生产废水、外排的直接冷却水、超标排放的矿井地下水和与工业废水混排的厂区生活污水，不包括外排的间接冷却水(清污不分流的间接冷却水应计算在废水排放量内)。

直接排入海的 指经企业位于海边的排放口，直接排入海的废水量。直接排放指废水经过工厂的排污口直接排入海，而未经过城市下水道或其他中间体，也不受其他水体的影响。

工业废水排放达标量 指报告期内废水中各项污染物指标都达到国家或地方排放标准的外排工业废水量，包括未经处理外排达标的，经废水处理设施处理后达标排放的，以及经污水处理厂处理后达标排放的。

工业废水排放达标率 指工业废水排放达标量占工业废水排放量的百分率，计算公式为：

$$\text{工业废水排放达标率} = \frac{\text{工业废水排放达标量}}{\text{工业废水排放量}} \times 100\%$$

化学需氧量(COD) 测量有机和无机物质化学分解所消耗氧的质量浓度的水污染指数。

三、海洋环境

较清洁海域 符合国家海水水质标准中二类海水水质的海域，适用于水产养殖区、海水浴场、人体直接接触海水的海上运动或娱乐区、以及与人类食用直接有关的工业用水区。

轻度污染海域 符合国家海水水质标准中三类海水水质的海域，适用于一般工业用水区。

中度污染海域　符合国家海水水质标准中四类海水水质的海域，仅适用于海洋港口水域和海洋开发作业区。

严重污染海域　劣于国家海水水质标准中四类海水水质的海域。

四、大气环境

工业废气排放量　指报告期内企业厂区内燃料燃烧和生产工艺过程中产生的各种排入大气的含有污染物的气体的总量，以标准状态(273K，101325Pa)计算。测算公式为：

$$\text{工业废气排放量} = \text{燃料燃烧过程中的废气排放量} + \text{生产工艺过程中的废气排放量}$$

生活及其他 SO_2 排放量　以生活及其他煤炭消费量和其含硫量为基础，根据以下公式计算：

$$\text{生活及其他 } SO_2 \text{ 排放量} = \text{生活及其他煤炭消费量} \times \text{含硫量} \times 0.8 \times 2$$

工业 SO_2 排放量　指报告期内企业在燃料燃烧和生产工艺过程中排入大气的 SO_2 总量，计算公式为：

$$\text{工业} SO_2 \text{排放量} = \text{燃料燃烧过程中 } SO_2 \text{ 排放量} + \text{生产工艺过程中 } SO_2 \text{ 排放量}$$

工业烟尘排放量　指企业厂区内燃料燃烧过程中产生的烟气中夹带的颗粒物排放量。

生活及其他烟尘排放量　指除工业生产活动以外的所有社会、经济活动及公共设施的经营活动中燃烧所排放的烟尘纯重量。以生活及其他煤炭消费量为基础进行测算。

工业粉尘排放量　指报告期内企业排入大气的粉尘量。工业粉尘指在生产工艺过程中排放的能在空气中悬浮一定时间的固体颗粒，如钢铁企业的耐火材料粉尘、焦化企业的筛焦系统粉尘、烧结机的粉尘、石灰窑的粉尘、建材企业水泥粉尘等，不包括电厂排入大气的烟尘。工业粉尘排放量可以通过除尘系统的排风量和除尘设备出口排尘浓度相乘求得，计算公式为：

$$\text{工业粉尘排放量} = \text{除尘设备出口废气中粉尘平均浓度} \times \text{除尘系统排风量} \times \text{除尘设备运行时间}$$

五、固体废物

工业固体废物产生量　指报告期内企业在生产过程中产生的固体状、半固体状和高浓度液体状废弃物的总量，包括危险废物、冶炼废渣、粉煤灰、炉渣、煤矸石、尾矿、放射性废物和其他废物等；不包括矿山开采的剥离废石和掘进废石(煤矸石和呈酸性或碱性的废石除外)。酸性或碱性废石指采掘的废石其流经水、雨淋水的 PH 值小于 4 或 PH 值大于 10.5 者。

危险废物　指列入国家危险废物名录或者根据国家规定的危险废物鉴别标准和鉴别方法认定的，具有爆炸性、易燃性、易氧化性、毒性、腐蚀性、易传染性疾病等危险特性之一的废物。

工业固体废物综合利用量　指报告期内企业通过回收、加工、循环、交换等方式，从固体废物中提取或者使其转化为可以利用的资源、能源和其他原材料的固体废物量(包括当年利用的往年工业固体废物贮存量)。如用做农业肥料、生产建筑材料、筑路等。综合利用量由原产生固体废物的单位统计。

工业固体废物综合利用率　指工业固体废物综合利用量占固体废物产生量的百分率。计算公式为：

$$\text{工业固体废物综合利用率}=\frac{\text{工业固体废物综合利用量}}{\text{工业固体废物产生量}+\text{综合利用往年贮存量}}\times 100\%$$

工业固体废物贮存量　指报告期内企业以综合利用或处置为目的，将固体废物暂时贮存或堆存在专设的贮存设施或专设的集中堆存场所内的数量。专设的固体废物贮存场所或贮存设施必须有防扩散、防流失、防渗漏、防止污染大气、水体的措施。

工业固体废物处置量　指报告期内企业将固体废物焚烧或者最终置于符合环境保护规定要求的场所，并不再回取的工业固体废物量(包括当年处置往年的工业固体废物贮存量)。处置方式有填埋(其中危险废物应安全填埋)、焚烧、专业贮存场(库)封场处理、深层灌注、回填矿井及海洋处置(经海洋管理部门同意投海处置)等。

工业固体废物排放量　指报告期内企业将所产生的固体废物排到固体废物污染防治设施、场所以外的量。不包括矿山开采的剥离废石和掘进废石(煤矸石和呈酸性或碱性的废石除外)。

“三废”综合利用产品产值　指报告期内利用“三废” 作为主要原料生产的产品价值(现行价)；已经销售或准备销售的应计算产品价值，留作生产自用的不应计算产品价值。

六、生态环境

自然保护区　指对有代表性的自然生态系统、珍稀濒危野生动植物物种的天然分布区、水源涵养区、有特殊意义的自然历史遗迹等保护对象所在的陆地、陆地水体或海域，依法划出一定面积进行特殊保护和管理的区域。以县及县以上各级人民政府正式批准建立的自然保护区为准。风景名胜区、文物保护区不计在内。

湿地　指天然或人工、长久或暂时性的沼泽地、泥炭地或水域地带，包括静止或流动、淡水、半咸水、咸水体，低潮时水深不超过 6 米的水域以及海岸地带地区的珊瑚滩和海草床、滩涂、红树林、河口、河流、淡水沼泽、沼泽森林、湖泊、盐沼及盐湖。

七、土地利用

土地调查面积 指行政区域内的土地调查总面积，包括农用地、建设用地和未利用地。

八、林业

森林面积 指由乔木树种构成，郁闭度 0.20 以上(含 0.20)的林地或冠幅宽度 10 米以上的林带的面积，即有林地面积。它是反映森林资源总面积的重要指标。森林面积包括天然起源和人工起源的针叶林面积、阔叶林面积、针阔混交林面积和竹林面积，不包括灌木林地面积和疏林地面积。

人工林面积 指由人工播种、植苗或扦插造林形成的生长稳定，(一般造林 3-5 年后或飞机播种 5-7 年后)每公顷保存株数大于或等于造林设计植树株数 80%或郁闭度 0.20 以上(含 02.0)的林分面积。

森林覆盖率 指一个国家或地区森林面积占土地面积的百分比。在计算森林覆盖率时，森林面积包括郁闭度 0.20 以上的乔木林地面积和竹林地面积、国家特别规定的灌木林地面积、农田林网以及四旁(村旁、路旁、水旁、宅旁)林木的覆盖面积。森林覆盖率表明一个国家或地区森林资源的丰富程度和生态平衡状况，是反映林业生产发展水平的主要指标。

$$森林覆盖率=\frac{森林面积}{土地面积}\times100\%+\frac{灌木林地面积}{土地总面积}\times100\%+\frac{林网树占地面积}{土地总面积}\times100\%+\frac{四旁树占地面积}{土地总面积}\times100\%$$

活立木总蓄积量 指一定范围土地上全部树木蓄积的总量，包括森林蓄积、疏林蓄积、散生木蓄积和四旁树蓄积。

森林蓄积量 指一定森林面积上存在着的林木树干部分的总材积，以立方米为计算单位。它是反映一个国家或地区森林资源总规模和水平的基本指标之一。它说明一个国家或地区林业生产发展情况，反映森林资源的丰富程度，也是衡量森林生态环境优劣的重要依据。

造林面积：指在宜林荒山荒地、宜林沙荒地、无立木林地、疏林地和退耕地等其它宜林地上通过人工措施形成或恢复森林、林木、灌木林的过程。

人工造林：指在宜林荒山荒地、宜林沙荒地、无立木林地、疏林地和退耕地等其它宜林地上通过播种、植苗和分植来提高森林植被覆被率的技术措施。

飞播造林：通过飞机播种，为宜林荒山荒地、宜林沙荒地、其它宜林地、疏林地补充适量的种源，并辅以适当的人工措施，在自然力的作用下使其形成森林或灌草植被，提高森林植被覆被率的技术措施。

无林地和疏林地新封山育林：对宜林地、无立木林地、疏林地实施封禁并辅以人工促进手段，使其形成森林或灌草植被的一项技术措施。

用材林　指以生产木材为主要目的的森林和林木，包括以生产竹材为主要目的的竹林。

经济林　指以生产果品，食用油料、饮料、调料，工业原料和药材为主要目的的林木。经济林是人们为了取得林木的果实、叶片、皮层、胶液等产品作为工业原料或者供食用所营造的林木，如油茶、油桐、核桃、樟树、花椒、茶、桑、果等。

防护林　指以防护为主要目的的森林、林木和灌木丛。包括水源涵养林，水土保持林，防风固沙林，农田、牧场防护林，护岸林，护路林等。

薪炭林　指以生产燃料为主要目的的林木。

特种用途林　指以国防、环境保护、科学实验等为主要目的的森林和林木。包括国防林、实验林、母树林、环境保护林、风景林，名胜古迹和革命纪念地的林木，自然保护区的森林。

天然林保护工程　是我国林业的“天”字号工程、一号工程,也是投资最大的生态工程。具体包括三个层次:全面停止长江上游、黄河上中游地区天然林采伐；大幅度调减东北、内蒙古等重点国有林区的木材产量；同时保护好其他地区的天然林资源。主要解决这些区域天然林资源的休养生息和恢复发展问题。

退耕还林还草工程　是我国林业建设上涉及面最广、政策性最强、工序最复杂、群众参与度最高的生态建设工程。主要解决重点地区的水土流失问题。

三北和长江流域等重点防护林体系建设工程　三北和长江中下游地区等重点防护林体系建设工程,是我国涵盖面最大、内容最丰富的防护林体系建设工程。具体包括三北防护林四期工程、长江中下游及淮河太湖流域防护林二期工程、沿海防护林二期工程、珠江防护林二期工程、太行山绿化二期工程和平原绿化二期工程。主要解决三北地区的防沙治沙问题和其他区域各不相同的生态问题。

京津风沙源治理工程　环北京地区防沙治沙工程,是首都乃至中国的“形象工程”,也是环京津生态圈建设的主体工程。虽然规模不大,但是意义特殊。主要解决首都周围地区的风沙危害问题。

野生动植物保护及自然保护区建设工程　野生动植物保护及自然保护区建设工程,是一个面向未来,着眼长远,具有多项战略意义的生态保护工程,也是呼应国际大气候、树立中国良好国际形象的“外交工程”。主要解决基因保存、生物多样性保护、自然保护、湿地保护等问题。

重点地区速生丰产用材林基地建设工程　重点地区以速生丰产用材林为主的林业产业基

地建设工程,是我国林业产业体系建设的骨干工程,也是增强林业实力的“希望工程”。主要解决我国木材和林产品的供应问题。

九、自然灾害及突发事件

滑坡 指斜坡上不稳定的岩土体在重力作用下沿一定软面(或滑动带)整体向下滑动的物理地质现象。地表水和地下水的作用以及人为的不合理工程活动对斜坡岩、土体稳定性的破坏，经常是促使滑坡发生的主要因素。在露天采矿、水利、铁路、公路等工程中，滑坡往往造成严重危害。

崩塌 指陡坡上大块的岩土体在重力作用下突然脱离母体崩落的物理地质现象。它可因多裂隙的岩体经强烈的物理风化、雨水渗入或地震而造成，往往毁坏建筑物，堵塞河道或交通路线。

泥石流 指山地突然爆发的包含大量泥沙、石块的特殊洪流称为泥石流，多见于半干旱山地高原地区。其形成条件是地形陡峻，松散堆积物丰富，有特大暴雨或大量冰融水的流出。

地面塌陷 指地表岩、土体在自然或人为因素作用下向下陷落，并在地面形成塌陷坑(洞)的一种动力地质现象。由于其发育的地质条件和作用因素的不同，地面塌陷可分为：岩溶塌陷、非岩溶塌陷。

突发环境事件 指突然发生，造成或可能造成重大人员伤亡、重大财产损失和对全国或者某一地区的经济社会稳定、政治安定构成重大威胁和损害，有重大社会影响的涉及公共安全的环境事件。

十、环境投资

环境污染治理投资 指在工业污染源治理和城市环境基础设施建设的资金投入中，用于形成固定资产的资金。包括工业新老污染源治理工程投资、建设项目“三同时”环保投资，以及城市环境基础设施建设所投入的资金。

林业建设到位资金 报告期内林业建设项目实施单位专项账户上实际收到的用于林业建设的资金合计。

本年完成投资 指从本年 1 月 1 日起至本年最后一天止完成的全部投资额。本年完成投资是反映本年的实际投资规模，计算有关投资效果，进行年度国民经济平衡分析的重要指标。

十一、城市环境

年末道路长度 指年末道路长度和与道路相通的广场、桥梁、隧道的长度，按车行道中心线计算。在统计时只统计路面宽度在 3.5 米(含 3.5 米)以上的各种铺装道路，包括开放型工业区和住宅区道路在内。

城市桥梁 指为跨越天然或人工障碍物而修建的构筑物。包括跨河桥、立交桥、人行天桥以及人行地下通道等。包括永久性桥和半永久性桥。

城市排水管道长度 指所有排水总管、干管、支管、检查井及连接井进出口等长度之和。

全年供水总量 指报告期供水企业(单位)供出的全部水量。包括有效供水量和漏损水量。

用水普及率 指城市用水人口数与城市人口总数的比率。计算公式：

用水普及率=城市用水人口数/城市人口总数×100%

城市污水日处理能力 指污水处理厂(或处理装置)每昼夜处理污水量的设计能力。

供气管道长度 指报告期末从气源厂压缩机的出口或门站出口至各类用户引入管之间的全部已经通气投入使用的管道长度。不包括煤气生产厂、输配站、液化气储存站、灌瓶站、储配站、气化站、混气站、供应站等厂(站)内的管道。

全年供气总量 指全年燃气企业(单位)向用户供应的燃气数量。包括销售量和损失量。

用气普及率 指报告期末使用燃气的城市人口数与城市人口总数的比率。计算公式为：

用气普及率=城市用气人口数/城市人口总数×100%

城市供热能力 指供热企业(单位)向城市热用户输送热能的设计能力。

城市供热总量 指在报告期供热企业(单位)向城市热用户输送全部蒸汽和热水的总热量。

城市供热管道长度 指从各类热源到热用户建筑物接入口之间的全部蒸汽和热水的管道长度。不包括各类热源厂内部的管道长度。

生活垃圾清运量 指报告期内收集和运送到垃圾处理厂(场)的生活垃圾数量。生活垃圾指城市日常生活或为城市日常生活提供服务的活动中产生的固体废物以及法律行政规定的视为城市生活垃圾的固体废物。包括：居民生活垃圾、商业垃圾、集市贸易市场垃圾、街道清扫垃圾、公共场所垃圾和机关、学校、厂矿等单位的生活垃圾。

生活垃圾无害化处理率 指报告期生活垃圾无害化处理量与生活垃圾产生量比率。在统计上，由于生活垃圾产生量不易取得，可用清运量代替。计算公式为：

$$\text{生活垃圾无害化处理率} = \frac{\text{生活垃圾无害化处理量}}{\text{生活垃圾产生量}} \times 100\%$$

年末运营车数 指年末公交企业(单位)用于运营业务的全部车辆数。以企业(单位)固定资产台账中已投入运营的车辆数为准。

城市绿地面积 指报告期末用作园林和绿化的各种绿地面积。包括公园绿地、防护绿地、生产绿地、附属绿地和其他绿地面积。

公园绿地 指向公众开放的,以游憩为主要功能,有一定的游憩设施和服务设施,同时兼有健全生态,美化景观,防灾减灾等综合作用的绿化用地。

十二、农村环境

农村人口 指居住和生活在县城(不含)以下的乡镇、村的人口。

累计已改水受益人口 指各种改水形式的受益人口。

卫生厕所 指有完整下水道系统的水冲式、三格化粪池式、净化沼气池式、多翁漏斗式公厕以及粪便及时清理并进行高温堆肥无害化处理的非水冲式公厕。

累计使用卫生公厕户数 指农民因某种原因没有兴建自己的卫生厕所，而使用村内卫生公厕户数。

Explanatory Notes on Main Statistical Indicators

I. Natural Conditions

Average Temperature Temperature refers to the air temperature, generally expressed in centigrade in China. Thermometers used for meteorological observation are placed in sun-blinded boxes 1.5 meters above the ground with good ventilation. Therefore, temperatures cited in general are the temperatures in sun-blinded boxes 1.5 meters above the ground. The monthly average temperature is obtained by the sum of daily temperatures of the month, then divided by the number of days in the months, and the sum of the monthly average temperatures of the 12 months in the year divided by 12 represents the annual average temperature.

Annual Average Relative Humidity Humidity is the ratio between the actual hydrosphere pressure in the air and the saturated hydrosphere pressure at the present temperature, usually expressed in percentage terms. The average humidity is calculated in the same way as the average temperature.

Annual Sunshine Hours Sunshine refer to the duration when the sunshine falls on earth, usually expressed in hours. It is calculated with the same approach as the calculation of precipitation.

Annual Precipitation Precipitation refers to the volume of water, in liquid or solid (then melted) form, falling from the sky onto earth, without being evaporated, leaked or eroded, express normally in millimeters. The monthly precipitation is obtained by the sum of daily precipitation of the month, and the annual precipitation is the sum of monthly precipitation of the 12 months of the year.

II. Freshwater Environment

Total Water Resources refers to total volume of water resources measured as run-off for surface water from rainfall and recharge for groundwater in a given area, excluding transit water.

Surface Water Resources refers to total renewable resources which exist in rivers, lakes, glaciers and other collectors from rainfall and are measured as run-off of rivers.

Groundwater Resources refers to replenishment of aquifers with rainfall and surface water.

Duplicated Measurement of Surface Water and Groundwater refers to mutual exchange between surface water and groundwater, i.e. run-off of rivers includes some depletion with groundwater while groundwater includes some replenishment with surface water.

Water Supply refers to gross water supply by supply systems from sources to consumers, including losses during distribution.

Surface Water Supply refers to withdrawals by surface water supply system, broken down with storage, flow, pumping and transfer. Supply from storage projects includes withdrawals from reservoirs; supply from flow includes withdrawals from rivers and lakes with natural flows no matter if there are locks or not; supply from pumping projects includes withdrawals from rivers or lakes with pumping stations; and supply from transfer refers to water supplies transferred from first-level regions of water resources or independent river drainage areas to others, and should not be covered under supplies of storage, flow and pumping.

Groundwater Supply refers to withdrawals from supplying wells, broken down with shallow layer freshwater, deep layer freshwater and slightly brackish water. Groundwater supply for urban areas includes water mining by both waterworks and own wells of enterprises.

Other Water Supply includes supplies by waste-water treatment, rain collection, seawater desalinization and other water projects.

Water Use refers to gross water use distributed to users, including loss during transportation, broken down with use by agriculture, industry, living consumption and biological protection.

Water Use by Agriculture includes uses of water by irrigation of farming fields and by forestry, animal husbandry and fishing. Water use by forestry, animal husbandry and fishing includes irrigation of forestry and orchards, irrigation of grassland and replenishment of fishing pools.

Water Use by Industry refers to new withdrawals of water, excluding reuse of water within enterprises.

Water Use by Households and Service includes use of water for living consumption in both urban and rural areas. Urban water use by living consumption is composed of household use and public use (including services, commerce, restaurants, cargo transportation, posts, telecommunication and construction). Rural water use by living consumption includes both households and animals.

Water Use by Biological Protection includes replenishment of rivers and lakes and use for urban environment.

Waste Water Discharged by Industry refers to the volume of waste water discharged by industrial enterprises through all their outlets, including waste water from production process, directly cooled water, groundwater from mining wells which does not meet discharge standards and sewage from households mixed with waste water produced by industrial activities, but excluding indirectly cooled water discharged (It should be included if the discharge is not separated with waste water).

Waste Water Directly Discharged into Sea refers to the volume of waste water directly discharged into sea through outlets of enterprises situated by sea without going through municipal sewerage networks or any other intermediates or being affected by any other water bodies.

Industrial Waste Water Meeting Discharge Standards refers to volume of industrial waste water discharge which, with or without treatment, reaches national or local standards.

Ratio of Industrial Waste Water Meeting Discharge Standards refers to percentage of industrial waste water meeting discharge standards over total industrial waste water discharge. It is calculated as:

Ratio of Industrial Waste Water Meeting Discharge Standards = Industrial Waste Water Meeting Discharge Standards/Total Industrial Waste Water Discharge×100%

Water treatment component as an integral part of the facility is not counted separately. Scrapped equipment is not included.

Chemical Oxygen Demand (COD) refers to index of water pollution measuring the mass concentration of oxygen consumed by the chemical breakdown of organic and inorganic matter.

Ⅲ. Marine Environment

Relatively Clean Area refers to marine area meeting the national quality standards for Grade II marine water, suitable for marine cultivation, bathing, marine sport or recreation activities involving direct human touch of marine water, and for sources of industrial use of water related to human consumption.

Lightly Polluted Area refers to marine area meeting the national quality standards for Grade III marine water, suitable for water sources of general industrial use.

Moderately Polluted Area refers to marine area meeting the national quality standards for Grade IV marine water, only suitable for harbors and ocean development activities.

Heavily Polluted Area refers to marine area where the quality of water is worse than the national quality standards for Grade IV marine water.

Ⅳ. Atmospheric Environment

Industrial Waste Air Emission refers to discharge into atmosphere of waste air containing pollutants generated from fuel burning and production process in enterprises within a given period of time. It is converted into standard (273K, 101325Pa) with the following formula:

Emission = Waste Air Emission from Fuel Burning +Waste Air Emission from Production Process

SO_2 Emission by Consumption and Others is calculated on the basis of consumption of coal by households and others and the sulphur content of coal with the following formula:

Emission=Consumption of Coal by Households and Others × Sulphur Content of Coal × 0.8×2

Industrial SO_2 Emission refers to volume of sulphur dioxide emission from fuel burning and production process in premises of enterprises for a given period of time. Its calculation formula is:

Emission=SO_2 Emission from Fuel Burning +SO_2 Emission from Production Process

Industrial Soot Emission refers to volume of soot in smoke emitted in process of fuel burning in premises of enterprises.

Soot Emission by Consumption and Others refers to net volume of soot emitted by fuel burning from all social and economic activities and operation of public facilities other than industrial activities. It is calculated on the basis of coal consumption by households and others.

Industrial Dust Emission refers to volume of dust that suspend in the air for sometime, emitted by production process of enterprises during a given period of time, including dust from refractory material of iron and steel works, dust from coke-screening systems and sintering machines of coke plants, dust from lime kilns and dust from cement production in building material enterprises, but excluding soot and dust emitted from power plants. The volume of emitted industrial dust can be calculated by the capacity of dust-removing systems and the dust density at the exit of dust-removing systems, using the following formula:

Emission=Dust Density at Exit of Dust-removing Systems×Ventilation Capacity of Dust-removing Systems×Operating Hours of Dust-removing Systems

V. Solid Waste

Industrial Solid Wastes Produced refers to total volume of solid, semi-solid and high concentration liquid residues produced by industrial enterprises from production process in a given period of time, including hazardous wastes, slag, coal ash, gangue, tailings, radioactive residues and other wastes, but excluding stones stripped or dug out in mining (gangue and acid or alkaline stones not included). A stone is acid or alkaline if the pH value of the water is below 4 or above 10.5, when the stone is in, or soaked by, the water.

Hazardous Wastes refers to those included in the national hazardous wastes catalogue or specified as any one of the following properties in the national hazardous wastes identification standards: explosive, ignitable, oxidizable, toxic, corrosive or liable to cause infectious diseases or lead to other dangers.

Industrial Solid Wastes Utilized refers to volume of solid wastes from which useful materials can be extracted or which can be converted into usable resources, energy or other materials by means of reclamation, processing, recycling and exchange (including utilizing in the year the stocks of industrial solid wastes of the previous year). Examples of such utilizations include fertilizers, building materials and road materials. The information shall be collected by the producing units of the wastes.

Ratio of Industrial Solid Wastes Utilized refers to the percentage of industrial solid wastes utilized over industrial solid wastes produced (including stocks of the previous year). Its calculation formula is:

Ratio=Industrial Solid Wastes Utilized / (Industrial Solid Waste Produced

+Stocks of Previous Year Utilized)×100%

Stocks of Industrial Solid Wastes refers to volume of solid wastes placed in special facilities or special sites for purposes of utilization or disposal. The sites or facilities should take measures against dispersion, loss, seepage, and air and water contamination.

Industrial Solid Wastes Disposed refers to quantity of industrial solid wastes which are burnt or placed ultimately in the sites meeting the requirements for environmental protection and not salvaged or recycled (including disposition in the year of those wastes of previous years). The disposition includes landfill (Safe landfills should be conducted for hazardous wastes), incineration, containment spaces, deep underground disposal, backfill in mining pits and disposal at sea.

Industrial Solid Wastes Discharged refers to volume of industrial solid wastes discharged by producing enterprises to disposal facilities or to other sites. The wastes exclude stones stripped or dug from mining (gangue and acid or alkaline waste stones not included).

Output Value of Products Made from Waste Gas, Waste Water and Solid Wastes refers current value of products with waste gas, waste water and solid wastes as main materials of production. Products sold and ready to sell shall be included while those produced for own use shall not be included.

Ⅵ. Ecological Environment

Nature Reserves refer to certain areas of land, waters or sea that are representative in natural ecological systems, or are natural habitats for rare or endangered wild animals or plants, or water conservation zones, or the location of important natural or historic relics, which are demarked by law and put under special protection and management. Nature reserves are designated by the formal approval of governments at and above county level. Scenic spots and cultural preservation zones are not included.

Wetlands refer to marshland and peat bog, whether natural or man-made, permanent or temporary; water covered areas, whether stagnant or flowing, with fresh or semi-fresh or salty water that is less than 6 meters deep at low tide; as well as coral beach, weed beach, mud beach, mangrove, river outlet, rivers, fresh-water marshland, marshland forests, lakes, salty bog and salt lakes along the coastal areas.

Ⅶ. Land Use

Area under Land Survey refers to the total area of land, under the land survey, including land for agriculture use, land for construction and unused land.

Ⅷ. Forestry

Forest Area refers to the area of forest where trees and bamboo grow with canopy density above 0.2, including land of natural woods and planted woods, but excluding bush land and thin forest land. It reflects the total areas of afforestation.

Area of Man-made Forests refer to the area of stable growing forests, planted manually or by airplanes, with a survival rate of 80% or higher of the designed number of trees per hectare, or with a canopy density of or above 0.20 after 3-5 years of manual planting or 5-7 years of airplane planting.

Forest Coverage Rate refers to the ratio of area of afforested land to total land area. Forest area includes the area of trees and bamboo grow with canopy density above 0.2, the area of shrubby tree according to regulations of the government, the area of forest land inside farm land and the area of trees planted by the side of villages, farm houses and along roads and rivers. It is a very important indicator that reflects the status of abundance of forest resource and ecosystem balance. The formula for calculating forest coverage rate is as follows:

Forestry Coverage Rate (%)= (Area of Afforested Land/Area of Total Land) ×100%
+ Area of Shrubby Tree/ Area of Total Land ×100%
+ Area of Forest Land inside Farm land /Area of Total Land
×100% +Area of Trees Planted by the Side of Villages,
Farm Houses and Along Roads and Rivers
/Area of Total Land×100%

Total Standing Stock Volume refers to the total stock volume of trees growing in land, including trees in forest, tress in sparse forest, scattered trees and trees planted by the side of villages, farm houses and along roads and rivers.

Stock Volume of Forest refers to total stock volume of wood growing in forest area, which shows the total size and level of forest resources of a country or a region. It is also an important indicator illustrating the richness of forest resource and the status of forest ecological environment.

Afforestation Area refers to use artificial measures to produce or restore forests, trees, shrubberies at barren hills, undeveloped land, desert, area with no or spare forests, cropland converted to forest and other land that adapt to afforestation.

Plantation Establishment refers to use artificial technique like seeding and planting to increase forest vegetation coverage rate at barren hills, undeveloped land, desert, area with no or spare forests, cropland converted to forest and other land that adapt to afforestation.

Aerial Seeding Afforestation refers to use airplane and other appropriate artificial measures to seed at barren hills, undeveloped land, desert, forest with spare woods, farmland or other land that adapt to afforestation, let them become forest or grassland vegetation naturally, to increase forest vegetation cover rate.

Seal Mountain to Foster Forests in Area of No or Spare with Forests refers to close the area of no or spare with forest that adapt to afforestation and use other artificial measures to let it become forest or grassland vegetation.

Timber Forests refer to forests which are mainly for the production of timber, including bamboo groves planted to harvest bamboos.

By-product Forests refer to forests that mainly produce fruits, nuts, edible oil, beverages, indigents, raw materials and medicine materials. By-product forests are planted to harvest the fruits, leaves, bark or liquid of trees, and consume them as food or raw materials for the manufacturing industry, such as tea-oil trees, tung oil trees, walnut trees, camphor trees, tea bushes, mulberry trees, fruit trees, etc.

Protection Forests refer to forests, trees and bushes planted mainly for protection or preservation purpose, including water resource conservation forests, water and soil conservation forests, windbreak and dune-fixing forests, farmland and pasture protection forests, riverside protection forests, roadside protection forests, etc.

Fuel Forests refer to forests planted mainly for fuels.

Forests for Special Purpose refer to forests planted mainly for national defence, environment protection or scientific experiments, including national defence forests, experimental forests, mother-tree forests, environment protection forests, scenery forests, trees in historical or scenic spots, forests in natural reserves.

Project on Preservation of Natural Forests is the Number One ecological project in China's forest industry that involves the largest investment. It consists of 3 components: 1) Complete halt of all cutting and logging activities in the natural forests at the upper stream of Yangtze River and the upper and middle streams of the Yellow River. 2) Significant reduction of timber production of key state forest zones in northeast provinces and in Inner Mongolia. 3) Better protection of natural forests in other regions through rehabilitation programs.

Projects on Converting Cultivated Land to Forests and Grassland (Grain for Green Projects) aiming at preventing soil erosion in key regions, these projects are ecological construction projects in the development of forest industry that have the widest coverage and most sophisticated procedures, with strong policy implications and most active participation of the people.

Projects on Protection Forests in North China and Yangtze River Basin covering the widest areas in China with a rich variety of contents, these projects aim at solving the problem of sand and dust in northeastern China, northern China and northwestern China and the ecological issues in other areas. More specifically, they include phase IV of project on North China protection forests, phase II of project on protection forests at the middle and lower streams of Yangtze River and at the Huihe River and Taihu Lake valley, phase II of project on coastal protection forests, phase II of project on Pearl River protection forests, phase II project on greenery of Taihang Mountain and phase II projects on greenery of plains.

Projects on Harnessing Source of Sand and Dust in Beijing and Tianjin these Beijing-ring projects aim at harnessing the sand and dust weather around Beijing and its vicinities. As the key to the development of Beijing-Tianjin ecological zone, these projects are of particular importance as it concerns the image of China's capital city and the whole country.

Projects on Preserving Wild Animals and Plants and on Construction of Nature Reserves aiming at gene preservation and protection of bio-diversity, nature and wetlands, these projects look into the future with strategic perspective and are integrated with international trends.

Projects on Fast-growing Timber Forests Bases in Key Regions these are key projects for the forest industry to strengthen its capacity in supplying more timber and forest by-products.

Ⅸ. Natural Disasters & Environmental Accidents

Landslides refer to the geological phenomenon of unstable rocks and earth on slopes sliding down along certain soft surface as a result of gravitational force. Role of surface water and underground water, and destruction of the stability of slopes by irrational construction work are usually main factors triggering the landslides. Several damages are often caused by landslides in open mining, in water conservancy projects, and in the construction of railways and highways.

Collapse refers to the geological phenomenon of large mass of rocks or earth suddenly collapsing from the mountain or cliff as a result of gravitational force. Usually caused by weathering of rocks, penetration of rain or earthquakes, collapse often destructs buildings and blocks river course or transport routes.

Mud-rock Flow refers to the sudden rush of flood torrents containing large amount of mud and rocks in mountainous areas. It is found mostly in semi-arid hills or plateaus. High and precipitous topographic features, loose soil mass, heavy rains or melting water contribute to the mud-rock flow.

Land Subside refers to the geological phenomenon of surface rocks or earth subsiding into holes or pits as a result of natural or human factors. Land subside can be classified as karst subside and non-karst subside.

Environmental Accident refer to environmental events that suddenly, causing or maybe cause heavy casualties, major property losses, major threat and damage to the nation or a region's economic, social and political stability, and the events have a significant social impact and related to public safety.

X. Environmental Investment

Investment in the Treatment of Environment Pollution refers to the proportion of investment in fixed assets in the total investment in harnessing industrial pollution and in the construction of urban environment infrastructure facilities. It includes investment in harnessing sources of industrial pollution, investment in environment protection facilities designed concurrently with construction projects, and investment in urban environment infrastructure facilities.

Available Funds of Investment in Forestry Construction refer to total funds of special accounts in forestry project implement units actually received which are used for forestry construction in the reporting period.

Completed Investment during the Year reflecting the actual size of investment completed during January 1 and December 31 of the reference year, this indicator is important in estimating investment efficiency and in making annual analysis of the performance of the national economy.

XI. Urban Environment

Length of Paved Roads at the Year-end refers to the length of roads with paved surface including squares bridges and tunnels connected with roads by the end of the year. Length of the roads is measured by the central lines for vehicles for paved roads with a width of 3.5 meters and over, including roads in open-ended factory compounds and residential quarters.

Urban Bridges refer to bridges built to cross over natural or man-made barriers, including bridges over rivers, overpasses for traffic and for pedestrian, underpasses for pedestrian, etc. Both permanent and semi-permanent bridges are included.

Length of Urban Sewage Pipes refers to the total length of general drainage, trunks. branch and inspection wells, connection wells, inlets and outlets, etc.

Annual Volume of Water Supply refers to the total volume of water supplied by water-works (units) during the reference period, including both the effective water supply and loss during the water supply.

Percentage of Urban Population with Access to Tap Water refers to the ratio of the urban population with access to tap water to the total urban population. The formula is:

Percentage of Population with Access to Tap Water= Urban Population with Access to Tap Water /Urban Population ×100%

Daily Disposal Capacity of Urban Sewage refers to the designed 24-hour capacity of sewage disposal by the sewage treatment works or facilities.

Length of Gas Pipelines refers to the total length of pipelines in use between the outlet of the compressor of gas-work or outlet of gas stations and the leading pipe of users, excluding pipelines within gasworks, delivery stations, LPG storage stations, refilling stations, gas-mixing stations and supply stations.

Volume of Gas Supply refers to the total volume of gas provided to users by gas-producing enterprises (units) in a year, including the volume sold and the volume lost.

Percentage of Urban Population with Access to Gas refers to the ratio of the urban population with access to gas to the total urban population at the end of the reference period. The formula is:

Percentage of Population with Access to Gas = (Urban Population with Access to Gas / Urban Population) × 100%

Heating Capacity in Urban Area refers to the designed capacity of heating enterprises (units) in supplying heating energy to urban users during the reference period.

Quantity of Heat Supplied in Urban Area refers to the total quantity of heat from steam and hot water supplied to urban users by heating enterprises (units) during the reference period.

Length of Heating Pipelines refers to the total length of steam or hot water pipelines for sources of heat to the leading pipelines of the buildings of the users, excluding internal pipelines in heat generating enterprises.

Consumption Wastes Transported refers to volume of consumption wastes collected and transported to disposal factories or sites. Consumption wastes are solid wastes produced from urban households or from service activities for urban households, and solid wastes regarded by laws and regulations as urban consumption wastes, including those from households, commercial activities, markets, cleaning of streets, public sites, offices, schools, factories, mining units and other sources.

Ratio of Consumption Wastes Treated refers to consumption wastes treated over that produced. In practical statistics, as it is difficult to estimate, the volume of consumption wastes produced is replaced with that transported. Its calculation formula is:

Ration= Consumption Wastes Treated / Consumption Wastes Produced×100%

Number of Vehicles under Operation at the Year-end refers to the total number of vehicles under operation by public transport enterprises (units) at the end of the year, based on the records of operational vehicles by the enterprises (units).

Area of Urban Green Areas refers to the total area occupied for green projects at the end of the reference period, including Rark green land, protection green land, green land attached to institutions and other green land.

XII. Rural Environment

Rural Population refers to population living in towns and villages under the jurisdiction of counties.

Population Benefiting from Water Improvement Projects refer to population who have benefited from various forms of water improvement projects.

Sanitary Lavatories refer to lavatories with complete flushing and sewage systems in different forms, and lavatories without flushing and sewage system where ordure is properly disposed of through high-temperature deposit process for making organic manure.

Households Using Public Lavatories refer to the number of households using public sanitary lavatories in the village without building their private sanitary lavatories.

Park Green Land refers to the greening land, which having the main function of public visit and recreation,both haning recreation facilities and service facilities, meanwhile having the compre hensive function of ecological improvement, landscaping disaster prevention and mitigation and other.